上海市工程建设规范

建筑抗震设计标准

Standard for seismic design of buildings

DG/TJ 08—9—2023

J 10284—2023

主编单位：同济大学

华东建筑设计研究院有限公司

批准部门：上海市住房和城乡建设管理委员会

施行日期：2023 年 6 月 1 日

同济大学出版社

2023　上海

图书在版编目(CIP)数据

建筑抗震设计标准 / 同济大学，华东建筑设计研究院有限公司主编. —上海：同济大学出版社，2023.6

ISBN 978-7-5765-0848-2

Ⅰ. ①建… Ⅱ. ①同… ②华… Ⅲ. ①建筑结构-抗震设计-上海-标准 Ⅳ. ①TU352.104-65

中国国家版本馆 CIP 数据核字(2023)第 093293 号

建筑抗震设计标准

同济大学
华东建筑设计研究院有限公司 主编

责任编辑 朱 勇
责任校对 徐春莲
封面设计 陈益平

出版发行 同济大学出版社 www.tongjipress.com.cn
（地址：上海市四平路 1239 号 邮编：200092 电话：021-65985622）

经 销 全国各地新华书店
印 刷 常熟市大宏印刷有限公司
开 本 889 mm×1194 mm 1/32
印 张 12.875
字 数 346 000
版 次 2023 年 6 月第 1 版
印 次 2023 年 6 月第 1 次印刷
书 号 ISBN 978-7-5765-0848-2
定 价 98.00 元

上海市住房和城乡建设管理委员会文件

沪建标定〔2023〕17 号

上海市住房和城乡建设管理委员会
关于批准《建筑抗震设计标准》为上海市
工程建设规范的通知

各有关单位：

由同济大学、华东建筑设计研究院有限公司主编的《建筑抗震设计标准》，经我委审核，现批准为上海市工程建设规范，统一编号为 DG/TJ 08—9—2023，自 2023 年 6 月 1 日起实施。原《建筑抗震设计规程》DGJ 08—9—2013 同时废止。

本标准由上海市住房和城乡建设管理委员会负责管理，同济大学负责解释。

上海市住房和城乡建设管理委员会

2023 年 1 月 12 日

前　言

根据上海市住房和城乡建设管理委员会《关于印发〈2017年度上海市工程建设规范编制计划〉的通知》（沪建标定〔2016〕1076号）的要求，由同济大学、华东建筑设计研究院有限公司会同有关单位对上海市工程建设规范《建筑抗震设计规程》DGJ 08—9—2013进行了全面修订。

本次修订的主要内容如下：

（1）根据现行国家标准《建筑抗震设计规范》GB 50011，上海市的设计地震分组调整为第二组，对相关条文进行了修改。

（2）修改了设计反应谱。

（3）根据修改后的设计反应谱对附录A地震地面加速度时程曲线进行了修改。

（4）根据现行国家标准《建筑结构可靠性设计统一标准》GB 50068和《建筑与市政工程抗震通用规范》GB 55002，对相关荷载分项系数进行了修改。

（5）根据现行国家标准《装配式混凝土建筑技术标准》GB/T 51231、现行行业标准《装配式混凝土结构技术规程》JGJ 1，结合上海市近年来积累的新的工程实践经验，对装配式混凝土结构房屋的设计条文进行了全面修订。

（6）根据上海市建筑业管理办公室发布的《关于本市建设工程钢筋混凝土结构楼梯间抗震设计的指导意见》（沪建建管〔2012〕16号），对有关钢筋混凝土结构楼梯间的设计条文进行了修改。

（7）对附录K实施基于性能的抗震设计的参考方法进行了修改。

(8) 在砌体房屋中增加了混凝土模卡砌块砌体的相关内容，新增了附录 L。

(9) 在钢结构房屋中补充了部分高层钢结构的相关内容。

(10) 上海市 2020 年 8 月 13 日发布了《建筑消能减震及隔震技术标准》DG/TJ 08—2326—2020，建筑的消能减震和隔震设计按该标准执行，本标准删去了此部分内容。

(11) 调整了对结构材料的要求。

(12) 调整了钢筋混凝土单跨框架结构的设计要求。

(13) 调整了建筑物设置地下室的要求。

(14) 根据《建设工程抗震管理条例》(国令第 744 号)，对部分条文进行了修订。

(15) 对于钢筋混凝土结构房屋，补充了坡屋面房屋高度的计算方法和突出主屋面的塔楼高度计入房屋高度的条件。

(16) 明确了单层房屋的抗震设计要求。

此次修订涉及以下条文和附录：第 1.0.2 条、第 2.1.15～2.1.17 条、第 2.1.19～2.1.21 条、第 3.1.3 条、第 3.4.3 条、第 3.4.4 条、第 3.8.2 条、第 3.8.3 条、第 3.9.1～3.9.6 条、第 4.2.1～4.2.3 条、第 4.4.5 条、第 4.4.6 条、第 5.1.4 条、第 5.1.5 条、第 5.4.1 条、第 6.1.2 条、第 6.1.7 条、第 6.1.18 条、第 6.3.6 条、第 6.3.7 条、第 6.4.5 条、第 6.7.1 条、第 7.1.1～7.1.11 条、第 7.2.3 条、第 7.2.8～7.2.10 条、第 7.3.1～7.3.28 条、第 8.1.2 条、第 8.1.5 条、第 8.3.1 条、第 8.6.9 条、第 8.7.3 条、第 9.1.1 条、第 9.1.2 条、第 9.1.4 条、第 9.1.5 条、第 9.1.7～9.1.9 条、第 9.1.11～9.1.14 条、第 9.1.16 条、第 9.1.21 条、第 9.1.22 条、第 9.1.25～9.1.27 条、第 9.1.30～9.1.32 条、第 9.1.36 条、第 9.2.18 条、第 12.3.4 条、第 13.1.1～13.1.5 条、第 13.3.1 条、第 13.3.2 条、附录 A、附录 B、附录 F、附录 K、附录 L。此外，部分条文的条文说明也进行了修订。

本标准共有 13 章、11 个附录。与现行国家标准《建筑抗震设计规范》GB 50011 相比，本标准有以下主要不同之处：

（1）抗震设计反应谱和地震动参数有所不同，特征周期（多遇地震、罕遇地震）、设计反应谱下降段适用的周期范围及 5 倍特征周期后的反应谱计算表达式、罕遇地震时程分析所用加速度时程的最大值不同。

（2）对结构材料的要求不同，以利于应用高强材料。

（3）结构平面不规则的判定有所不同，对于外凸的情况，采用双控指标（凸出长度和宽度）判别，条文说明结合本市的工程实际情况更加细化。

（4）楼层侧向刚度比的计算方法不同。

（5）场地、地基和基础的条文有所不同，与现行上海市工程建设规范《地基基础设计标准》DGJ 08—11 基本保持一致，其中标贯液化判别公式与现行上海市工程建设规范《岩土工程勘察规范》DGJ 08—37 一致。

（6）结构抗震变形验算指标进一步细化，增加了单层钢筋混凝土柱排架、钢筋混凝土抗震墙及框架一抗震墙等结构的嵌固端上一层的弹性层间位移角限值。

（7）结合现行行业标准《高层建筑混凝土结构技术规程》JGJ 3，补充了 A 级和 B 级高度钢筋混凝土结构的有关规定。

（8）调整了钢筋混凝土单跨框架结构的设计要求。

（9）地下室顶板作为上部结构的嵌固部位的条件更加明确，地下一层结构与地上一层结构的侧向刚度的比值要求不同。

（10）对钢筋混凝土结构中楼梯间的设计要求进一步细化。

（11）轴压比限值方面进一步细化，增加了钢管与混凝土双重组合柱的轴压比计算方法。

（12）补充了板-柱结构的抗震设计要求。

（13）补充了对框架-核心筒结构中框架部分承担的地震剪力限值放松的条件和设计措施。

（14）增加了装配整体式混凝土结构抗震设计的有关规定。

(15) 将配筋小砌块砌体抗震墙房屋的抗震设计要求列入条文正文(国家标准放在附录中),并作了进一步补充和完善。

(16) 增加了多层错层砖砌体房屋抗震设计的有关规定。

(17) 钢结构房屋的抗震设计未采用抗震等级的概念。

(18) 取消了隔震和消能减震设计、单层砖柱厂房以及土、木、石结构房屋的内容。

(19) 在附录中增加了 14 条可用于时程分析的地震波加速度时程。

(20) 对基于性能的抗震设计方法进行了补充和修改,明确了抗震性能水准和性能目标的划分依据。

(21) 在附录中增加了混凝土模卡砌块砌体的相关内容。

各单位及相关人员在执行本标准过程中,如有意见或建议,请反馈至上海市住房和城乡建设管理委员会(地址:上海市大沽路 100 号;邮编:200003;E-mail: shjsbzgl@163.com),同济大学土木工程学院结构防灾减灾工程系《建筑抗震设计标准》编制组(地址:上海市四平路 1239 号同济大学土木大楼 B311 室;邮编:200092;E-mail: jhj73@tongji.edu.cn),上海市建筑建材业市场管理总站(地址:上海市小木桥路 683 号;邮编:200032;E-mail: shgcbz@163.com),以供今后修订时参考。

主 编 单 位:同济大学
华东建筑设计研究院有限公司

参 编 单 位:上海建筑设计研究院有限公司
同济大学建筑设计(集团)有限公司
中船第九设计研究院工程有限公司
上海建科集团股份有限公司
上海市地震局
上海市隧道工程轨道交通设计研究院
上海市机电设计研究院有限公司

主要起草人：吕西林　蒋欢军（以下按姓氏笔画排列）

王绍博　卢文胜　朱春明　孙飞飞　花炳灿

李　杰　李亚明　李国强　李检保　张凤新

张立新　张其林　陈　鸿　金国芳　周　健

周德源　赵　斌　胡克旭　施卫星　袁　勇

贾　明　钱建固　翁大根　巢　斯　程才渊

瞿　革

主要审查人：周建龙　丁洁民　许丽萍　杜　刚　汪大绥

张　晖　周国鸣　顾嗣淳　梁淑萍

上海市建筑建材业市场管理总站

目　次

Contents

1 总 则

1.0.1 为贯彻执行国家有关防震减灾、建筑工程的法律法规并实行以预防为主的方针，使建筑经抗震设防后，减轻建筑的地震破坏，避免人员伤亡，减少经济损失，制定本标准。

1.0.2 本标准适用于本市场地类别为Ⅲ类和Ⅳ类的一般建筑的抗震设计。建筑基于性能的抗震设计，可采用本标准规定的基本方法。特殊建筑及行业有特殊要求的建筑抗震设计，尚应按有关标准、规定执行。

1.0.3 按本标准设计的建筑，其基本的抗震设防目标是：当遭受低于本地区抗震设防烈度的多遇地震影响时，主体结构不受损坏或不需修理可继续使用；当遭受相当于本地区抗震设防烈度的设防地震影响时，可能发生损坏，但经一般性修理仍可继续使用；当遭受高于本地区抗震设防烈度的罕遇地震影响时，不致倒塌或发生危及生命的严重破坏。使用功能或其他方面有特殊要求的建筑，当采用基于性能的抗震设计时，可采用比基本抗震设防目标更高的设防目标。

1.0.4 应用本标准进行建筑工程的抗震设计，除应符合本标准要求外，尚应符合国家、行业和上海市现行有关标准的规定。

1.0.5 建筑工程的抗震设计应贯彻概念设计与计算并重的原则；应遵循建筑形体美观与结构抗震安全相统一的设计思想。

2 术语和符号

2.1 术 语

2.1.1 抗震设防烈度 seismic protection intensity

按国家规定的权限批准后作为一个地区抗震设防依据的地震烈度。

注:本标准“6 度、7 度、8 度”即“抗震设防烈度为 6 度、7 度、8 度”的简称。

2.1.2 抗震设防标准 seismic protection criterion

衡量抗震设防要求高低的尺度,由抗震设防烈度或设计地震动参数及建筑抗震设防类别确定。

2.1.3 地震动参数区划图 seismic ground motion parameter zonation map

以地震动参数(以加速度表示地震作用强弱程度)为指标,将全国划分为不同抗震设防要求区域的图件。

2.1.4 地震作用 earthquake action

由地震动引起的结构动态作用,包括水平地震作用和竖向地震作用。

2.1.5 设计地震动参数 design parameters of earthquake ground motions

抗震设计用的地震加速度(速度、位移)时程曲线、加速度反应谱和峰值加速度。

2.1.6 设计基本地震加速度 design basic acceleration of ground motions

50 年设计基准期内超越概率为 10%的地震加速度的设计取值。

2.1.7 设计特征周期 design characteristic period of ground motions

抗震设计用的地震影响系数曲线中，反映地震震级、震中距和场地类别等因素的下降段起始点对应的周期值，简称特征周期。

2.1.8 场地 site

工程群体所在地，具有相似的反应谱特征，其范围相当于厂区、居住小区和自然村或不小于 1.0 km^2 的平面面积。

2.1.9 建筑抗震概念设计 seismic concept design of buildings

根据地震灾害和工程经验等所形成的基本设计原则和设计思想，进行建筑和结构总体布置并确定细部构造的过程。

2.1.10 抗震构造措施 details of seismic design

根据抗震概念设计原则，一般不需计算而对结构和非结构各部分必须采取的各种细部要求。

2.1.11 抗震措施 seismic measures

除地震作用计算和抗力计算以外的抗震设计内容，包括抗震构造措施。

2.1.12 抗震性能水准 seismic performance levels

建筑物在震后的损坏状况及其可继续使用功能的受影响程度。

2.1.13 抗震性能目标 seismic performance objectives

针对各级地震动水准期望建筑物达到的抗震性能水准。

2.1.14 基于性能的抗震设计 performance-based seismic design

选择合理的抗震性能目标，以建筑的抗震性能分析为基础进行设计，使设计的建筑在遭受未来可能发生的地震时具有预期的抗震性能。

2.1.15 装配整体式混凝土结构 monolithic precast RC structure

由预制或部分预制的混凝土构件通过可靠方式进行连接并与现场后浇混凝土、水泥基灌浆料形成整体的装配式混凝土结构。

2.1.16 钢筋混凝土预制叠合抗震墙 precast composite RC wall

沿墙厚方向采用部分预制、部分现浇叠合工艺施工并以整体参与结构受力的钢筋混凝土抗震墙，简称叠合抗震墙。

2.1.17 钢筋混凝土预制叠合抗震墙结构 shear wall structure with precast composite RC wall

结构外墙采用钢筋混凝土预制叠合抗震墙、结构内墙采用普通钢筋混凝土抗震墙的抗震墙结构。

2.1.18 配筋小砌块砌体抗震墙 reinforced small block masonry wall

在混凝土小型空心砌块的孔洞和凹槽中按规定要求配置竖向钢筋和水平钢筋，并采用灌孔混凝土填实孔洞、能够承受竖向和水平向地震作用的墙体。

2.1.19 延性墙板 ductile shear wall

具有良好延性和抗震性能的墙板，例如无屈曲波纹钢板墙、屈曲约束钢板墙、带加劲肋的钢板剪力墙、无粘结内藏钢板支撑墙板、带竖缝混凝土剪力墙等。

2.1.20 无屈曲波纹钢板墙 non-buckling corrugated steel plate wall

采用合理的波纹形状及尺寸以避免在剪力作用下发生平面外屈曲的钢板墙。

2.1.21 偏心支撑框架 eccentrically braced frame

支撑框架构件的杆件工作线不交汇于一点，支撑连接点的偏心距大于连接点处最小构件的宽度，可通过消能梁段耗能。

2.2 主要符号

2.2.1 作用和作用效应

F_{Ek}，F_{Evk}——结构总水平、竖向地震作用标准值；

G_E，G_{eq}——地震时结构(构件)的重力荷载代表值、等效总重力荷载代表值；

w_k——风荷载标准值；

S_E——地震作用效应（弯矩、扭矩、轴向力、剪力、应力和变形）；

S——地震作用效应与其他荷载效应的基本组合；

S_k——作用、荷载标准值的效应；

M——弯矩；

N——轴向压力；

V——剪力；

p——基础底面压力；

u——侧移；

θ——楼层位移角。

2.2.2 材料性能和抗力

K——结构或构件的刚度；

R——结构构件承载力；

f，f_k，f_E——各种材料强度（含地基承载力）设计值、标准值和抗震设计值；

$[\theta]$——楼层位移角限值。

2.2.3 几何参数

A——构件截面面积；

A_s——钢筋截面面积；

B——结构总宽度；

H——结构总高度、柱高度；

L——结构（单元）总长度；

a——距离；

a_s，a_s'——纵向受拉、受压钢筋合力点至截面边缘的最小距离；

b——构件截面宽度；

d——土层深度或厚度、钢筋直径；

h——计算楼层层高、构件截面高度；

l——构件长度或跨度；

t——抗震墙厚度、楼板厚度。

2.2.4 计算系数

α——水平地震影响系数；

α_{max}——水平地震影响系数最大值；

α_{vmax}——竖向地震影响系数最大值；

γ_G，γ_E，γ_w——作用分项系数；

γ_{RE}——承载力抗震调整系数；

ζ——计算系数；

η——地震作用效应（内力和变形）的增大或调整系数；

λ——构件长细比、比例系数；

λ_v——最小配箍特征值；

ξ_y——结构（构件）屈服强度系数；

ρ——配筋率、比率；

φ——构件受压稳定系数；

ψ——组合值系数、影响系数。

2.2.5 其他

T——结构自振周期；

N——标准贯入锤击数；

I_{lE}——地震时地基的液化指数；

X_{ji}——位移振型坐标（j 振型 i 质点的 x 方向相对位移）；

Y_{ji}——位移振型坐标（j 振型 i 质点的 y 方向相对位移）；

φ_{ji}——转角振型坐标（j 振型 i 质点的转角方向相对位移）；

n——总数，如楼层数、质点数、钢筋根数、跨数等；

v_{se}——土层等效剪切波速。

3 抗震设计的基本要求

3.1 建筑抗震设防分类和设防标准

3.1.1 抗震设防的所有建筑应按现行国家标准《建筑工程抗震设防分类标准》GB 50223 确定其抗震设防类别及其抗震设防标准。

3.1.2 本市各区的抗震设防烈度均可按 7 度采用。

3.1.3 对按规定需编制抗震设防专篇的建筑，应在初步设计阶段编制抗震设防专篇，并在设计文件中明确。

3.2 地震影响

3.2.1 建筑所在地区遭受的地震影响，应采用相应于抗震设防烈度的设计基本地震加速度和设计特征周期来表征。

3.2.2 对于本市的多遇地震和设防烈度地震，Ⅲ类场地的设计特征周期取为 0.65 s，Ⅳ类场地的设计特征周期取为 0.9 s；对于罕遇地震，Ⅲ、Ⅳ类场地的设计特征周期都取为 1.1 s。相应于各抗震设防烈度的设计基本地震加速度取值，应按表 3.2.2 采用。

表 3.2.2 抗震设防烈度和设计基本地震加速度值的对应关系

抗震设防烈度	6 度	7 度	8 度
设计基本地震加速度值	0.05g	0.10g	0.20g

注：表中 g 为重力加速度。

3.3 场地和地基

3.3.1 选择建筑场地时，应根据工程需要和地震活动情况、工程地质和地震地质的有关资料，对抗震有利、一般、不利和危险地段作出综合评价。对不利地段，应提出避开要求；当无法避开时，应采取有效的措施。对危险地段，严禁建造甲、乙类的建筑，不应建造丙类的建筑。

3.3.2 地基和基础设计应符合下列要求：

1 同一结构单元的基础不宜设置在性质截然不同的地基上。

2 同一结构单元不宜部分采用天然地基部分采用桩基；当采用不同基础类型或基础埋深显著不同时，应根据地震时两部分地基基础的沉降差异及保证两部分水平力的可靠传递，在基础、上部结构的相关部位采取相应措施。

3 地基为软弱黏性土、液化土、新近填土或严重不均匀土时，应估计地震时地基不均匀沉降和其他不利影响，并采取相应的措施。

3.3.3 坡地建筑的场地和地基基础应符合下列要求：

1 坡地建筑场地勘察应有边坡稳定性评价和防治方案建议。

2 应根据地质、地形条件和使用要求，因地制宜设置符合抗震设防要求的边坡工程。边坡设计应符合现行国家标准《建筑边坡工程技术规范》GB 50330 的要求；其稳定性验算时，有关的摩擦角应根据设防烈度进行相应修正。

3 边坡附近的建筑基础应进行抗震稳定性设计。建筑基础与土质边坡的边缘应留有足够的距离，其值应根据设防烈度的高低确定，并采取措施避免地震时地基基础破坏。

3.4 建筑形体及其构件布置的规则性

3.4.1 建筑设计应根据抗震概念设计的要求明确建筑形体的规则性。不规则的建筑应按规定采取加强措施；特别不规则的建筑应进行专门研究和论证，采取特别的加强措施；严重不规则的建筑不应采用。

注：形体指建筑平面形状和立面、竖向剖面的变化。

3.4.2 建筑设计应重视其平面、立面和竖向剖面的规则性对抗震性能及经济合理性的影响，宜择优选用规则的形体，其抗侧力构件的平面布置宜规则对称、侧向刚度沿竖向宜均匀变化，竖向抗侧力构件的截面尺寸和材料强度宜自下而上逐渐减小，避免侧向刚度和承载力突变。

不规则建筑的抗震设计应符合本标准第3.4.4条的有关规定。

3.4.3 建筑形体及其构件布置的平面、竖向不规则性，应按下列要求划分：

1 混凝土房屋、钢结构房屋和钢-混凝土混合结构房屋存在表3.4.3-1所列举的某项平面不规则类型或表3.4.3-2所列举的某项竖向不规则类型以及类似的不规则类型，应属于不规则的建筑。

表3.4.3-1 平面不规则的主要类型

不规则类型	定义和指标限值
扭转不规则	在考虑偶然偏心的规定的水平力作用下，楼层两端抗侧力构件弹性水平位移（或层间位移）的最大值与平均值的比值大于1.2
凹凸不规则	结构平面凹进的长度大于相应投影方向总尺寸的30%；或凸出的长度大于相应投影方向总尺寸的30%，且凸出的宽度小于凸出长度的50%

续表3.4.3-1

不规则类型	定义和指标限值
楼板局部不连续	楼板的尺寸和平面刚度急剧变化，例如：有效楼板宽度小于该层楼板典型宽度的50%，或开洞面积大于该层楼面面积的30%（高差大于楼面梁截面高度的降板按开洞对待），或较大的楼层错层（错层高度大于楼面梁的截面高度或大于0.6 m）

表3.4.3-2 竖向不规则的主要类型

不规则类型	定义和指标限值
侧向刚度不规则	该层的侧向刚度小于相邻上一层的70%，或小于其上相邻三个楼层侧向刚度平均值的80%；除顶层或出屋面小建筑外，局部收进的水平向尺寸大于相邻下一层的25%
竖向抗侧力构件不连续	竖向抗侧力构件（柱、抗震墙、抗震支撑）的内力由水平转换构件（梁、桁架等）向下传递
楼层承载力突变	抗侧力结构的层间受剪承载力小于相邻上一楼层的80%

2 砌体房屋、单层工业厂房、单层空旷房屋、大跨屋盖建筑和地下建筑的平面和竖向不规则性的划分，应符合本标准有关章节的规定。

3 当存在多项不规则或某项不规则超过规定的参考指标较多时，应属于特别不规则的建筑。

3.4.4 建筑形体及其构件布置不规则时，应按下列要求进行地震作用计算和内力调整，并应对薄弱部位采取有效的抗震构造措施：

1 平面不规则而竖向规则的建筑，应采用空间结构计算模型，并应符合下列要求：

1) 扭转不规则时，应计入扭转影响，且在具有偶然偏心的规定水平力作用下，楼层两端抗侧力构件弹性水平位移或层间位移的最大值与平均值的比值不宜大于1.5；当最大层间位移远小于标准限值时，可适当放宽。

2) 凹凸不规则或楼板局部不连续时，应采用符合楼板平面内实际刚度变化的计算模型；高烈度或不规则程度较大时，宜计入楼板局部变形的影响。

3）平面不对称且凹凸不规则或楼板局部不连续时，可根据实际情况分块计算扭转位移比，对扭转较大的部位应采用局部的内力增大系数。

2 平面规则而竖向不规则的建筑，应采用空间结构计算模型，刚度小的楼层的地震剪力应乘以不小于 1.15 的增大系数，其薄弱层应按本标准有关规定进行弹塑性变形分析，并应符合下列要求：

1）竖向抗侧力构件不连续时，该构件传递给水平转换构件的地震内力应根据烈度高低和水平转换构件的类型、受力情况、几何尺寸等，乘以 1.25～2.0 的增大系数。

2）侧向刚度不规则时，相邻层的侧向刚度比应依据其结构类型符合本标准相关章节的规定。

3）楼层承载力突变时，薄弱层抗侧力结构的受剪承载力不应小于相邻上一楼层的 65%。

3 平面不规则且竖向不规则的建筑，应根据不规则类型的数量和程度，有针对性地采取不低于本条第 1、2 款要求的各项抗震措施。特别不规则的建筑，应经专门研究，采取更有效的加强措施或对薄弱部位采用相应的基于性能的抗震设计方法。

3.4.5 体型复杂、平立面不规则的建筑，应根据不规则程度、地基基础条件和技术经济等因素的比较分析，确定是否设置防震缝，并分别符合下列要求：

1 当不设置防震缝时，应采用符合实际的计算模型，分析判明其应力集中、变形集中或地震扭转效应等导致的易损部位，采取相应的加强措施。

2 当在适当部位设置防震缝时，宜形成多个较规则的抗侧力结构单元。防震缝应根据抗震设防烈度、结构材料种类、结构类型、结构单元的高度和高差以及可能的地震扭转效应的情况，留有足够的宽度，其两侧的上部结构应完全分开。

3 当设置伸缩缝和沉降缝时，其宽度应符合防震缝的要求。

3.5 结构体系

3.5.1 结构体系应根据建筑的抗震设防类别、抗震设防烈度、建筑高度、场地条件、地基、结构材料和施工等因素，经技术、经济和使用条件综合比较确定。

3.5.2 结构体系应符合下列要求：

1 应具有明确的计算简图和合理的地震作用传递途径。

2 应避免因部分结构或构件破坏而导致整个结构丧失抗震能力或对重力荷载的承载能力。

3 应具备必要的抗震承载力、良好的变形能力和消耗地震能量的能力。

4 对可能出现的薄弱部位，应采取措施提高其抗震能力。

3.5.3 结构体系尚宜符合下列要求：

1 宜有多道抗震防线。

2 宜具有合理的刚度和承载力分布，避免因局部削弱或突变形成薄弱部位，产生过大的应力集中或塑性变形集中。

3 结构在两个主轴方向的动力特性宜相近。

3.5.4 结构构件应符合下列要求：

1 混凝土结构构件应控制截面尺寸和受力钢筋、箍筋的设置，防止剪切破坏先于弯曲破坏、混凝土的压溃先于钢筋的屈服、钢筋的锚固粘结破坏先于钢筋破坏。

2 预应力混凝土构件，应配有足够的非预应力钢筋。

3 钢结构构件的尺寸应合理控制，避免局部失稳或整个构件失稳。

4 多、高层的混凝土楼、屋盖宜优先采用现浇混凝土板。当采用预制装配式混凝土楼、屋盖时，应从楼盖体系和构造上采取措施确保各预制板之间及预制板与周边构件之间连接的整体性。

3.5.5 结构各构件之间的连接,应符合下列要求:

1 构件节点的破坏,不应先于其连接的构件。

2 预埋件的锚固破坏,不应先于连接件。

3 装配式结构构件的连接,应能保证结构的整体性。

4 预应力混凝土构件的预应力钢筋,宜在节点核芯区以外锚固。

3.5.6 装配式单层厂房的各种抗震支撑系统,应保证地震时厂房的整体性和稳定性。

3.5.7 砌体结构应按规定设置钢筋混凝土圈梁和构造柱、芯柱,或采用约束砌体、配筋砌体等。

3.6 结构分析

3.6.1 除本标准特别规定者外,建筑结构应进行多遇地震作用下的内力和变形分析,此时,可假定结构与构件处于弹性工作状态,内力和变形分析可采用线性静力方法或线性动力方法。

3.6.2 不规则且具有明显薄弱部位可能导致重大地震破坏的建筑结构,应按本标准有关规定进行罕遇地震作用下的弹塑性变形分析。此时,可根据结构特点采用静力弹塑性分析或弹塑性时程分析方法。

当本标准有具体规定时,尚可采用简化方法计算结构的弹塑性变形。

3.6.3 当结构在地震作用下的重力附加弯矩大于初始弯矩的10%时,应计入重力二阶效应的影响。

注:重力附加弯矩指任一楼层以上全部重力荷载与该楼层地震平均层间位移的乘积;初始弯矩指该楼层地震剪力与楼层层高的乘积。

3.6.4 结构抗震分析时,应按照楼、屋盖的平面形状和平面内变形情况确定为刚性、分块刚性、半刚性、局部弹性和柔性等的横隔板，再按抗侧力系统的布置确定抗侧力构件间的共同工作并进行各构件间的地震内力分析。

3.6.5 质量和侧向刚度分布接近对称且楼、屋盖可视为刚性横隔板的结构，以及本标准有关章节有具体规定的结构，可采用平面结构模型进行抗震分析。其他情况，应采用空间结构模型进行抗震分析。

3.6.6 利用计算机进行结构抗震分析，应符合下列要求：

1 计算模型的建立、必要的简化计算与处理，应符合结构的实际工作状况，计算中应考虑楼梯构件的影响。

2 计算软件的技术条件应符合本标准及有关标准的规定，并应阐明其特殊处理的内容和依据。

3 在对复杂结构进行多遇地震作用下的内力和变形分析时，应采用不少于两个合适的不同力学模型，并对其计算结果进行分析比较。

4 所有计算机计算结果，应经分析判断确认其合理性后方可用于工程设计。

3.7 非结构构件

3.7.1 非结构构件，包括建筑非结构构件和建筑附属机电设备，自身及其与结构主体的连接，应进行抗震设计。

3.7.2 非结构构件的抗震设计，应由相关专业人员分别负责进行。

3.7.3 附着于楼、屋面结构上的非结构构件，以及楼梯间的非承重墙体，应与主体结构有可靠的连接或锚固，避免地震时倒塌伤人或砸坏重要设备。

3.7.4 框架结构的围护墙和隔墙，应估计其设置对结构抗震的不利影响，避免不合理设置而导致主体结构的破坏。

3.7.5 幕墙、装饰贴面与主体结构应有可靠连接，避免地震时脱落伤人。

3.7.6 安装在建筑上的附属机械、电气设备系统的支座和连接，应符合地震时使用功能的要求，且不应导致相关部件的损坏。

3.8 结构材料与施工

3.8.1 抗震结构对材料和施工质量的特别要求，应在设计文件上注明。

3.8.2 结构材料性能指标，应符合下列要求：

1 砌体结构材料应符合下列规定：

1） 普通砖和多孔砖的强度等级不应低于 MU10，其砌筑砂浆强度等级不应低于 M5。

2） 混凝土小型空心砌块的强度等级不应低于 MU7.5，其砌筑砂浆强度等级不应低于 Mb7.5。

2 混凝土结构的材料应符合下列规定：

1） 混凝土的强度等级：框支梁、框支柱及抗震等级为一级、二级的框架梁、柱、节点核芯区，不应低于 C30；构造柱、芯柱、圈梁及其他各类构件，不应低于 C25。

2） 抗震等级为一级、二级、三级的框架和斜撑构件（含梯段），其纵向受力钢筋采用普通钢筋时，钢筋的抗拉强度实测值与屈服强度实测值的比值不应小于 1.25；钢筋的屈服强度实测值与屈服强度标准值的比值不应大于 1.3，且钢筋在最大拉力下的总伸长率实测值不应小于 9%。

3 钢结构的钢材应符合下列规定：

1） 钢材的屈服强度实测值与抗拉强度实测值的比值不应大于 0.85。

2） 钢材应有明显的屈服台阶，且伸长率不应小于 20%。

3） 钢材应有良好的焊接性和合格的冲击韧性。

3.8.3 结构材料性能指标，尚应符合下列要求：

1 普通钢筋宜优先采用延性、韧性和焊接性较好的钢筋；普通钢筋的强度等级，纵向受力钢筋应选用符合抗震性能指标的不低于 HRB400 级的热轧钢筋；箍筋宜选用符合抗震性能指标的不低于 HRB400 级的热轧钢筋，也可选用 HPB300 级热轧钢筋。

注：钢筋的检验方法应符合现行国家标准《混凝土结构工程施工质量及验收规范》GB 50204 的规定。

2 结构构件采用强度等级不低于 C70 的高强混凝土时，应采取措施改善其延性。

3 钢结构的钢材宜采用 Q235 等级 B、C、D 的碳素结构钢及 Q345、Q390 等级 B、C、D、E 的低合金高强度结构钢；当有可靠依据时，尚可采用其他钢种和钢号。

3.8.4 在施工中，当需要以强度等级较高的钢筋替代原设计中的纵向受力钢筋时，应按照钢筋受拉承载力设计值相等的原则换算，并应满足最小配筋率要求。

3.8.5 采用焊接连接的钢结构，当接头的焊接拘束度较大、钢板厚度不小于 40 mm 且承受沿板厚方向的拉力时，钢板厚度方向截面收缩率不应小于现行国家标准《厚度方向性能钢板》GB/T 5313 关于 Z15 级规定的容许值。

3.8.6 钢筋混凝土构造柱和底部框架-抗震墙房屋中的砌体抗震墙，其施工应先砌墙后浇构造柱和框架梁柱。

3.8.7 混凝土墙体、框架柱的水平施工缝，应采取措施加强混凝土的结合性能。对于抗震等级为一级的墙体和转换层楼板与落地混凝土墙体的交接处，宜验算水平施工缝截面的受剪承载力。

3.9 建筑基于性能的抗震设计

3.9.1 当建筑采用基于性能的抗震设计时，应根据其抗震设防类别、设防烈度、场地条件、结构类型和不规则性，建筑和附属设施的功能要求、投资规模、震后损失、社会影响和修复难易程度等因素选择抗震性能目标，并进行技术和经济可行性的综合分析和论证。

3.9.2 建筑的抗震性能目标，宜采用不同地震动水准下的结构构件和非结构构件的抗震性能水准要求进行表征。结构构件和非结构构件的设计要求可按本标准附录 K 的规定采用。

3.9.3 建筑的抗震性能目标应不低于本标准第 1.0.3 条中对基本的抗震设防目标的要求。对于设防烈度地震下需保持正常使用的建筑，其设计应综合考虑结构构件和非结构构件对其使用功能的影响，其结构构件的抗震性能目标可取不低于本标准附录 K.1 中的类别Ⅱ，非结构构件在设防烈度地震下的性能要求可取不低于本标准附录 K.2 中第 2 水准的要求；也可根据相关规定确定建筑的抗震性能目标以及相应的控制要求。

3.9.4 关于地震动水准，对设计工作年限为 50 年的建筑，可选用本标准的多遇地震、设防地震和罕遇地震的地震作用，其中，设防地震的加速度应按本标准表 3.2.2 的设计基本地震加速度采用，设防地震的地震影响系数最大值，6 度、7 度和 8 度可分别采用 0.12、0.23 和 0.45。对设计工作年限超过 50 年的建筑，宜按实际需要和可能，经专门研究后对地震作用作适当调整。对处于发震断裂两侧 10 km 以内的建筑，地震动参数应计入近场影响，5 km 及以内宜乘以增大系数 1.5，5 km 以外宜乘以不小于 1.25 的增大系数。

3.9.5 基于性能的抗震设计的具体指标应符合下列要求：

1 应根据选定的抗震性能目标确定结构或其关键部位的抗震承载力、抗震变形能力的具体指标，并应计及地震作用取值的不确定性设置适当的冗余。

2 宜根据不同地震动水准、结构不同部位、不同构件类型的抗震要求确定结构构件的抗震承载力要求，包括保持弹性、不超过屈服承载力、不超过极限承载力、不发生脆性剪切破坏等。

3 宜根据不同地震动水准下结构不同部位的预期变形状态确定结构构件的抗震变形能力要求。

4 应根据结构构件预期的变形状态确定其延性要求，当构件的承载力与实际需求相比明显提高时，其延性构造可适当降低。

3.9.6 建筑基于性能的抗震设计的结构分析应符合下列要求：

1 分析模型应正确、合理地反映地震作用的传递途径和结构的实际受力状况。

2 应根据预期地震动水准下结构的工作状态确定结构分析方法。当结构处于弹性状态时，可采用线性方法；当结构处于弹塑性状态时，可根据结构进入塑性的程度和范围采用等效线性化方法、静力非线性方法或动力非线性方法。

3 结构的非线性分析模型相对于线性分析模型可适当简化，二者在多遇地震作用下的线性分析结果应基本一致；结构非线性分析时应计入重力二阶效应的影响，并合理确定结构构件的弹塑性参数，采用构件的实际尺寸和配筋（混凝土构件的实配钢筋和钢骨、钢构件的实际截面规格等），可通过与弹性假定计算结果的对比分析，识别构件的可能破坏部位及其弹塑性变形程度。

4 对于复杂结构，宜进行施工模拟分析，应以施工全过程完成后的内力状态为初始状态。

3.10 建筑物地震反应观测系统

3.10.1 抗震设防烈度为 7 度、8 度时，高度分别超过 200 m、160 m 的大型公共建筑，应按规定设置建筑结构的地震反应观测系统，建筑设计应留有观测仪器和线路的位置。

4 场地、地基和基础

4.1 场 地

4.1.1 本市的建筑场地，远郊低丘陵地区少数基岩露头或浅埋处以及湖沼平原区浅部有硬土层分布区，宜按土层等效剪切波速和场地覆盖层厚度判定场地类别，其余建筑场地多属于现行国家标准《建筑抗震设计规范》GB 50011 所划分的Ⅳ类场地。

4.1.2 抗震设防类别为甲、乙类的建筑物应避免在不稳定场地（如岸坡边缘，古河道，暗埋的塘、浜、沟等）采用浅埋基础建造。必须建造时，应由专门的勘察、试验及计算证明其能满足抗震要求或者采取适当的稳定地基的措施。

4.1.3 对于抗震设防的工程，岩土工程勘察报告应提出关于场地稳定性及地基液化的评价；对需要采用时程分析法补充计算的建筑，岩土工程勘察报告尚应根据设计要求提供土层剖面、场地覆盖层厚度和有关的动力参数。必要时可由场地地震安全性评价报告提供场地反应谱或场地地震输入时程曲线。

4.2 地基液化的判别和处理

4.2.1 当设防烈度为 7 度或以上，且地面下 20 m 深度范围内存在饱和砂土和饱和粉土时，应进行液化初步判别；对初步判别有液化土层的地基，需进一步进行液化判别；对判别有液化土层的地基，应根据建筑的抗震设防类别、地基的液化等级，结合具体情况采取相应的措施。

4.2.2 当需要进一步进行液化判别时，可根据标准贯入试验或静力触探试验结果进行土层液化可能性的判别，并确定液化强度比，两种试验判别方法同等有效。情况复杂时，可补充现场波速试验或取土室内模拟试验进行综合分析。

1 用标准贯入试验结果判别

当实测标准贯入锤击数 N（未经杆长修正）小于临界标准贯入锤击数 N_{cr} 时，应判为可液化土。在地面下 20 m 深度范围内，液化判别标准贯入锤击数临界值可按下式计算：

$$N_{cr}=N_0\beta[\ln(0.6d_s+1.5)-0.1d_w]\sqrt{3/\rho_c} \tag{4.2.2-1}$$

式中：N_{cr}——液化判别标准贯入锤击数临界值；

N_0——液化判别标准贯入锤击数基准值，7 度时可取为 7，8 度时可取为 12；

β——调整系数，取 0.95；

d_s——标准贯入试验点深度（m）；

d_w——地下水位埋深（m）；

ρ_c——黏粒含量百分率，小于 3 时取 3。

注：用于液化判别的黏粒含量采用六偏磷酸钠作分散剂测定，采用其他方法时应按有关规定换算。

2 用静力触探试验结果判别

当单桥探头实测比贯入阻力 p_s 小于临界比贯入阻力 p_{scr} 或双桥探头实测锥尖阻力 q_c 小于临界锥尖阻力 q_{ccr} 时，应判为可液化土。临界比贯入阻力 p_{scr} 或临界锥尖阻力 q_{ccr} 可分别按式（4.2.2-2）或式（4.2.2-3）确定。实测比贯入阻力 p_s 或实测锥尖阻力 q_c 可按每个触探孔中每米厚度的平均值取用。黏粒含量的取值应真实可靠。对不同地质单元应分区评价。对砂质粉土或砂土层中比贯入阻力 p_s 或锥尖阻力 q_c 明显减少的夹层或砂土与黏性土互层情况，宜在旁侧采取土样进行验证：

$$p_{scr}=p_{s0}\left[1-0.06d_s+\frac{(d_s-d_w)}{a+b(d_s-d_w)}\right]\sqrt{\frac{3}{\rho_c}}$$

(4.2.2-2)

$$q_{ccr}=q_{c0}\left[1-0.06d_s+\frac{(d_s-d_w)}{a+b(d_s-d_w)}\right]\sqrt{\frac{3}{\rho_c}}$$

(4.2.2-3)

式中：p_{s0}，q_{c0}——分别为液化临界比贯入阻力基准值和临界锥尖阻力基准值(MPa)，可分别取 3.20 MPa 和 2.90 MPa；

d_s——静力触探试验点深度(m)；

a，b——系数，分别取 1.0 和 0.75；

其余符号意义同上。

4.2.3 对于存在可液化土层的地基，应探明各液化土层的深度和厚度，按式(4.2.3-1)、式(4.2.3-2)或式(4.2.3-3)计算各分层的液化强度比 F_{lei}，按式(4.2.3-4)计算每个钻孔的液化指数 I_{le}，并按表 4.2.3 划分地基的液化等级，作为判别土层及地基液化危险性和危害程度的依据：

$$F_{lei}=\frac{N}{N_{cr}} \qquad (4.2.3\text{-}1)$$

$$F_{lei}=\frac{p_s}{p_{scr}} \qquad (4.2.3\text{-}2)$$

$$F_{lei}=\frac{q_c}{q_{ccr}} \qquad (4.2.3\text{-}3)$$

$$I_{le}=\sum_{i=1}^{n}(1-F_{lei})d_iW_i \qquad (4.2.3\text{-}4)$$

式中：F_{lei}——第 i 分层的液化强度比，当 $F_{lei}>1.0$ 时，取 $F_{lei}=1.0$；

I_{le}——液化指数；

d_i——第 i 分层的厚度(m)；

w_i——可液化土层的埋深权数(m^{-1})，当该层中点深度不大于 5 m 时应采用 10 m，等于 20 m 时应采用零值，5 m～20 m 时按线性内插法取值；

n——可液化土层范围内的分层总数。

表 4.2.3　液化等级

液化等级	轻微	中等	严重
液化指数	$0 < I_{le} \leqslant 6$	$6 < I_{le} \leqslant 18$	$I_{le} > 18$

依据上述方法评价地基液化等级时，若在同一地质单元内出现各孔判别结果不一致时，可按多数孔的判别结果或以各孔液化指数的平均值确定；当建设场地涉及不同地质单元时，应分区评价。

4.2.4　地基抗液化措施应根据建筑物的抗震设防类别和地基的液化等级参照表 4.2.4 结合具体情况予以确定。不宜将未经处理的可液化土层作为建筑物基础的持力层。

表 4.2.4　抗地基液化措施选择原则

抗震设防类别	地基的液化等级		
	轻微	中等	严重
甲类	(1)	(1)	(1)
乙类	(2)或(3)	(1)或(2)+(3)	(1)
丙类	(3)或(4)	(3)或(2)	(1)或(2)+(3)
丁类	(4)	(4)	(3)或更经济的措施

注：1　表中：

(1) 全部消除地基液化沉陷的措施，如采用桩基、加大基础埋置深度、深层加固至液化层下界，挖除全部液化土层等；

(2) 部分消除地基液化沉陷的措施，如加固或挖除一部分液化土层等，处理后地基的液化指数应不大于 6；

(3) 基础和上部结构处理，一般指减小不均匀沉降或使建筑物较好适应不均匀沉降的措施等；

(4) 可不采取措施。

2　表中措施未考虑倾斜地层和液化土层严重不均匀的情况。

4.2.5 全部消除地基液化沉陷的措施，应符合下列要求：

1 采用桩基时，桩端进入可液化土层以下的稳定土层不应小于 1.5 m 和 2 倍桩径的较大值。

2 加大基础埋置深度时，基础底面进入可液化土层以下的稳定土层深度不应小于 0.5 m。

3 采用加密法或注浆加固可液化地基时，应处理至可液化土层深度下界。

4 用非液化土替换全部液化土层。

5 采用加密法或换土法处理时，在基础边缘以外的处理宽度，应超过基础底面下处理深度的 1/2，并且不应小于 2.5 m。

4.2.6 部分消除地基液化沉陷的措施，应符合下列要求：

1 处理深度应使处理后的地基液化指数减小，其值不宜大于 6。

2 采用沉管碎石桩、沉管砂桩等加固后，桩间土的标准贯入试验值或静力触探试验值不宜小于本节第 4.2.2 条规定的液化判别的临界值。

3 基础边缘以外的处理宽度，应符合本节第 4.2.5 条第 5 款的要求。

4.3 地基和基础的抗震强度验算

4.3.1 当下列建筑物不位于边坡上或边坡附近时，可不进行地基和基础的抗震承载力验算：

1 采用天然地基上浅基础的砌体结构房屋。

2 采用天然地基上浅基础，而地基主要受力层范围内无淤泥、淤泥质土、松散填土或可液化土层的下列建筑物：

1）一般单层厂房、单层空旷房屋；

2）不超过八层且高度在 24 m 以下的一般框架结构、抗震墙和框架-抗震墙结构民用房屋；

3）基础荷载与第 2)项框架结构民用房屋相当的多层框架结构厂房。

3 承受竖向荷载为主的低承台桩基，且桩端和桩周无可液化土层，承台周围无淤泥、淤泥质土、松散填土和可液化土层的下列建筑物：

1）砌体结构房屋；

2）本条第 2 款所列的房屋。

4 本标准规定可不进行上部结构截面抗震验算的建筑物。

注：地基主要受力层范围，对于基础宽度小于 5 m 的条形基础和独立基础，分别指基础底面以下 3 倍和 1.5 倍基础宽度，但不小于 5 m 的深度范围。

4.3.2 对于天然地基上的浅基础，当需进行竖向地基承载力抗震验算时，应满足下式要求：

$$p \leqslant \frac{f_d}{\gamma_{RE}} \tag{4.3.2-1}$$

$$p_{max} \leqslant \frac{1.2 f_d}{\gamma_{RE}} \tag{4.3.2-2}$$

式中：p ——在地震作用效应和其他作用效应的基本组合下的基底平均压应力设计值（kPa），但作用分项系数取 1.0；

p_{max}——在地震作用效应和其他作用效应的基本组合下的基底边缘处最大压应力设计值（kPa），但作用分项系数取 1.0；

f_d——静态下地基承载力设计值（kPa），其值按现行上海市工程建设规范《地基基础设计标准》DGJ 08—11 的有关条文确定；

γ_{RE}——地基承载力抗震调整系数，按表 4.3.2 取用。

表 4.3.2 地基承载力抗震调整系数

地基土名称	γ_{RE}
淤泥质黏性土、填土	1.0
粉性土	0.9
一般黏性土、粉砂	0.8

高宽比大于 4 的高层建筑，在地震作用下基础底面不宜出现拉应力；对天然地基上的浅基础，基础底面与地基土之间零应力区面积不宜超过基础底面面积的 15%。

4.3.3 在验算天然地基上浅基础水平抗震承载力(抗滑)时，可考虑基础底面与地基土之间的摩阻力。当基础周围回填土系分层夯实或基础系混凝土原坑浇筑时，可考虑基础正侧面土的水平抗力，水平抗力值可取被动土压力值的 1/3。

4.3.4 低承台桩基抗震验算应符合下列表达式：

1 单桩竖向承载力

$$Q_d \leqslant R_d/\gamma_{RE} \tag{4.3.4-1}$$

$$Q_{dmax} \leqslant 1.2R_d/\gamma_{RE} \tag{4.3.4-2}$$

式中：Q_d——在地震作用效应和其他作用效应的基本组合下，作用在单桩桩顶的竖向荷载设计值(kN)，但作用分项系数取 1.0；

Q_{dmax}——在地震作用效应和其他作用效应的基本组合下，承受最大荷载桩桩顶的竖向荷载设计值(kN)，但作用分项系数取 1.0；

R_d——静态下单桩竖向承载力设计值(kN)，其值按现行上海市工程建设规范《地基基础设计标准》DGJ 08—11 有关条文确定；

γ_{RE}——桩基承载力抗震调整系数，可取 0.8。

2　单桩水平承载力

$$H_{\mathrm{D}}=H_0/n \leqslant R_{\mathrm{hd}}/\gamma_{\mathrm{RE}} \tag{4.3.4-3}$$

式中：H_{D}——在地震作用效应和其他作用效应的基本组合下，作用于单桩桩顶的水平力设计值(kN)，但作用分项系数取1.0。

H_0——在地震作用效应和其他作用效应的基本组合下基底剪力设计值(kN)，但作用分项系数取1.0；当按第4.3.6条可考虑承台或地下室正侧面土体的水平抗力共同承担水平地震作用时，应扣除承台或地下室正侧面土体的水平抗力，基底剪力与土体的水平抗力的分项系数均取1.0。

n——桩数。

R_{hd}——静态下单桩水平承载力设计值(kN)，其值按现行上海市工程建设规范《地基基础设计标准》DGJ 08—11有关条文确定。

γ_{RE}——桩基承载力抗震调整系数，可取0.8。

在有液化侧向扩展的地段，应考虑土流动时的侧向作用力，且承受侧向推力的面积应按边桩外缘间的宽度计算。

4.3.5　对于非液化土中低承台桩基水平抗震验算，当承台或地下室外侧土体抗力发挥有保证时，可由承台或地下室正侧面土体与桩体共同承担水平地震作用，承台(或地下室)正侧面土体的水平抗力可取被动土压值的1/3；不考虑承台(或地下室)底面与地基土之间的摩阻力。

4.3.6　存在可液化土层的低承台桩基可按下列原则进行抗震验算：

1　单桩竖向承载力计算时，桩周各液化土层的摩阻力应按表4.3.6乘以该土层的液化影响折减系数。单桩水平承载力应按桩顶附近土层的液化强度比F_{le}乘以表4.3.6的液化影响折减系数。

当桩承台底面以上和以下非液化土层或非软弱土的厚度分别小于 1.5 m、1.0 m 时，土层液化影响折减系数可按表 4.3.6 取值后再减去 1/3(已取 0 者除外)。

表 4.3.6 液化影响折减系数

液化强度比 F_{le}	土层埋深 d_s(m)	折减系数 ψ_{le}
$F_{le} \leqslant 0.6$	$d_s \leqslant 10$	0
	$10 < d_s \leqslant 20$	1/3
$0.6 \leqslant F_{le} \leqslant 0.8$	$d_s \leqslant 10$	1/3
	$10 < d_s \leqslant 20$	2/3
$0.8 \leqslant F_{le} \leqslant 1.0$	$d_s \leqslant 10$	2/3
	$10 < d_s \leqslant 20$	1

对于挤土桩，当平均桩距小于 4 倍桩径或桩截面边长，且桩的排数不少于 5 排，总桩数不少于 25 根时，液化影响折减系数可按表 4.3.6 取值后再加上 1/3(已取 1 者除外)。当原位测试资料证明土层的液化可能性已因桩的挤密作用而改变时，可根据改变后的液化强度比 F_{le} 按表 4.3.6 取用。

2 当桩基承台及地下室周围存在液化土层时，如按照第 4.4.4 条进行相应处理后，在水平抗震验算中可适当考虑承台和地下室正侧面的水平抗力，水平抗力的取值宜进行专门分析。

4.3.7 抗震设防类别为甲、乙类建筑物的地下或半地下结构的外墙截面抗震验算时，侧向压力宜按地震时的静止土压力强度计算：

1 当墙后全为非液化土层时，地震时的静止土压力强度按下列公式计算：

$$e'_0 = e_0 + e_{0d} \tag{4.3.7-1}$$

$$e_{0d} = k_h k_0 \sum \gamma_i d_i \tag{4.3.7-2}$$

式中：e'_0——计算点处地震时静止土压力强度标准值(kPa)；

e_0——计算点处静态静止土压力强度标准值(kPa)，计算时其静止土压力系数 k_0 可由试验确定，也可近似取 $k_0=1-\sin\varphi'_k$ 计算，其中 φ'_k 为由直剪慢剪或三轴固结不排水剪切试验确定的有效内摩擦角标准值；

e_{0d}——计算点处动态静止土压力强度标准值(kPa)；

k_h——水平地震系数，一般取 0.1；

k_0——计算点处土层侧压力系数，取值方法同静态计算；

γ_i——计算点以上各土层的重度(kN/m^3)，地下水位以下取饱和重度；

d_i——计算点以上各土层厚度(m)。

静水压力应另行计算。

2 当墙后存在可液化土层时，静止土压力强度的计算，应按可液化土层和非液化土层分别考虑：

1）地震时可液化土层内静止土压力强度按下列公式计算：

$$e'_{0l}=e_{0l}+e'_{0dl} \tag{4.3.7-3}$$

$$e_{0l}=\sum\gamma_i d_i \tag{4.3.7-4}$$

$$e'_{0dl}=\frac{7}{12}k_h\gamma_l d_l \tag{4.3.7-5}$$

式中：e'_{0l}——计算点处地震时可液化土层内静止土压力强度标准值(kPa)；

e_{0l}——计算点处可液化土层内静态静止土压力强度标准值(kPa)；

e'_{0dl}——计算点处可液化土层内动态静止土压力强度标准值(kPa)，按矩形分布；

γ_i——计算点以上各土层(包括上覆非液化土层)的重度(kN/m^3)，地下水位以下取饱和重度；

d_i——计算点以上各土层(包括上覆非液化土层)厚度(m)；

γ_l——可液化土层的饱和重度（kN/m^3）；

d_l——可液化土层的厚度（m）。

静水压力不需另行计算。

2）可液化土层的上覆和下卧非液化土层的地震静止土压力计算同本条第1款。

4.3.8 抗震设防类别为甲、乙类建筑物的地下或半地下结构，当基础底面位于或穿过可液化土层时，宜在结构稳定性和构件截面的抗震验算中，考虑土层中孔隙水压力上升的不利影响。

1 在抗浮稳定性验算时，不考虑地下室外墙侧壁摩阻力对抗浮的有利影响。在计算浮力时，假定地下水位上升到室外地坪标高。

2 在地下或半地下结构底板截面的抗震验算中，底板浮托压力除常规的静水压力外，尚应按下式考虑浮托压力的增加值：

$$\Delta P_{\mathrm{f}} = \sum \gamma_i d_i \tag{4.3.8}$$

式中：ΔP_{f}——浮托压力的增加值（kPa）。

γ_i——各土层的重度（kN/m^3），地下水位以下取浮重度。

d_i——当基础底面位于可液化土层中时，为基础底面以上各土层的厚度（m）；当基础穿过液化土层时，为可液化土层及以上各土层的厚度。

4.4 抗震措施

4.4.1 当地基主要受力层范围存在淤泥、淤泥质土、松散填土或可液化土层时，除第4.2.5条和第4.2.6条提及的消除液化各种措施外，还可根据具体情况综合考虑适当的建筑和结构抗震措施，如：

1 采用桩基或进行地基处理。

2 充分考虑邻近地下室对建筑稳定性的影响，选择适当的基础埋置深度。

3　减少基底压力，调整基础底面积，减小基础偏心。

4　加强基础的整体性和刚性，如采用箱形基础、筏板基础或钢筋混凝土十字交叉条形基础，加设基础圈梁、基础连系梁等。

5　减轻荷载，提高上部结构的整体性和均匀对称性，合理设置沉降缝，避免采用对不均匀沉降敏感的结构形式，设置闭合的现浇楼层圈梁等。

6　管道穿过建筑物处应预留足够尺寸或采用柔性接头等。

4.4.2　当建筑物地基位于故河道或暗藏沟坑的边缘地带，边坡的半挖半填地段，成因、土性或状态明显不同的严重不均匀地层上，以及地基内局部存在可液化土层时，应详细查明地质、地貌、地形条件，根据具体情况采用适当的抗震措施。

地震时可能导致滑移或地裂的河道岸坡或故河道边缘地段，应采取相应的地基稳定措施；当液化土地基一侧存在河道岸坡等临空面时，宜分析确定液化引起大范围土体流动的可能性。根据情况，予以避开或采取消除土体液化可能性的措施和结构抗裂措施。

4.4.3　当需要提高天然地基上浅基础对地震作用的水平抗力时，可选择下列加强措施：

1　加强基础(柱、墙)附近的刚性地坪。

2　基础底面以下局部换土和加强基础周围的回填土。

3　加大基础埋置深度或在基础底面下增设防滑趾。

4　加强基础连系梁。

5　加强上部结构的整体性。

4.4.4　处于液化土中的桩基承台及地下室周围，宜用非液化土填筑夯实，若用砂土或粉土，则应使土层的标准贯入锤击数大于液化临界标准贯入锤击数。也可考虑采用注浆等措施来消除液化。

4.4.5　液化土中桩的配筋范围，应自桩顶至液化深度以下符合全部消除液化沉陷所要求的深度，其纵向钢筋应与桩顶部相同，箍筋应进行加强。

4.4.6 为提高建筑工程桩基础对地震作用的水平抗力，宜选择下列加强措施：

1 十层及十层以上建筑物宜设置地下室。

2 宜加大基础承台埋置深度。

3 宜加大基础连系梁、基础梁、基础承台或地下室结构整体的刚度。

4 宜采取保证承台与地下室外侧周边土体约束抗力的措施。

5 宜加强桩顶与承台的连接构造。

6 桩顶以下不小于 $5d$ 范围内箍筋宜加密。

7 地下室外墙与周边临时围护结构之间宜设置可靠连接；当地下室深度范围内有液化土层时，周边临时围护结构可穿越液化土层。

8 桩身范围内有液化土层时，宜加大桩端进入可液化土层下稳定土层的深度。

9 需要满足8度抗震设防烈度要求的建筑物桩基，或抗震设防烈度为7度但桩身范围内有中等、严重液化土层时，不宜采用预应力桩。

5 地震作用和结构抗震验算

5.1 一般规定

5.1.1 各类建筑结构的地震作用，应符合下列规定：

1 一般情况下，应至少在建筑结构的两个主轴方向分别计算水平地震作用，各方向的水平地震作用应由该方向抗侧力构件承担。

2 有斜交抗侧力构件的结构，当相交角度大于15°时，应分别计算各抗侧力构件方向的水平地震作用。

3 质量和刚度分布明显不对称的结构，应计入双向水平地震作用下的扭转影响；其他情况，应允许采用调整地震作用效应的方法计入扭转影响。

4 8度时的大跨度和长悬臂结构、隔震结构，应计算竖向地震作用。

5.1.2 各类建筑结构的抗震计算，应采用下列方法：

1 高度不超过40 m、以剪切变形为主且质量和刚度沿高度分布比较均匀的结构，以及近似于单质点体系的结构，可采用底部剪力法等简化方法。

2 除第1款外的建筑结构，宜采用振型分解反应谱法。

3 特别不规则的建筑、甲类建筑和表5.1.2-1所列高度范围的高层建筑，应采用时程分析法进行多遇地震下的补充计算；当取3组加速度时程曲线输入时，计算结果宜取时程法的包络值和振型分解反应谱法的较大值；当取7组及7组以上的时程曲线时，计算结果可取时程法的平均值和振型分解反应谱法的较大值。

采用时程分析法时，应按建筑场地类别和设计地震分组选用实际强震记录和人工模拟的加速度时程曲线，其中实际强震记录的数量不应少于总数的 2/3，多组时程曲线的平均地震影响系数曲线应与振型分解反应谱法所采用的地震影响系数曲线在统计意义上相符，可采用本标准附录 A 列出的时程曲线，其加速度时程的最大值可按表 5.1.2-2 采用。弹性时程分析时，每条时程曲线计算所得结构底部剪力不应小于振型分解反应谱法计算结果的 65%，多条时程曲线计算所得结构底部剪力的平均值不应小于振型分解反应谱法计算结果的 80%。

表 5.1.2-1　采用时程分析的房屋高度范围

抗震设防烈度、场地类别	房屋高度范围（m）
7 度	>100
8 度Ⅲ、Ⅳ类场地	>80

表 5.1.2-2　时程分析所用地震加速度时程的最大值（cm/s^2）

地震影响	6 度	7 度	8 度
多遇地震	18	35	70
设防地震	50	100	200
罕遇地震	113	200	360

4　计算罕遇地震下结构的变形，应按本章第 5.5 节规定，采用简化的弹塑性分析方法或弹塑性时程分析法。

5　平面投影尺度很大的空间结构，应根据结构形式和支承条件，分别按单点一致、多点、多向单点或多向多点输入进行抗震计算。按多点输入计算时，应考虑地震行波效应和局部场地效应。6 度的下部支承结构、上部结构和基础的抗震验算可采用简化方法，根据结构跨度、长度不同，其短边构件可乘以附加地震作用效应系数 1.15～1.30；7 度Ⅲ、Ⅳ类场地和 8 度时，应采用时程分析方法进行抗震验算。

6 地下建筑结构应采用本标准第13章规定的计算方法。

5.1.3 计算地震作用时，建筑的重力荷载代表值应取结构和构配件自重标准值和各可变荷载组合值之和。各可变荷载的组合值系数，应按表5.1.3采用。

表5.1.3 组合值系数

可变荷载种类	组合值系数	
雪荷载	0.5	
屋面积灰荷载	0.5	
屋面活荷载	不计入	
按实际情况计算的楼面活荷载	1.0	
按等效均布荷载计算的楼面活荷载	藏书库、档案库	0.8
	其他民用建筑	0.5
起重机悬吊物重力	硬钩吊车	0.3
	软钩吊车	不计入

注：硬钩吊车的吊重较大时，组合值系数应按实际情况采用。

5.1.4 建筑结构的地震影响系数应根据烈度、场地类别、结构自振周期以及阻尼比确定。其水平地震影响系数最大值应按表5.1.4采用，设计特征周期按本标准第3.2.2条采用。

表5.1.4 水平地震影响系数最大值

地震影响	6度	7度	8度
多遇地震	0.04	0.08	0.16
设防地震	0.12	0.23	0.45
罕遇地震	0.26	0.45	0.81

5.1.5 建筑结构地震影响系数曲线（图5.1.5）的阻尼调整和形状参数应符合下列要求：

1 除有专门规定外，建筑结构的阻尼比应取0.05，地震影响系数曲线的阻尼调整系数应按1.0采用，形状参数应符合下列规定：

1）直线上升段，周期小于0.1 s的区段；

2）水平段，自0.1 s至特征周期区段，应取最大值α_{max}；

3）曲线下降段，自特征周期至10 s区段，衰减指数应取0.9。

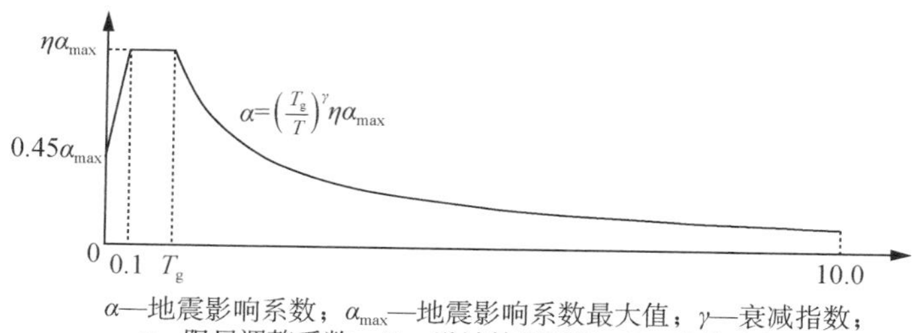

α—地震影响系数；α_{max}—地震影响系数最大值；γ—衰减指数；
η—阻尼调整系数；T_g—设计特征周期；T—结构自振周期

图 5.1.5 地震影响系数曲线

2 当建筑结构阻尼比按有关规定不等于0.05时，其地震影响系数曲线的阻尼调整系数和形状参数应符合下列规定：

1）曲线下降段的衰减指数应按下式确定：

$$\gamma = 0.9 + (0.05 - \zeta)/(0.3 + 6\zeta) \tag{5.1.5-1}$$

式中：γ——曲线下降段的衰减指数；

ζ——阻尼比。

2）阻尼调整系数应按下式确定：

$$\eta = 1.0 + (0.05 - \zeta)/(0.08 + 1.6\zeta) \tag{5.1.5-2}$$

式中：η——阻尼调整系数，当小于0.55时，应取0.55。

5.1.6 结构的截面抗震验算，应符合下列规定：

1 6度时的建筑（不规则建筑及建造于Ⅳ类场地上较高的高层建筑除外），以及木结构房屋等，应符合有关的抗震措施要求，应允许不进行截面抗震验算。

2 6度时的不规则建筑、建造于Ⅳ类场地上较高的高层建筑,7度和7度以上的建筑结构(木结构房屋等除外),应进行多遇地震作用下的截面抗震验算。

5.1.7 符合本章第5.5节规定的结构,除按规定进行多遇地震作用下的截面抗震验算外,尚应进行相应的变形验算。

5.2 水平地震作用计算

5.2.1 采用底部剪力法时,各楼层可仅取一个自由度,结构的水平地震作用标准值,应按下列公式确定(图5.2.1):

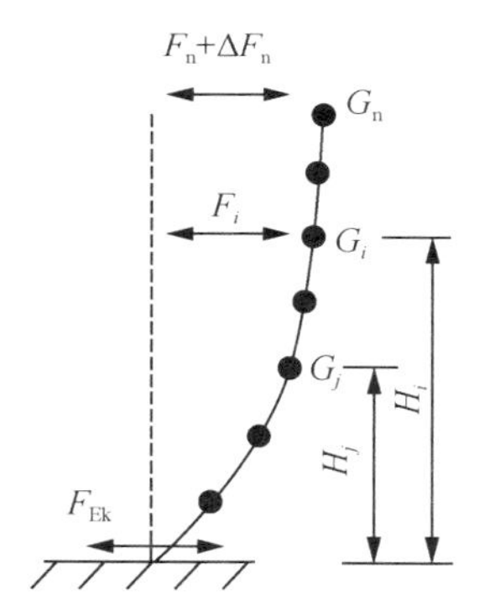

图5.2.1 结构水平地震作用计算简图

$$F_{Ek}=\alpha_1 G_{eq} \tag{5.2.1-1}$$

$$F_i=\frac{G_i H_i}{\sum_{j=1}^{n} G_j H_j} F_{Ek}(1-\delta_n)(1=1,2,\cdots,n) \tag{5.2.1-2}$$

$$\Delta F_n=\delta_n F_{Ek} \tag{5.2.1-3}$$

式中:F_{Ek}——结构总水平地震作用标准值;

α_1——相应于结构基本自振周期的水平地震影响系数值，应按第5.1.4和5.1.5条确定，多层砌体房屋、底部框架砌体房屋，宜取水平地震影响系数最大值；

G_{eq}——结构等效总重力荷载，单质点应取总重力荷载代表值，多质点可取总重力荷载代表值的85%；

F_i——质点i的水平地震作用标准值；

G_i，G_j——分别为集中于质点i、j的重力荷载代表值，应按第5.1.3条确定；

H_i，H_j——分别为质点i、j的计算高度；

δ_n——顶部附加地震作用系数，多层钢筋混凝土和钢结构房屋可按表5.2.1采用，其他房屋可采用0；

ΔF_n——顶部附加水平地震作用。

表5.2.1　顶部附加地震作用系数

T_g(s)	$T_1>1.4T_g$	$T_1\leqslant1.4T_g$
$T_g\leqslant0.35$	$0.08T_1+0.07$	0
$0.35<T_g\leqslant0.55$	$0.08T_1+0.01$	
$T_g>0.55$	$0.08T_1-0.02$	

注：T_1为结构基本自振周期。

5.2.2　采用振型分解反应谱法时，不进行扭转耦联计算的结构，应按下列规定计算其地震作用和作用效应：

1　结构j振型i质点的水平地震作用标准值，应按下列公式确定：

$$F_{ji}=\alpha_j\gamma_j X_{ji}G_i\quad(i=1,2,\cdots,n,j=1,2,\cdots,m)\tag{5.2.2-1}$$

$$\gamma_j=\sum_{i=1}^{n}X_{ji}G_i/\sum_{i=1}^{n}X_{ji}^2G_i\tag{5.2.2-2}$$

式中：F_{ji}——j振型i质点的水平地震作用标准值；

α_j——相应于 j 振型自振周期的地震影响系数，应按第5.1.4和5.1.5条确定；

X_{ji}——j 振型 i 质点的水平相对位移；

γ_j——j 振型的参与系数。

2 水平地震作用效应（弯矩、剪力、轴向力和变形），当相邻周期之比小于0.85时，可按下式确定：

$$S_{Ek}=\sqrt{\sum S_j^2} \qquad (5.2.2\text{-}3)$$

式中：S_{Ek}——水平地震作用标准值的效应；

S_j——j 振型水平地震作用标准值的效应，可只取前2个～3个振型，当基本自振周期大于1.5 s或房屋高宽比大于5时，振型个数应适当增加。

5.2.3 水平地震作用下，建筑结构的扭转耦联地震效应应符合下列要求：

1 规则结构不进行扭转耦联计算时，平行于地震作用方向的两个边榀各构件，其地震作用效应应乘以增大系数。一般情况下，短边可按1.15、长边可按1.05采用；当扭转刚度较小时，周边各构件宜按不小于1.3采用。角部构件宜同时乘以两个方向各自的增大系数。

2 按扭转耦联振型分解法计算时，各楼层可取两个正交的水平位移和一个转角共三个自由度，并应按下列公式计算结构的地震作用和作用效应。确有依据时，尚可采用简化计算方法确定地震作用效应。

1） j 振型 i 层的水平地震作用标准值，应按下列公式确定：

$$F_{xji}=\alpha_j\gamma_{tj}X_{ji}G_i$$

$$F_{yji}=\alpha_j\gamma_{tj}Y_{ji}G_i \qquad (i=1,2,\cdots,n,\ j=1,2,\cdots,m)$$

$$F_{tji}=\alpha_j\gamma_{tj}r_i^2\varphi_{ji}G_i \qquad (5.2.3\text{-}1)$$

式中：F_{xji}，F_{yji}，F_{tji}——分别为 j 振型 i 层的 x 方向、y 方向和转角方向的地震作用标准值；

X_{ji}，Y_{ji}——分别为 j 振型 i 层质心在 x、y 方向的水平相对位移；

φ_{ji}——j 振型 i 层的相对扭转角；

r_i——i 层转动半径，可取 i 层绕质心的转动惯量除以该层质量的商的正二次方根；

γ_{tj}——计入扭转的 j 振型的参与系数，可按下列公式确定：

当仅取 x 方向地震作用时

$$\gamma_{tj}=\sum_{i=1}^{n}X_{ji}G_i/\sum_{i=1}^{n}(X_{ji}^2+Y_{ji}^2+\varphi_{ji}^2r_i^2)G_i \quad (5.2.3\text{-}2)$$

当仅取 y 方向地震作用时

$$\gamma_{tj}=\sum_{i=1}^{n}Y_{ji}G_i/\sum_{i=1}^{n}(X_{ji}^2+Y_{ji}^2+\varphi_{ji}^2r_i^2)G_i \quad (5.2.3\text{-}3)$$

当取与 x 方向斜交的地震作用时

$$\gamma_{tj}=\gamma_{xj}\cos\theta+\gamma_{yj}\sin\theta \quad (5.2.3\text{-}4)$$

式中：γ_{xj}，γ_{yj}——分别由式（5.2.3-2）、式（5.2.3-3）求得的参与系数；

θ——地震作用方向与 x 方向的夹角。

2）单向水平地震作用下的扭转耦联效应，可按下列公式确定：

$$S_{Ek}=\sqrt{\sum_{j=1}^{m}\sum_{k=1}^{m}\rho_{jk}S_jS_k} \quad (5.2.3\text{-}5)$$

$$\rho_{jk}=\frac{8\sqrt{\zeta_j\zeta_k}(\zeta_j+\lambda_T\zeta_k)\lambda_T^{1.5}}{(1-\lambda_T^2)^2+4\zeta_j\zeta_k(1+\lambda_T^2)\lambda_T+4(\zeta_j^2+\zeta_k^2)\lambda_T^2} \quad (5.2.3\text{-}6)$$

式中：S_{Ek}——地震作用标准值的扭转效应；

S_j，S_k——分别为 j、k 振型地震作用标准值的效应，可取前 9 个～15 个振型；

ζ_j，ζ_k——分别为 j、k 振型的阻尼比；

ρ_{jk}——j 振型与 k 振型的耦联系数；

λ_T——k 振型与 j 振型的自振周期比。

3）双向水平地震作用的扭转耦联效应，可按下列公式中的较大值确定：

$$S_{Ek}=\sqrt{S_x^2+(0.85S_y)^2} \tag{5.2.3-7}$$

或

$$S_{Ek}=\sqrt{S_y^2+(0.85S_x)^2} \tag{5.2.3-8}$$

式中：S_x，S_y——分别为 x 向、y 向单向水平地震作用按式(5.2.3-5)计算的扭转效应。

5.2.4 采用底部剪力法时，突出屋面的屋顶间、女儿墙、烟囱等的地震作用效应，宜乘以增大系数 3，此增大部分不应往下传递，但与该突出部分相连的构件应予计入；采用振型分解法时，突出屋面部分可作为一个质点；单层厂房突出屋面天窗架的地震作用效应的增大系数，应按本标准第 10 章的有关规定采用。

5.2.5 抗震验算时，结构任一楼层的最小水平地震剪力应符合下式要求：

$$V_{Eki}>\lambda\sum_{j=i}^{n}G_j \tag{5.2.5}$$

式中：V_{Eki}——第 i 层对应于水平地震作用标准值的楼层剪力；

λ——剪力系数，不应小于表 5.2.5 规定的楼层最小地震剪力系数值，对竖向不规则结构的薄弱层，尚应乘以 1.15 的增大系数；

G_j——第 j 层的重力荷载代表值。

表 5.2.5 楼层最小地震剪力系数值

类别	6度	7度	8度
扭转效应明显或基本周期小于3.5 s的结构	0.008	0.016	0.032
基本周期大于5.0 s的结构	0.006	0.012	0.024

注:基本周期介于3.5 s和5 s之间的结构,按插入法取值。

5.2.6 结构的楼层水平地震剪力,应按下列原则分配:

1 现浇和装配整体式混凝土楼、屋盖等刚性楼、屋盖建筑,宜按抗侧力构件等效刚度的比例分配。

2 木楼盖、木屋盖等柔性楼、屋盖建筑,宜按抗侧力构件从属面积上重力荷载代表值的比例分配。

3 普通的预制装配式混凝土楼、屋盖等半刚性楼、屋盖的建筑,可取上述两种分配结果的平均值。

4 计入空间作用、楼盖变形、墙体弹塑性变形和扭转的影响时,可按本标准各有关规定对上述分配结果作适当调整。

5.2.7 结构抗震计算,一般情况下可不计入地基与结构相互作用的影响;8度时建造于Ⅲ、Ⅳ类场地,采用箱基、刚性较好的筏基和桩箱联合基础的钢筋混凝土高层建筑,当结构基本自振周期处于特征周期的1.2倍至5倍范围时,若计入地基与结构动力相互作用的影响,对刚性地基假定计算的水平地震剪力可按下列规定折减,其层间变形可按折减后的楼层剪力计算。

1 高宽比小于3的结构,各楼层水平地震剪力的折减系数可按下式计算:

$$\psi = \left(\frac{T_1}{T_1 + \Delta T}\right)^{0.9} \tag{5.2.7}$$

式中:ψ——计入地基与结构动力相互作用后的地震剪力折减系数;

T_1——按刚性地基假定确定的结构基本自振周期(s);

ΔT——计入地基与结构动力相互作用的附加周期(s),可按表 5.2.7 采用。

表 5.2.7 附加周期(s)

抗震设防烈度	场地类别	
	Ⅲ类	Ⅳ类
8 度	0.08	0.20

2 高宽比不小于 3 的结构,底部的地震剪力按第 1 款规定折减,顶部不折减,中间各层按线性插入值折减。

3 折减后各楼层的水平地震剪力,应符合本标准第 5.2.5 条的规定。

5.3 竖向地震作用计算

5.3.1 跨度小于 120 m、长度小于 300 m 且规则的平板型网架屋盖和跨度大于 24 m 的屋架、屋盖横梁及托架的竖向地震作用标准值,宜取其重力荷载代表值和竖向地震作用系数的乘积;竖向地震作用系数可按表 5.3.1 采用。

表 5.3.1 竖向地震作用系数

结构类型	抗震设防烈度	Ⅲ、Ⅳ类场地竖向地震作用系数
平板型网架、钢屋架	8 度	0.10
钢筋混凝土屋架	8 度	0.13

5.3.2 长悬臂和不属于本标准第 5.3.1 条的大跨度结构的竖向地震作用标准值,8 度时可取该结构、构件重力荷载代表值的 10%。

5.3.3 大跨度空间结构的竖向地震作用,尚可按竖向振型分解反应谱方法计算。其竖向地震影响系数可采用本标准第 5.1.4、第 5.1.5 条规定的水平地震影响系数的 65%。

5.4 截面抗震验算

5.4.1 结构构件的地震作用效应和其他荷载效应的基本组合，应按下式计算：

$$S=\gamma_G S_{GE}+\gamma_{Eh}S_{Ehk}+\gamma_{Ev}S_{Evk}+\psi_w\gamma_w S_{wk} \quad (5.4.1)$$

式中：S——结构构件内力组合的设计值，包括组合的弯矩、轴向力和剪力设计值等；

γ_G——重力荷载分项系数，一般情况应采用1.3，当重力荷载效应对构件承载能力有利时，不应大于1.0；

γ_{Eh}，γ_{Ev}——分别为水平、竖向地震作用分项系数，应按表5.4.1采用；

γ_w——风荷载分项系数，应采用1.5；

S_{GE}——重力荷载代表值的效应，可按本标准第5.1.3条采用，但有吊车时，尚应包括悬吊物重力标准值的效应；

S_{Ehk}——水平地震作用标准值的效应，尚应乘以相应的增大系数或调整系数；

S_{Evk}——竖向地震作用标准值的效应，尚应乘以相应的增大系数或调整系数；

S_{wk}——风荷载标准值的效应；

ψ_w——风荷载组合值系数，一般结构取0，风荷载起控制作用的建筑结构应采用0.2。

注：本标准一般略去表示水平方向的下标。

表5.4.1 地震作用分项系数

地震作用	γ_{Eh}	γ_{Ev}
仅计算水平地震作用	1.4	0
仅计算竖向地震作用	0	1.4
同时计算水平与竖向地震作用（水平地震为主）	1.4	0.5
同时计算水平与竖向地震作用（竖向地震为主）	0.5	1.4

5.4.2 结构构件的截面抗震验算，应采用下列设计表达式：

$$S \leqslant R/\gamma_{RE} \tag{5.4.2}$$

式中：γ_{RE}——承载力抗震调整系数，除另有规定外，应按表5.4.2采用；

R——结构构件的承载力设计值。

表5.4.2 承载力抗震调整系数

材料	结构构件	受力状态	γ_{RE}
钢	柱，梁，支撑，节点板件，螺栓，焊缝 柱，支撑	强度 稳定	0.75 0.80
砌体	两端均有构造柱、芯柱的抗震墙 其他抗震墙	受剪 受剪	0.9 1.0
混凝土	梁 轴压比小于0.15的柱 轴压比不小于0.15的柱 抗震墙 各类构件	受弯 偏压 偏压 偏压 受剪、偏拉	0.75 0.75 0.80 0.85 0.85

5.4.3 当仅计算竖向地震作用时，各类结构构件承载力抗震调整系数均应采用1.0。

5.5 抗震变形验算

5.5.1 表5.5.1所列各类结构应进行多遇地震作用下的抗震变形验算，其楼层内最大的弹性层间位移应符合下式要求：

$$\Delta u_e \leqslant [\theta_e]h \tag{5.5.1}$$

式中：Δu_e——多遇地震作用标准值产生的楼层内最大的弹性层间位移；计算时，除以弯曲变形为主的高层建筑外，可不扣除结构整体弯曲变形；应计入扭转变形，各作用分项系数均应采用1.0；钢筋混凝土结构构件的截面刚度可采用弹性刚度。

$[\theta_e]$——弹性层间位移角限值。

h——计算楼层层高。

弹性层间位移角限值，宜符合以下规定：

1 高度不大于 150 m 的建筑，其弹性层间位移角限值宜按表 5.5.1 采用。

2 高度不小于 250 m 的建筑，其弹性层间位移角限值不宜大于 1/500。

3 高度为 150 m～250 m 的建筑，其弹性层间位移角限值可按本条第 1 款和第 2 款的限值线性插入取用。

表 5.5.1 弹性层间位移角限值

结构类型	$[\theta_e]$
单层钢筋混凝土柱排架	1/300
钢筋混凝土框架	1/550
钢筋混凝土框架-抗震墙、框架-核心筒、板-柱-抗震墙	1/800
结构的嵌固端上一层：钢筋混凝土框架-抗震墙、框架-核心筒、板-柱-抗震墙	1/2000
钢筋混凝土抗震墙、筒中筒、钢筋混凝土框支层	1/1000
结构的嵌固端上一层：钢筋混凝土抗震墙、筒中筒、钢筋混凝土框支层	1/2500
多、高层钢结构	1/250

5.5.2 结构在罕遇地震作用下薄弱层的弹塑性变形验算，应符合下列要求：

1 下列结构应进行弹塑性变形验算：

1) 8 度Ⅲ、Ⅳ类场地上的高大单层钢筋混凝土柱厂房的横向排架；

2) 7、8 度时楼层屈服强度系数小于 0.5 的钢筋混凝土框架结构和框排架结构；

3）高度大于 150 m 的结构；

4）甲类建筑的钢筋混凝土结构和钢结构；

5）采用隔震和消能减震设计的结构。

2 下列结构宜进行弹塑性变形验算：

1）本标准表 5.1.2-1 所列高度范围且属于本标准表 3.4.3-2 所列竖向不规则类型的高层建筑结构；

2）7 度Ⅲ、Ⅳ类场地和 8 度时乙类建筑中的钢筋混凝土结构和钢结构；

3）板-柱-抗震墙结构和底部框架砌体房屋；

4）高度不大于 150 m 的其他高层钢结构；

5）不规则的地下建筑结构及地下空间综合体。

注：楼层屈服强度系数为按构件实际配筋和材料强度标准值计算的楼层受剪承载力和按罕遇地震作用标准值计算的楼层弹性地震剪力的比值；对排架柱，指按实际配筋面积、材料强度标准值和轴向力计算的正截面受弯承载力与按罕遇地震作用标准值计算的弹性地震弯矩的比值。

5.5.3 结构在罕遇地震作用下薄弱层（部位）弹塑性变形计算，可采用下列方法：

1 不超过 12 层且层刚度无突变的钢筋混凝土框架和框排架结构、单层钢筋混凝土柱厂房可采用本标准第 5.5.4 条的简化计算法。

2 除第 1 款以外的建筑结构，可采用静力弹塑性分析方法或弹塑性时程分析法等。

3 规则结构可采用弯剪层模型或平面杆系模型，属于本标准第 3.4 节规定的不规则结构应采用空间结构模型。

5.5.4 结构薄弱层（部位）弹塑性层间位移的简化计算，宜符合下列要求：

1 结构薄弱层（部位）的位置可按下列情况确定：

1）楼层屈服强度系数沿高度分布均匀的结构，可取底层；

2） 楼层屈服强度系数沿高度分布不均匀的结构，可取该系数最小的楼层（部位）和相对较小的楼层，一般不超过3处；

3） 单层厂房，可取上柱。

2 弹塑性层间位移可按下列公式计算：

$$\Delta u_{\mathrm{p}}=\eta_{\mathrm{p}}\Delta u_{\mathrm{e}} \quad (5.5.4\text{-}1)$$

或

$$\Delta u_{\mathrm{p}}=\mu\Delta u_{\mathrm{y}}=\frac{\eta_{\mathrm{p}}}{\xi_{\mathrm{y}}}\Delta u_{\mathrm{y}} \quad (5.5.4\text{-}2)$$

式中：Δu_{p}——弹塑性层间位移。

Δu_{y}——层间屈服位移。

μ——楼层延性系数。

Δu_{e}——罕遇地震作用下按弹性分析的层间位移。

η_{p}——弹塑性层间位移增大系数。当薄弱层（部位）的屈服强度系数不小于相邻层（部位）该系数平均值的0.8时，可按表5.5.4采用；当不大于该平均值的0.5时，可按表内相应数值的1.5倍采用；其他情况可采用内插法取值。

ξ_{y}——楼层屈服强度系数。

表 5.5.4　弹塑性层间位移增大系数

结构类型	总层数 n 或部位	ξ_{y}		
		0.5	0.4	0.3
多层均匀框架结构	2～4	1.30	1.40	1.60
	5～7	1.50	1.65	1.80
	8～12	1.80	2.00	2.20
单层厂房	上柱	1.30	1.60	2.00

5.5.5 结构薄弱层（部位）弹塑性层间位移应符合下式要求：

$$\Delta u_{\mathrm{p}}\leqslant[\theta_{\mathrm{p}}]h \quad (5.5.5)$$

式中：$[\theta_p]$——弹塑性层间位移角限值，可按表5.5.5采用；对钢筋混凝土框架结构，当轴压比小于0.40时，可提高10%；当柱子全高的箍筋构造比本标准表6.3.9规定的最小配箍特征值大30%时，可提高20%，但累计不超过25%。

h——薄弱层楼层高度或单层厂房上柱高度。

表5.5.5 弹塑性层间位移角限值

结构类型	$[\theta_p]$
单层钢筋混凝土柱排架	1/30
钢筋混凝土框架	1/50
底部框架砌体房屋中的框架-抗震墙	1/100
钢筋混凝土框架-抗震墙、板-柱-抗震墙、框架-核心筒	1/100
钢筋混凝土抗震墙、筒中筒	1/120
多、高层钢结构	1/50

6 多层和高层现浇钢筋混凝土结构房屋

6.1 一般规定

6.1.1 本标准的现浇钢筋混凝土房屋结构的最大适用高度应区分为A级和B级，B级高度建筑结构的最大适用高度比A级适当放宽，其结构抗震等级划分和有关计算、构造措施比A级相应加严，具体应满足本标准相应条文的规定。

6.1.2 A级高度的钢筋混凝土乙类和丙类建筑最大适用高度应符合表6.1.2-1的规定，B级高度的钢筋混凝土乙类和丙类建筑最大适用高度应符合表6.1.2-2的规定。平面和竖向均不规则的建筑，其最大适用高度宜适当降低。

注：本章"抗震墙"指结构抗侧力体系中的钢筋混凝土抗震墙，不包括只承担重力荷载的混凝土墙。

表6.1.2-1 A级高度的钢筋混凝土房屋最大适用高度(m)

结构体系		抗震设防烈度		
		6度	7度	8度
框架		60	50	40
框架-抗震墙		130	120	100
抗震墙	全部落地抗震墙	140	120	100
	部分框支抗震墙	120	100	80
筒体	框架-核心筒	150	130	100
	筒中筒	180	150	120

续表6.1.2-1

结构体系	抗震设防烈度		
	6 度	7 度	8 度
板-柱-抗震墙	80	70	55

注：1　房屋高度指室外地面到主要屋面板板顶的高度(不包括局部突出屋顶部分)。
2　在计算房屋高度时，对坡度不大于 45°的坡屋面房屋，不论有无闷顶，房屋高度均算至主要檐口处；对坡度大于 45°的坡屋面房屋，房屋高度算至坡屋面的 1/2 高度处；突出主屋面的塔楼结构面积不小于屋顶层建筑面积的 35%时，塔楼结构的高度宜计入房屋高度。
3　框架-核心筒结构指周边稀柱框架与核心筒组成的结构。
4　部分框支抗震墙结构指首层或底部两层为框支层的结构，不包括仅个别框支墙的情况。
5　表中框架不包括异形柱框架。
6　板-柱-抗震墙结构指板、柱、框架和抗震墙组成抗侧力体系的结构。
7　甲类建筑宜按本地区抗震设防烈度提高 1 度后符合本表的要求。
8　框架结构、板-柱-抗震墙结构，当房屋高度超过本表数值时，结构设计应有可靠依据，并采取有效的加强措施。

表 6.1.2-2　B 级高度的钢筋混凝土房屋最大适用高度(m)

结构体系		抗震设防烈度		
		6 度	7 度	8 度
框架-抗震墙		160	140	120
抗震墙	全部落地抗震墙	170	150	130
	部分框支抗震墙	140	120	100
筒体	框架-核心筒	210	180	140
	筒中筒	280	230	170

注：1～4　同表 6.1.2-1 的注。
5　甲类建筑，6、7 度时宜按本地区抗震设防烈度提高 1 度后符合本表的要求，8 度时应专门研究。
6　当房屋高度超过本表数值时，结构设计应有可靠依据，并采取有效的加强措施。

6.1.3　钢筋混凝土房屋应根据抗震设防类别、烈度、结构类型和房屋高度采用不同的抗震等级，并应符合相应的计算和构造措施要求。A 级高度丙类建筑的抗震等级应按表 6.1.3-1 确定，B 级高度丙类建筑的抗震等级应按表 6.1.3-2 确定。

表 6.1.3-1 A 级高度丙类建筑的钢筋混凝土房屋的抗震等级

结构体系			抗震设防烈度							
			6 度		7 度			8 度		
框架结构	高度(m)		≤24	>24	≤24		>24	≤24		>24
	框架		四	三	三		二	二		一
	大跨度框架		三		二			一		
框架-抗震墙结构	高度(m)		≤60	>60	≤24	25～60	>60	≤24	25～60	>60
	框架		四	三	四	三	二	三	二	一
	抗震墙		三		三	二		二	一	
抗震墙结构	高度(m)		≤80	>80	≤24	25～80	>80	≤24	25～80	>80
	抗震墙		四	三	四	三	二	三	二	一
部分框支抗震墙结构	高度(m)		≤80	>80	≤24	25～80	>80	≤24	25～80	
	抗震墙	一般部位	四	三	四	三	二	三	二	
		加强部位	三	二	三	二	一	二	一	
	框支层框架		二		二		一	一		
框架-核心筒结构	框架		三		二			一		
	核心筒		二		二			一		
筒中筒结构	外筒		三		二			一		
	内筒		三		二			一		
板-柱-抗震墙结构	高度(m)		≤35	>35	≤35		>35	≤35		>35
	框架、板-柱的柱		三	二	二		二	一		
	抗震墙		二	二	二		一	二		一

注：1 接近或等于高度分界时，应允许结合房屋不规则程度及场地、地基条件确定抗震等级。

2 大跨度框架指跨度不小于 18 m 的框架。

3 底部带转换层的筒体结构，其转换框架的抗震等级应按表中部分框支抗震墙结构的规定采用。

4 高度不超过 60 m 的框架-核心筒结构按框架-抗震墙的要求设计时，应按表中框架-抗震墙结构的规定确定其抗震等级。

表 6.1.3-2　B 级高度丙类建筑的钢筋混凝土房屋的抗震等级

<table>
<tr><th colspan="3" rowspan="2">结构体系</th><th colspan="3">抗震设防烈度</th></tr>
<tr><th>6 度</th><th>7 度</th><th>8 度</th></tr>
<tr><td rowspan="2">框架-
抗震墙结构</td><td colspan="2">框架</td><td>二</td><td>一</td><td>一</td></tr>
<tr><td colspan="2">抗震墙</td><td>二</td><td>一</td><td>特一</td></tr>
<tr><td>抗震墙结构</td><td colspan="2">抗震墙</td><td>二</td><td>一</td><td>一</td></tr>
<tr><td rowspan="3">部分框支
抗震墙结构</td><td rowspan="2">抗震墙</td><td>一般部位</td><td>二</td><td>一</td><td>一</td></tr>
<tr><td>加强部位</td><td>一</td><td>一</td><td>特一</td></tr>
<tr><td colspan="2">框支层框架</td><td>一</td><td>特一</td><td>特一</td></tr>
<tr><td rowspan="2">框架-
核心筒结构</td><td colspan="2">框架</td><td>二</td><td>一</td><td>一</td></tr>
<tr><td colspan="2">核心筒</td><td>二</td><td>一</td><td>特一</td></tr>
<tr><td rowspan="2">筒中筒结构</td><td colspan="2">外筒</td><td>二</td><td>一</td><td>特一</td></tr>
<tr><td colspan="2">内筒</td><td>二</td><td>一</td><td>特一</td></tr>
</table>

注:底部带转换层的筒体结构,其转换框架和底部加强部位筒体的抗震等级应按表中部分框支抗震墙结构的规定采用。

6.1.4　钢筋混凝土房屋抗震等级的确定,尚应符合下列要求:

1　设置少量抗震墙的框架结构,在规定的水平力作用下,底层框架部分所承担的地震倾覆力矩大于结构总地震倾覆力矩的50%时,其框架的抗震等级应按框架结构确定,抗震墙的抗震等级可与其框架的抗震等级相同。

注:底层指计算嵌固端所在的层。

2　裙房与主楼相连,除应按裙房本身确定抗震等级外,相关范围不应低于主楼的抗震等级;主楼结构在裙房顶板对应的相邻上下各一层应适当加强抗震构造措施。裙房与主楼分离时,应按裙房本身确定抗震等级。

3　当地下室顶板作为上部结构的嵌固部位时,地下一层相关范围的抗震等级应与上部结构相同,地下一层以下抗震构造措施的抗震等级可逐层降低一级,但不应低于四级。地下室中超出上部主楼相关范围且无上部结构的部分,抗震构造措施的抗震等级可根据具体情况采用三级或四级。

4 当甲、乙类建筑按规定提高一度确定其抗震等级时，若房屋的高度超过提高一度后对应的房屋最大适用高度，则应采取比对应抗震等级更有效的抗震构造措施。

注：本章“一、二、三、四级”即“抗震等级为一、二、三、四级”的简称。

6.1.5 钢筋混凝土房屋需要设置防震缝时，应符合下列规定：

1 防震缝宽度应分别符合下列要求：

1) 框架结构(包括设置少量抗震墙的框架结构)房屋的防震缝宽度，当高度不超过 15 m 时，不应小于 100 mm；高度超过 15 m 时，6 度、7 度和 8 度分别每增加高度 5 m、4 m 和 3 m，宜加宽 20 mm。

2) 框架-抗震墙结构房屋的防震缝宽度不应小于本款第 1)项规定数值的 70%，抗震墙结构房屋的防震缝宽度不应小于本款第 1)项规定数值的 50%；且均不宜小于 100 mm。

3) 防震缝两侧结构类型不同时，宜按需要较宽防震缝的结构类型和较低房屋高度确定缝宽。

2 8 度框架结构房屋防震缝两侧结构层高相差较大时，防震缝两侧框架柱的箍筋应沿房屋全高加密，并可根据需要在缝两侧沿房屋全高各设置不少于 2 道垂直于防震缝的抗撞墙。抗撞墙的布置宜避免加大扭转效应，其长度可不大于 1/2 层高，抗震等级可同框架结构；框架构件的内力应按设置和不设置抗撞墙两种计算模型的不利情况取值。

6.1.6 B 级高度的钢筋混凝土房屋，其平面布置应简单、规则，不宜采用本标准第 3.4 节规定的不规则建筑形体及其构件布置。

6.1.7 框架结构和框架-抗震墙结构中，框架和抗震墙均应双向设置，柱中线与抗震墙中线、梁中线与柱中线之间偏心距大于柱宽的 1/4 时，应计入偏心的影响。

甲类建筑、非独立连廊的乙类建筑以及高度大于 24 m 的丙类建筑，不应采用单跨框架结构；高度不大于 24 m 的丙类建筑，不宜采用单跨框架结构。对于采用单跨框架结构的独立连廊，应根据本标准附录 K 采用基于性能的抗震设计方法进行设计，且结构的抗震性能目标不应低于Ⅲ类。

6.1.8 框架-抗震墙、板-柱-抗震墙结构以及框支层中，抗震墙之间无大洞口的楼、屋盖的长宽比，不宜超过表 6.1.8 的规定；超过时，应计入楼盖平面内变形的影响。

表 6.1.8 抗震墙之间楼、屋盖的长宽比

楼、屋盖类型		抗震设防烈度		
		6 度	7 度	8 度
框架-抗震墙结构	现浇或叠合楼、屋盖	4	4	3
	装配整体式楼、屋盖	3	3	2
板-柱-抗震墙结构的现浇楼、屋盖		3	3	2
框支层的现浇楼、屋盖		2.5	2.5	2

6.1.9 采用装配整体式楼、屋盖时，应采取措施保证楼、屋盖的整体性及其与抗震墙的可靠连接。装配整体式楼、屋盖采用配筋现浇面层加强时，厚度不应小于 50 mm。

6.1.10 框架-抗震墙结构和板-柱-抗震墙结构中的抗震墙设置，宜符合下列要求：

1 抗震墙宜贯通房屋全高。

2 楼梯间宜设置抗震墙，但不宜造成较大的扭转效应。

3 抗震墙的两端（不包括洞口两侧）宜设置端柱或与另一方向的抗震墙相连。

4 房屋较长时，刚度较大的纵向抗震墙不宜设置在房屋的端开间。

5 抗震墙洞口宜上下对齐；洞边距端柱不宜小于 300 mm。

6.1.11 抗震墙结构和部分框支抗震墙结构中的抗震墙设置，应符合下列要求：

1 抗震墙的两端(不包括洞口两侧)宜设置端柱或与另一方向的抗震墙相连;框支部分落地墙的两端(不包括洞口两侧)应设置端柱或与另一方向的抗震墙相连。

2 较长的抗震墙宜设置由跨高比大于 6 的连梁所形成洞口,将一道抗震墙分成长度较均匀的若干墙段,各墙段的高宽比不宜小于 3。

3 墙肢的长度沿结构全高不宜有突变;抗震墙有较大洞口时,以及一、二级抗震墙的底部加强部位,洞口宜上下对齐。

4 矩形平面的部分框支抗震墙结构,其框支层的楼层侧向刚度不应小于相邻非框支层楼层侧向刚度的 50%;框支层落地抗震墙间距不宜大于 24 m,框支层的平面布置宜对称,且宜设抗震筒体;底层框架部分承担的地震倾覆力矩,不应大于结构总地震倾覆力矩的 50%。

6.1.12 抗震墙底部加强部位的范围,应符合下列规定:

1 底部加强部位的高度,应从地下室顶板算起。

2 部分框支抗震墙结构的抗震墙,其底部加强部位的高度,可取框支层加框支层以上两层的高度及落地抗震墙总高度的 1/10 二者的较大值。其他结构的抗震墙,房屋高度大于 24 m 时,底部加强部位的高度可取底部两层和墙体总高度的 1/10 二者的较大值;房屋高度不大于 24 m 时,底部加强部位可取底部一层。

3 当结构计算嵌固端位于地下一层的底板或以下时,底部加强部位尚宜向下延伸到计算嵌固端。

6.1.13 B 级高度钢筋混凝土房屋不宜布置短肢抗震墙,不应采用有较多短肢抗震墙的抗震墙结构。

注:1 短肢抗震墙是指截面厚度不大于 300 mm、各肢截面高度与厚度之比的最大值大于 4,但不大于 8 的抗震墙。

2 具有较多短肢抗震墙的抗震墙结构是指在规定水平地震作用下,短肢抗震墙承担的底部倾覆力矩不小于结构底部总地震倾覆力矩的 30%的抗震墙结构。

6.1.14 框架单独柱基有下列情况之一时，宜沿两个主轴方向设置基础系梁：

1 一级框架和Ⅳ类场地上的二级框架。

2 各柱基础底面在重力荷载代表值作用下的压应力差别较大。

3 基础埋置较深，或各基础埋置深度差别较大。

4 地基主要受力层范围内存在软弱黏性土层、液化土层或严重不均匀土层。

5 桩基承台之间。

6.1.15 框架-抗震墙结构、板-柱-抗震墙结构中的抗震墙基础和部分框支抗震墙结构的落地抗震墙基础，应有良好的整体性和抗转动的能力。

6.1.16 主楼与裙房相连且采用天然地基，除应符合本标准第4.3.2条规定外，在多遇地震作用下主楼基础底面不宜出现零应力区。

6.1.17 地下室顶板作为上部结构的嵌固部位时，应符合下列要求：

1 地下室顶板应避免开设大洞口；地下室在地上结构相关范围的顶板应采用现浇梁板结构，相关范围以外的地下室顶板宜采用现浇梁板结构；其楼板厚度不宜小于180 mm，混凝土强度等级不宜小于C30，应采用双层双向配筋，且每层每个方向的配筋率不宜小于0.25%。

2 地下室为一层或两层时，地下一层结构的楼层侧向刚度不宜小于相邻上部楼层侧向刚度的1.5倍；当地下室超过两层时，地下一层结构的楼层侧向刚度不宜小于相邻上部楼层侧向刚度的2倍；地下室周边宜有与其顶板相连的抗震墙。

3 地下室顶板对应于地上框架柱的梁柱节点除应满足抗震计算要求外，尚应符合下列规定之一：

1）地下一层柱截面每侧纵向钢筋面积不应小于地上一层柱对应纵向钢筋面积的1.1倍，且地下一层柱上端和节点左右梁端实配的抗震受弯承载力之和应大于地上一层柱下端实配的抗震受弯承载力的1.3倍；

2）地下一层梁刚度较大时，柱截面每侧的纵向钢筋面积，应大于地上一层对应柱每侧纵向钢筋面积的1.1倍；且梁端顶面和底面的纵向钢筋面积均应比计算增大10%以上。

4 地下一层抗震墙墙肢端部边缘构件纵向钢筋的截面面积，不应少于地上一层对应墙肢端部边缘构件纵向钢筋的截面面积。

6.1.18 楼梯间应符合下列要求：

1 宜采用现浇钢筋混凝土楼梯。

2 对于框架结构，楼梯间的布置不应导致结构平面特别不规则；楼梯构件与主体结构整浇时，应计入楼梯构件对地震作用及其效应的影响，应进行楼梯构件的抗震承载力验算；宜采取构造措施，减少楼梯构件对主体结构刚度的影响。

3 楼梯间与主体结构之间应有足够可靠传递水平地震剪力的构件，四角宜设置竖向抗侧力构件。

4 框架结构中，楼梯间的框架梁、柱（包括楼梯梁、柱）的抗震等级应比其他部位同类构件提高一级（楼梯构件参与整体内力分析时，地震内力可不调整），已为一级时可不提高，并宜适当加大截面尺寸和配筋率。

5 楼梯构件宜符合下列要求：

1）梯柱箍筋应全高加密，间距不应大于100 mm，箍筋直径不应小于10 mm；

2）梯梁宜按双向受弯和受扭构件配置纵筋，沿截面周边布置的间距不宜大于200 mm，箍筋应沿梁跨全长加密。

6 楼梯间两侧填充墙与柱之间应加强拉结。

6.1.19 框架的填充墙应符合本标准第12章的规定。

6.1.20 高强混凝土结构抗震设计应符合本标准附录B的规定。

6.1.21 预应力混凝土结构抗震设计应符合本标准附录C的规定。

6.1.22 抗震等级为特一级的钢筋混凝土构件，除应符合一级抗震等级钢筋混凝土构件的所有设计要求外，尚应满足下列规定：

1 框架柱应符合下列要求：

1) 宜采用型钢混凝土柱、钢管混凝土柱。

2) 柱端弯矩增大系数 η_c、柱端剪力增大系数 η_{vc} 应增大20%。

3) 钢筋混凝土柱柱端加密区最小配箍特征值 λ_v 按本标准表6.3.9的数值增大0.02采用；全部纵向钢筋最小构造配筋百分率，中、边柱取1.4%，角柱取1.6%。

2 框架梁应符合下列要求：

1) 梁端剪力增大系数 η_{vb} 应增大20%。

2) 梁端加密区箍筋最小面积配筋率应增大10%。

3 框支柱应符合下列要求：

1) 宜采用型钢混凝土柱、钢管混凝土柱。

2) 底层柱下端及与转换层相连的柱上端的弯矩增大系数取1.8，其余层柱端弯矩增大系数 η_c 应增大20%；柱端剪力增大系数 η_{vc} 应增大20%；地震作用产生的柱轴力增大系数取1.8，但计算柱轴压比时可不计该项增大。

3) 钢筋混凝土柱柱端加密区最小配箍特征值 λ_v，应按本标准表6.3.9的数值增大0.03采用，且箍筋体积配箍率不应小于1.6%；全部纵向钢筋最小构造配筋百分率取1.6%。

4 抗震墙、筒体墙应符合下列要求：

1) 底部加强部位的弯矩设计值应乘以1.1的增大系数，其他部位的弯矩设计值应乘以1.3的增大系数；底部加强部位的剪力设计值，应按考虑地震作用组合的剪力计算值的1.9倍采用；其他部位的剪力设计值，应按考虑地震作用组合的剪力计算值的1.4倍采用。

2）一般部位的水平和竖向分布钢筋最小配筋率应取为0.35%，底部加强部位的水平和竖向分布钢筋的最小配筋率应取为0.4%。

3）约束边缘构件纵向钢筋最小构造配筋率应取为1.4%，配箍特征值宜增大20%；构造边缘构件纵向钢筋的配筋率不应小于1.2%。

4）框支抗震墙结构的落地抗震墙底部加强部位边缘构件宜配置型钢，型钢宜向上、下各延伸一层，配有型钢的钢筋混凝土抗震墙的计算和构造要求应符合现行行业标准《组合结构设计规范》JGJ 138 和《高层建筑混凝土结构技术规程》JGJ 3 的有关规定。

5 连梁的要求同一级。

6.2 计算要点

6.2.1 体型复杂、结构布置复杂或B级高度的高层建筑结构应采用至少两个不同力学模型的结构分析软件进行整体计算。

6.2.2 带加强层的结构、带转换层的结构、错层结构、连体结构、竖向体型收进、悬挑结构、B级高度的高层建筑结构，应符合下列要求：

1 应采用合适的计算模型按三维空间分析方法进行整体内力、位移计算。

2 应考虑平扭耦连计算结构的扭转效应，振型数不应小于15，对多塔楼结构的振型数不应小于塔楼数的9倍，且计算振型数应使振型参与质量之和不小于总质量的90%。

3 应采用弹性时程分析法进行补充计算；必要时，宜采用弹塑性静力或弹塑性动力分析方法进行补充计算。

6.2.3 钢筋混凝土结构应按本节规定调整构件的组合内力设计值，其层间变形应符合本标准第5.5节的有关规定；构件截面抗震验算时，非抗震的承载力设计值应除以本标准规定的承载力抗震调整系数；凡本章和本标准有关附录未作规定者，应符合现行有关结构设计规范的要求。

6.2.4 一、二、三、四级框架的梁柱节点处，除框架顶层和柱轴压比小于 0.15 者及框支梁与框支柱的节点外，柱端组合的弯矩设计值应符合下式要求：

$$\sum M_c = \eta_c \sum M_b \tag{6.2.4-1}$$

一级框架结构可不符合上式要求，但应符合下式要求：

$$\sum M_c = 1.2 \sum M_{bua} \tag{6.2.4-2}$$

式中：$\sum M_c$——节点上下柱端截面顺时针或反时针方向组合的弯矩设计值之和，上下柱端的弯矩设计值，可按弹性分析分配；

$\sum M_b$——节点左右梁端截面反时针或顺时针方向组合的弯矩设计值之和，一级框架节点左右梁端均为负弯矩时，绝对值较小的弯矩应取零；

$\sum M_{bua}$——节点左右梁端截面反时针或顺时针方向实配的正截面抗弯承载力所对应的弯矩值之和，根据实配钢筋面积（计入梁受压筋和相关楼板钢筋）和材料强度标准值确定；

η_c——框架柱端弯矩增大系数；对框架结构，一、二、三、四级可分别取 1.7、1.5、1.3、1.2；其他结构类型中的框架，一级可取 1.4，二级可取 1.2，三、四级可取 1.1。

当反弯点不在柱的层高范围内时，柱端截面组合的弯矩设计值可乘以上述柱端弯矩增大系数。

6.2.5 一、二、三、四级框架结构的底层，柱下端截面组合的弯矩设计值，应分别乘以增大系数1.7、1.5、1.3和1.2。底层柱纵向钢筋应按上下端的不利情况配置。

注：底层指无地下室的基础以上、地下室筏板基础以上或箱基地下室以上的首层。

6.2.6 一、二、三级的框架梁和抗震墙的连梁，其梁端截面组合的剪力设计值应按下式调整：

$$V=\eta_{vb}(M_b^l+M_b^r)/l_n+V_{Gb} \quad (6.2.6\text{-}1)$$

一级框架结构可不按上式调整，但应符合下式要求：

$$V=1.1(M_{bua}^l+M_{bua}^r)/l_n+V_{Gb} \quad (6.2.6\text{-}2)$$

式中：V——梁端截面组合的剪力设计值；

l_n——梁的净跨；

V_{Gb}——梁在重力荷载代表值作用下，按简支梁分析的梁端截面剪力设计值；

M_b^l，M_b^r——分别为梁左右端反时针或顺时针方向组合的弯矩设计值，一级框架两端弯矩均为负弯矩时，绝对值较小的弯矩应取零；

M_{bua}^l，M_{bua}^r——分别为梁左右端反时针或顺时针方向实配的正截面抗震受弯承载力所对应的弯矩值，根据实配钢筋面积（计入受压筋和相关楼板钢筋）和材料强度标准值确定；

η_{vb}——梁端剪力增大系数，一级可取1.3，二级可取1.2，三级可取1.1。

6.2.7 一、二、三、四级的框架柱和框支柱组合的剪力设计值应按下式调整：

$$V=\eta_{vc}(M_c^t+M_c^b)/H_n \quad (6.2.7\text{-}1)$$

一级框架结构架可不按上式调整，但应符合下式要求：

$$V=1.2(M_{cua}^t+M_{cua}^b)/H_n \quad (6.2.7\text{-}2)$$

式中： V——柱端截面组合的剪力设计值；框支柱的剪力设计值尚应符合本标准第 6.2.12 条的规定。

H_n——柱的净高。

M_c^t，M_c^b——分别为柱的上下端顺时针或反时针方向截面组合的弯矩设计值，应符合本标准第 6.2.4、6.2.5 条的规定；框支柱的弯矩设计值尚应符合本标准第 6.2.12 条的规定。

M_{cua}^t，M_{cua}^b——分别为偏心受压柱的上下端顺时针或反时针方向实配的正截面抗震受弯承载力对应的弯矩值，根据实配钢筋面积、材料强度标准值和轴压力等确定。

η_{vc}——柱剪力增大系数；对框架结构，一、二、三、四级可分别取 1.5、1.3、1.2、1.1；对其他结构类型的框架，一级可取 1.4，二级可取 1.2，三、四级可取 1.1。

6.2.8 一、二、三、四级框架的角柱，经本标准第 6.2.4～6.2.7 条及第 6.2.12 条调整后的组合弯矩设计值、剪力设计值尚应乘以不小于 1.10 的增大系数。

6.2.9 抗震墙各墙肢截面组合的内力设计值，应按下列规定采用：

1 一级抗震墙的底部加强部位以上部位，墙肢的组合弯矩设计值应乘以增大系数，其值可采用 1.2；剪力相应调整。

2 部分框支抗震墙结构的落地抗震墙墙肢不应出现小偏心受拉。

3 双肢抗震墙中，墙肢不宜出现小偏心受拉；当任一墙肢为偏心受拉时，另一墙肢的剪力设计值、弯矩设计值应乘以增大系数 1.25。

6.2.10 一、二、三级的抗震墙底部加强部位，其截面组合的剪力设计值应按下式调整：

$$V=\eta_{vw}V_w \quad (6.2.10)$$

式中：V——抗震墙底部加强部位截面组合的剪力设计值；

V_w——抗震墙底部加强部位截面的剪力计算值；

η_{vw}——抗震墙剪力增大系数，一级可取 1.6，二级可取 1.4，三级可取 1.2。

6.2.11 钢筋混凝土结构的梁、柱、抗震墙和连梁，其截面组合的剪力设计值应符合下列要求：

跨高比大于 2.5 的梁和连梁及剪跨比大于 2 的柱和抗震墙：

$$V \leqslant \frac{1}{\gamma_{RE}}(0.20 f_c b h_0) \tag{6.2.11-1}$$

跨高比不大于 2.5 的梁和连梁、剪跨比不大于 2 的柱和抗震墙、部分框支抗震墙结构的框支柱和框支梁以及落地抗震墙底部加强部位：

$$V \leqslant \frac{1}{\gamma_{RE}}(0.15 f_c b h_0) \tag{6.2.11-2}$$

剪跨比应按下式计算：

$$\lambda = M^c/(V^c h_0) \tag{6.2.11-3}$$

式中：λ——剪跨比，应按柱端或墙端截面组合的弯矩计算值 M^c、对应的截面组合剪力计算值 V^c 及截面有效高度 h_0 确定，并取上下端计算结果的较大值；反弯点位于柱高中部的框架柱可按柱净高与 2 倍柱截面高度之比计算。

V——按本标准第 6.2.6～6.2.8 条及第 6.2.10、6.2.12 条等规定调整后的柱端或墙端截面组合的剪力设计值。

f_c——混凝土轴心抗压强度设计值。

b——梁、柱截面宽度或抗震墙墙肢截面宽度；圆形截面柱可按面积相等的方形截面柱计算。

h_0——截面有效高度，抗震墙可取墙肢长度。

6.2.12 部分框支抗震墙结构的框支柱尚应满足下列要求：

1 每层框支柱的数目不多于 10 根时，当底部框支层为 1～2 层时，每根柱所受的剪力应至少取结构基底剪力的 2%；当底部框支层为 3 层及 3 层以上时，每根柱所受的剪力应至少取结构基底剪力的 3%。

2 每层框支层的数目多于 10 根时，当底部框支层为 1～2 层时，每层框支柱承受剪力之和应至少取结构基底剪力的 20%；当框支层为 3 层及 3 层以上时，每层框支柱承受剪力之和应至少取结构基底剪力的 30%。

3 一、二级框支柱由地震作用引起的附加轴力应分别乘以增大系数 1. 5、1. 2；计算轴压比时，该附加轴力可不乘以增大系数。

4 一、二级框支柱的顶层柱上端和底层柱下端，其组合的弯矩设计值应分别乘以增大系数 1. 5 和 1. 25，框支柱的中间节点应满足本标准第 6. 2. 4 条的要求。

5 框支梁中线宜与框支柱中线重合。

6.2.13 部分框支抗震墙结构中，一、二、三级落地抗震墙底部加强部位的弯矩设计值应按墙底截面有地震作用组合的弯矩值乘以增大系数 1. 5、1. 3、1. 1 采用；其剪力设计值应按本标准第 6. 2. 10 条的规定进行调整。落地抗震墙墙肢不宜出现偏心受拉。

6.2.14 部分框支抗震墙结构的一级落地抗震墙底部加强部位尚应满足下列要求：

1 当墙肢在边缘构件以外的部位在两排钢筋间设置直径不小于 8 mm、间距不大于 400 mm 的拉结筋时，抗震墙受剪承载力验算可计入混凝土的受剪作用。

2 墙肢底部截面出现大偏心受拉时，宜在墙肢的底截面处另设交叉防滑斜筋，防滑斜筋承担的地震剪力可按墙肢底截面处剪力设计值的 30%采用。

6.2.15 部分框支抗震墙结构的框支柱顶层楼盖应符合本标准

附录 E.1 节的规定。

6.2.16 钢筋混凝土结构抗震计算时，尚应符合下列要求：

1 侧向刚度沿竖向分布基本均匀的框架-抗震墙结构和框架-核心筒结构，任一层框架部分承担的剪力值，不应小于结构底部总地震剪力的 20%和按框架-抗震墙结构、框架-核心筒结构计算的框架部分各楼层地震剪力中最大值 1.5 倍二者的较小值。

2 抗震墙地震内力计算时，连梁的刚度可折减，折减系数不宜小于 0.5。

3 抗震墙结构、部分框支抗震墙结构、框架-抗震墙结构、框架-核心筒结构、筒中筒结构、板-柱-抗震墙结构计算内力和变形时，其抗震墙应计入端部翼墙的共同工作。

4 设置少量抗震墙的框架结构，其框架部分的地震剪力值，宜采用框架结构模型和框架-抗震墙结构模型二者计算结果的较大值。

6.2.17 框架节点核芯区的抗震验算应符合下列要求：

1 一、二、三级框架的节点核芯区应进行抗震验算；四级框架节点核芯区可不进行抗震验算，但应符合抗震构造措施的要求。

2 核芯区截面抗震验算方法应符合本标准附录 D 的规定。

6.3 框架结构的基本抗震构造措施

6.3.1 梁的截面尺寸，宜符合下列要求：

1 截面宽度不宜小于 200 mm。

2 截面高宽比不宜大于 4。

3 净跨与截面高度之比不宜小于 4。

6.3.2 梁宽大于柱宽的扁梁应符合下列要求：

1 采用扁梁的楼、屋盖应现浇，梁中线宜与柱中线重合，扁梁应双向布置。

2 扁梁的截面尺寸应符合下列要求，并应满足现行有关规范对挠度和裂缝宽度的规定：

$$b_b \leqslant 2b_c \qquad (6.3.2\text{-}1)$$

$$b_b \leqslant b_c + h_b \qquad (6.3.2\text{-}2)$$

$$h_b \geqslant 16d \qquad (6.3.2\text{-}3)$$

式中：b_c——柱截面宽度，圆形截面取柱直径的 0.8 倍；

b_b，h_b——分别为梁截面宽度和高度；

d——柱纵筋直径。

6.3.3 梁的钢筋配置，应符合下列要求：

1 梁端计入受压钢筋的混凝土受压区高度和有效高度之比，一级不应大于 0.25，二、三级不应大于 0.35。

2 梁端截面的底面和顶面纵向钢筋配筋量的比值，除按计算确定外，一级不应小于 0.5，二、三级不应小于 0.3。

3 梁端箍筋加密区的长度、箍筋最大间距和最小直径应按表 6.3.3 采用；当梁端纵向受拉钢筋配筋率大于 2%时，表中箍筋最小直径数值应增大 2 mm。

表 6.3.3 梁端箍筋加密区的长度、箍筋的最大间距和最小直径

抗震等级	加密区长度（采用较大值）(mm)	箍筋最大间距（采用最小值）(mm)	箍筋最小直径(mm)
一	$2h_b$，500	$h_b/4$，$6d$，100	10
二	$1.5h_b$，500	$h_b/4$，$8d$，100	8
三	$1.5h_b$，500	$h_b/4$，$8d$，150	8
四	$1.5h_b$，500	$h_b/4$，$8d$，150	6

注：1 d 为纵向钢筋直径，h_b 为梁截面高度。

2 箍筋直径大于 12 mm、数量不少于 4 肢且肢距不大于 150 mm 时，一、二级的最大间距应允许适当放宽，但不得大于 150 mm。

6.3.4 梁的钢筋配置，尚应符合下列要求：

1 梁端纵向受拉钢筋的配筋率不宜大于2.5%。沿梁全长顶面、底面的配筋，一、二级不应少于2ϕ14，且分别不应少于梁顶面、底面两端纵向配筋中较大截面面积的1/4；三、四级不应少于2ϕ12。

2 一、二、三级框架梁内贯通中柱的每根纵向钢筋直径，对框架结构不应大于矩形截面柱在该方向截面尺寸的1/20，或纵向钢筋所在位置圆形截面柱弦长的1/20；对其他结构类型的框架不宜大于矩形截面柱在该方向截面尺寸的1/20，或纵向钢筋所在位置圆形截面柱弦长的1/20。

3 梁端加密区的箍筋肢距，一级不宜大于200 mm和20倍箍筋直径的较大值，二、三级不宜大于250 mm和20倍箍筋直径的较大值，四级不宜大于300 mm。

6.3.5 柱的截面尺寸，宜符合下列要求：

1 截面的宽度和高度，四级或不超过2层时不宜小于300 mm，一、二、三级且超过2层时不宜小于400 mm；圆柱的直径，四级或不超过2层时不宜小于350 mm，一、二、三级且超过2层时不宜小于450 mm。

2 剪跨比宜大于2。

3 截面长边与短边的边长比不宜大于3。

6.3.6 柱轴压比不宜超过表6.3.6的规定，较高的高层建筑的柱轴压比限值应适当减小。

表6.3.6 柱轴压比限值

结构类型	抗震等级			
	一	二	三	四
框架结构	0.65	0.75	0.85	0.90
框架-抗震墙、板-柱-抗震墙、框架-核心筒及筒中筒	0.75	0.85	0.90	0.95

续表6.3.6

结构类型	抗震等级			
	一	二	三	四
部分框支抗震墙	0.6	0.7	—	

注：1 轴压比指柱组合的轴压力设计值与柱的全截面面积和混凝土轴心抗压强度设计值乘积之比值；对本标准规定不进行地震作用计算的结构，可取无地震作用组合的轴力设计值计算。

2 表内限值适用于剪跨比大于2、混凝土强度等级不高于C60的柱；剪跨比不大于2的柱，轴压比限值应降低0.05；剪跨比小于1.5的柱，轴压比限值应专门研究并采取特殊构造措施。

3 沿柱全高采用井字复合箍且箍筋肢距不大于200 mm、间距不大于100 mm、直径不小于12 mm，或沿柱全高采用复合螺旋箍、螺旋间距不大于100 mm、箍筋肢距不大于200 mm、直径不小于12 mm，或沿柱全高采用连续复合矩形螺旋箍、螺旋净距不大于80 mm、箍筋肢距不大于200 mm、直径不小于10 mm，轴压比限值均可增加0.10；上述三种箍筋的最小配箍特征值均应按增大的轴压比由本标准表6.3.9确定。

4 在柱的截面中部附加芯柱，其中另加的纵向钢筋的总面积不少于柱截面面积的0.8%，轴压比限值可增加0.05；此项措施与注3的措施共同采用时，轴压比限值可增加0.15，但箍筋的体积配箍率仍可按轴压比增加0.10的要求确定。

5 柱轴压比不应大于1.05。

当柱轴压比不满足表6.3.6的规定而不能采用更大截面尺寸的柱时，可采取下列措施之一：

1 采用型钢混凝土柱，其设计应符合现行行业标准《组合结构设计规范》JGJ 138的有关规定。

2 采用钢管与混凝土双重组合柱，截面形式见图6.3.6-1和图6.3.6-2，轴压比α按钢管内有无混凝土两种情况进行计算，并应满足表6.3.6的规定。

当钢管内无混凝土时

$$\alpha = N/(A_c f_c + \beta_1 A_{s,t} f_{s,t}) \tag{6.3.6-1}$$

当钢管内有混凝土时

$$\alpha = N/(A_c f_c + N_0) \tag{6.3.6-2}$$

式中：β_1——钢管的强度折减系数，取0.9；

$A_{s,t}$——中心区钢管的截面面积；

$f_{s,t}$——中心区钢管的设计强度；

A_c——钢管外混凝土的净截面面积；

N_0——圆形钢管混凝土轴心受压短柱的正截面受压承载力设计值，按现行行业标准《组合结构设计规范》JGJ 138 的相关规定计算。

3 图 6.3.6-1 和图 6.3.6-2 的柱截面构造要求除应满足混凝土柱的基本要求外，中心区钢管壁厚不宜小于 4 mm，钢管外径 D 与壁厚 t 之比 D/t 不宜大于 70。

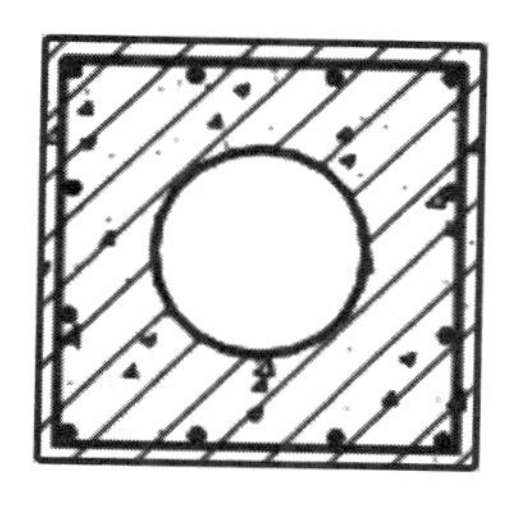

图 6.3.6-1 空心钢管与混凝土双重组合柱

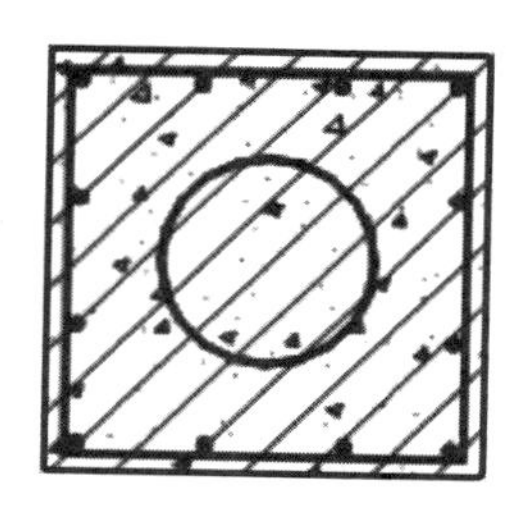

图 6.3.6-2 填充钢管与混凝土双重组合柱

6.3.7 柱的钢筋配置，应符合下列要求：

1 柱纵向钢筋的最小总配筋率应按表 6.3.7-1 采用，同时每一侧配筋率不应小于 0.2%，对较高的高层建筑，最小总配筋率应增加 0.1%。

表 6.3.7-1 柱截面纵向钢筋的最小总配筋率(百分率)

类别	抗震等级			
	一	二	三	四
中柱和边柱	0.9(1.0)	0.7(0.8)	0.6(0.7)	0.5(0.6)
角柱、框支柱	1.1	0.9	0.8	0.7

注：1 表中括号内数值用于框架结构的柱。
2 钢筋强度标准值超过 400 MPa 时，采用表中数值；钢筋强度标准值为 400 MPa 时，表中数值应增加 0.05。
3 混凝土强度等级高于 C60 时，上述数值应增加 0.1。

2 柱箍筋在规定范围内应加密，加密区的箍筋间距和直径应符合下列要求：

1）箍筋的最大间距和最小直径，应按表 6.3.7-2 采用。

表 6.3.7-2 柱箍筋加密区的箍筋最大间距和最小直径

抗震等级	箍筋最大间距(采用较小值，mm)	箍筋最小直径(mm)
一	$6d$，100	10
二	$8d$，100	8
三	$8d$，150(柱根 100)	8
四	$8d$，150(柱根 100)	6(柱根 8)

注：1 d 为柱纵筋最小直径。
2 柱根指底层柱下端箍筋加密区。

2）一级框架柱的箍筋直径大于 12 mm 且箍筋肢距不大于 150 mm 及二级框架柱的箍筋直径不小于 10 mm 且箍筋肢距不大于 200 mm 时，除柱根外，最大间距应允许采用 150 mm；三级框架柱的截面尺寸不大于 400 mm 时，箍筋最小直径应允许采用 6 mm；四级框架柱剪跨比不大于 2 时，箍筋直径不应小于 8 mm。

3）框支柱和剪跨比不大于 2 的柱，箍筋间距不应大于 100 mm。

6.3.8 柱的纵向钢筋配置，尚应符合下列规定：

1 柱的纵向钢筋宜对称配置。

2 截面边长大于 400 mm 的柱，纵向钢筋间距不宜大于 200 mm。

3 柱总配筋率不应大于 5%；剪跨比不大于 2 的一级框架的柱，每侧纵向钢筋配筋率不宜大于 1.2%。

4 边柱、角柱及抗震墙端柱在小偏心受拉时，柱内纵筋总截面面积应比计算值增加 25%。

5 柱纵向钢筋的绑扎接头应避开柱端的箍筋加密区。

6.3.9 柱的箍筋配置，尚应符合下列要求：

1 柱的箍筋加密范围，应按下列规定采用：

1）柱端，取截面高度（圆柱直径）、柱净高的 1/6 和 500 mm 三者的最大值；

2）底层柱的下端不小于柱净高的 1/3；

3）刚性地面上下各 500 mm；

4）剪跨比不大于 2 的柱、因设置填充墙等形成的柱净高与柱截面高度之比不大于 4 的柱、框支柱、一级和二级框架的角柱，取全高。

2 柱箍筋加密区的箍筋肢距，一级不宜大于 200 mm，二、三级不宜大于 250 mm，四级不宜大于 300 mm。至少每隔一根纵向钢筋宜在两个方向有箍筋或拉筋约束；采用拉筋复合箍时，拉筋宜紧靠纵向钢筋并钩住箍筋。

3 柱箍筋加密区的体积配箍率，应按下列规定采用：

1）柱箍筋加密区的体积配箍率应符合下式要求：

$$\rho_v \geqslant \lambda_v f_c / f_{yv} \tag{6.3.9}$$

式中：ρ_v——柱箍筋加密区的体积配箍率（计算中应扣除复合箍重叠部分的箍筋体积），一级不应小于 0.8%，二级不应小于 0.6%，三、四级不应小于 0.4%；计算复合螺旋箍的体积配箍率时，非螺旋箍的箍筋体积应乘以折减系数 0.80。

f_c——混凝土轴心抗压强度设计值；强度等级低于 C35 时，应按 C35 计算。

f_{yv}——箍筋或拉筋抗拉强度设计值。

λ_v——最小配箍特征值，宜按表 6.3.9 采用。

2）框支柱宜采用复合螺旋箍或井字复合箍，其最小配箍特征值应比表 6.3.9 内数值增加 0.02，且体积配箍率不应小于 1.5%。

3）剪跨比不大于 2 的柱宜采用复合螺旋箍或井字复合箍，其体积配箍率不应小于 1.2%。

表 6.3.9 柱箍筋加密区的箍筋最小配筋特征值

抗震等级	箍筋形式	柱轴压比								
		≤0.3	0.4	0.5	0.6	0.7	0.8	0.9	1.0	1.05
一	普通箍、复合箍	0.10	0.11	0.13	0.15	0.17	0.20	0.23	—	—
	螺旋箍、复合或连续复合矩形螺旋箍	0.08	0.09	0.11	0.13	0.15	0.18	0.21	—	—
二	普通箍、复合箍	0.08	0.09	0.11	0.13	0.15	0.17	0.19	0.22	0.24
	螺旋箍、复合或连续复合矩形螺旋箍	0.06	0.07	0.09	0.11	0.13	0.15	0.17	0.20	0.22
三、四	普通箍、复合箍	0.06	0.07	0.09	0.11	0.13	0.15	0.17	0.20	0.22
	螺旋箍、复合或连续复合矩形螺旋箍	0.05	0.06	0.07	0.09	0.11	0.13	0.15	0.18	0.20

注：普通箍指单个矩形箍和单个圆形箍；复合箍指由矩形、多边形、圆形箍或拉筋组成的箍筋；复合螺旋箍指由螺旋箍与矩形、多边形、圆形箍或拉筋组成的箍筋；连续复合矩形螺旋箍指用一根通长钢筋加工而成的箍筋。

4 柱箍筋非加密区的箍筋配置，应符合下列要求：

1） 柱箍筋非加密区的体积配箍率不宜小于加密区的50%。

2） 箍筋间距，一、二级框架柱不应大于10倍纵向钢筋直径，三、四级框架柱不应大于15倍纵向钢筋直径。

6.3.10 框架节点核芯区箍筋的最大间距和最小直径宜按本标准第6.3.7条采用；一、二、三级框架节点核芯区配箍特征值分别不宜小于0.12、0.10和0.08，且体积配箍率分别不宜小于0.6%、0.5%和0.4%。柱剪跨比不大于2的框架节点核芯区，体积配箍率不宜小于核芯区上、下柱端的较大体积配箍率。

6.4 抗震墙结构的基本抗震构造措施

6.4.1 抗震墙的厚度，一、二级不应小于160 mm且不宜小于层高或无支长度的1/20,三、四级不应小于140 mm且不宜小于层高或无支长度的1/25;无端柱或翼墙时,一、二级不应小于180 mm且不宜小于层高或无支长度的1/16,三、四级不宜小于层高或无支长度的1/20。

底部加强部位的墙厚,一、二级不应小于200 mm且不宜小于层高或无支长度的1/16,三、四级不应小于160 mm且不宜小于层高或无支长度的1/20;无端柱或翼墙时,一、二级不应小于220 mm且不宜小于层高或无支长度的1/12,三、四级不应小于180 mm且不宜小于层高或无支长度的1/16。

6.4.2 一、二、三级抗震墙在重力荷载代表值作用下墙肢的轴压比,一级时,7、8度不宜大于0.5;二、三级时不宜大于0.6。一、二、三级短肢抗震墙的轴压比,分别不宜大于0.45、0.50、0.55,一字形截面短肢抗震墙的轴压比限值应相应减少0.1。

注:墙肢轴压比指墙的轴压力设计值与墙的全截面面积和混凝土轴心抗压强度设计值乘积之比值。

6.4.3 抗震墙竖向、横向分布钢筋的配筋,应符合下列要求:

1 一、二、三级抗震墙的竖向和横向分布钢筋最小配筋率均不应小于0.25%;四级抗震墙分布钢筋最小配筋率不应小于0.20%。

注:高度小于24 m且剪压比很小的四级抗震墙,其竖向分布筋的最小配筋率应允许按0.15%采用。

2 部分框支抗震墙结构的落地抗震墙底部加强部位,竖向及横向分布钢筋配筋率均不应小于0.3%。

6.4.4 抗震墙竖向和横向分布钢筋的配置,尚应符合下列规定:

1 抗震墙的竖向和横向分布钢筋的间距不宜大于300 mm,部分框支抗震墙结构的落地抗震墙底部加强部位,竖向和横向分布钢筋的间距不宜大于200 mm。

2 抗震墙厚度大于140 mm时,其竖向和横向分布钢筋应双排布置,双排分布钢筋间拉筋的间距不宜大于600 mm,直径不应小于 6 mm。

3 抗震墙竖向和横向分布钢筋的直径，均不宜大于墙厚的 1/10 且不应小于 8 mm；竖向钢筋直径不宜小于 10 mm。

6.4.5 抗震墙两端和洞口两侧应设置边缘构件，边缘构件包括暗柱、端柱和翼墙，并应符合下列要求：

1 对于抗震墙结构，底层墙肢底截面的轴压比不大于表 6.4.5-1 规定的一、二、三级抗震墙及四级抗震墙，墙肢两端可设置构造边缘构件，构造边缘构件的范围可按图 6.4.5-1 采用，构造边缘构件的配筋除应满足受弯承载力要求外，并宜符合表 6.4.5-2 的要求。

表 6.4.5-1 抗震墙设置构造边缘构件的最大轴压比

抗震等级或烈度	一级(7、8 度)	二、三级
轴压比	0.2	0.3

表 6.4.5-2 抗震墙构造边缘构件的配筋要求

抗震等级	底部加强部位			其他部位		
	纵向钢筋最小量(取较大值)	箍筋		纵向钢筋最小量(取较大值)	拉筋	
		最小直径(mm)	沿竖向最大间距(mm)		最小直径(mm)	沿竖向最大间距(mm)
一	$0.010A_c$，$6\phi16$	8	100	$0.008A_c$，$6\phi14$	8	150
二	$0.008A_c$，$6\phi14$	8	150	$0.006A_c$，$6\phi12$	8	200
三	$0.006A_c$，$6\phi12$	6	150	$0.005A_c$，$4\phi12$	6	200
四	$0.005A_c$，$4\phi12$	6	200	$0.004A_c$，$4\phi12$	6	250

注：1 A_c 为边缘构件的截面面积。

2 其他部位的拉筋，水平间距不应大于纵筋间距的 2 倍；转角处宜采用箍筋。

3 当端柱承受集中荷载时，其纵向钢筋、箍筋直径和间距应满足柱的相应要求。

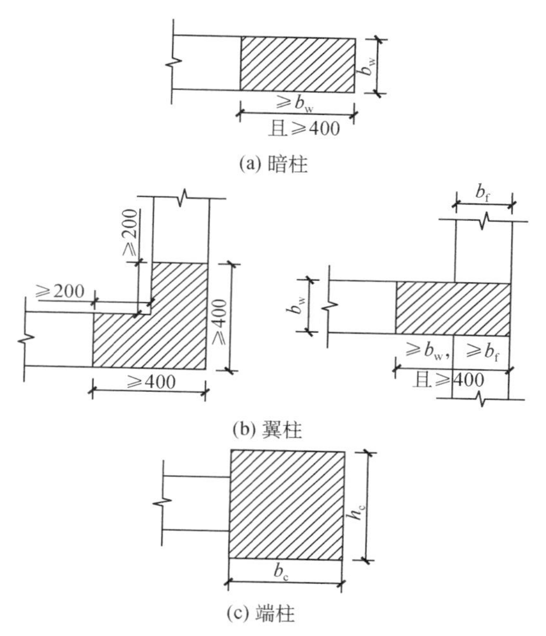

图 6.4.5-1　抗震墙的构造边缘构件范围

2　底层墙肢底截面的轴压比大于表 6.4.5-1 规定的一、二、三级抗震墙，以及部分框支抗震墙结构的抗震墙，应在底部加强部位及相邻的上一层设置约束边缘构件，在以上的其他部位可设置构造边缘构件。约束边缘构件沿墙肢的长度、配箍特征值、箍筋和纵向钢筋宜符合表 6.4.5-3 的要求(图 6.4.5-2)。

表 6.4.5-3　抗震墙约束边缘构件的范围及配筋要求

项目	一级(7、8 度)		二、三级	
	$\lambda \leqslant 0.3$	$\lambda > 0.3$	$\lambda \leqslant 0.4$	$\lambda > 0.4$
l_c(暗柱)	$0.15h_w$	$0.20h_w$	$0.15h_w$	$0.20h_w$
l_c(翼墙或端柱)	$0.10h_w$	$0.15h_w$	$0.10h_w$	$0.15h_w$
λ_v	0.12	0.20	0.12	0.20

续表6.4.5-3

项目	一级(7、8度)		二、三级	
	$\lambda \leqslant 0.3$	$\lambda > 0.3$	$\lambda \leqslant 0.4$	$\lambda > 0.4$
纵向钢筋(取较大值)	$0.012A_c$,$8\phi16$		$0.010A_c$,$6\phi16$(三级$6\phi14$)	
箍筋或拉筋沿竖向间距	100 mm		150 mm	

注:1 抗震墙的翼墙长度小于其3倍厚度或端柱截面边长小于2倍墙厚时,按无翼墙、无端柱查表;端柱有集中荷载时,应采用抗震等级与墙相同的框架柱的配筋构造。

2 l_c 为约束边缘构件沿墙肢的长度,且不小于墙厚和400 mm;有翼墙或端柱时不应小于翼墙厚度或端柱沿墙肢方向截面高度加300 mm。

3 λ_v 为约束边缘构件的配箍特征值,体积配箍率可按本标准式(6.3.9)计算,并可适当计入满足构造要求且在墙端有可靠锚固的水平分布钢筋的截面面积。

4 h_w 为抗震墙墙肢长度。

5 λ 为墙肢轴压比。

6 A_c 为图6.4.5-2中约束边缘构件阴影部分的截面面积。

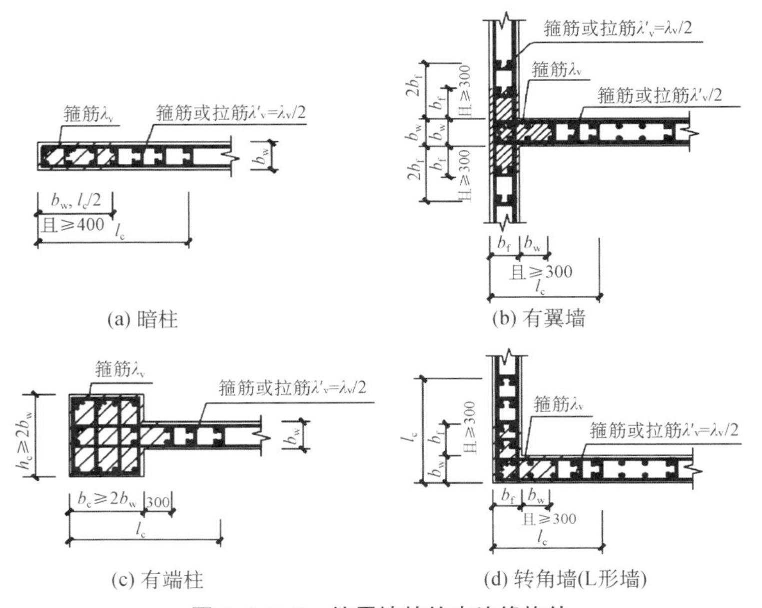

图6.4.5-2 抗震墙的约束边缘构件

6.4.6　抗震墙的墙肢长度不大于墙厚的4倍时，应按柱的有关要求进行设计；矩形墙肢的厚度不大于300 mm时，尚宜全高加密箍筋。

6.4.7　跨高比较小的高连梁，可设水平缝形成双连梁、多连梁或采取其他加强受剪承载力的构造。顶层连梁的纵向钢筋伸入墙体的锚固长度范围内，应设置箍筋。

6.5　框架-抗震墙结构的基本抗震构造措施

6.5.1　框架-抗震墙结构的抗震墙厚度和边框设置，应符合下列要求：

1　抗震墙的厚度不应小于160 mm，且不宜小于层高或无支长度的1/20，底部加强部位的抗震墙厚度不应小于200 mm，且不宜小于层高或无支长度的1/16。

2　有端柱时，墙体在楼盖处宜设置暗梁，暗梁的截面高度不宜小于墙厚和400 mm的较大值；端柱截面宜与同层框架柱相同，并应满足本标准第6.3节对框架柱的要求；抗震墙底部加强部位的端柱和紧靠抗震墙洞口的端柱宜按柱箍筋加密区的要求沿全高加密箍筋。

6.5.2　抗震墙的竖向和横向分布钢筋，配筋率均不应小于0.25%，钢筋直径不宜小于10 mm，间距不宜大于300 mm，并应双排布置，双排分布钢筋间应设置拉筋。

6.5.3　楼面梁与抗震墙平面外连接时，不宜支承在洞口连梁上；沿梁轴线方向宜设置与梁连接的抗震墙，梁的纵筋应锚固在墙内；也可在支承梁的位置设置扶壁柱或暗柱，并应按计算确定其截面尺寸和配筋。

6.5.4　框架-抗震墙结构的其他抗震构造措施，应符合本标准第6.3节和6.4节的有关要求。

注：设置少量抗震墙的框架结构，其抗震墙的抗震构造措施，可仍按本标准第6.4节对抗震墙的规定执行。

6.6 板-柱-抗震墙结构抗震设计要求

6.6.1 板-柱-抗震墙结构的抗震墙，其抗震构造措施除应符合本节规定外，尚应符合本标准第 6.5 节的有关规定；柱（包括抗震墙端柱）和梁的抗震构造措施应符合本标准第 6.3 节的有关规定。

6.6.2 板-柱-抗震墙的结构布置，尚应符合下列要求：

1 抗震墙厚度不应小于 180 mm，且不宜小于层高或无支长度的 1/20；房屋高度大于 12 m 时，墙厚不应小于 200 mm。

2 房屋的周边应采用有梁框架，楼、电梯洞口周边宜设置边框梁。

3 8 度时宜采用有托板或柱帽的板-柱节点，托板或柱帽根部的厚度（包括板厚）不宜小于柱纵筋直径的 16 倍，托板或柱帽的边长不宜小于 4 倍板厚和柱截面对应边长之和。

4 当房屋的地下一层顶板作为上部结构的嵌固端时，应采用现浇梁板结构。

6.6.3 当房屋高度大于 12 m 时，板-柱-抗震墙结构中的抗震墙应承担结构的全部地震作用；房屋高度不大于 12 m 时，抗震墙宜承担结构的全部地震作用。各层板-柱和框架部分应能承担不少于本层地震剪力的 20%。

6.6.4 板-柱结构在地震作用下按等代平面框架分析时，其等代梁的宽度可按下式计算，且不大于垂直于等代平面框架方向两侧柱距各 1/4：

$$b_{b} = 3b_{c} + 0.25l_{1} \tag{6.6.4}$$

式中：b_{b}——等代梁的宽度；

b_{c}——柱顶沿垂直于板带弯矩作用方向的柱截面高度；

l_{1}——受力方向上板的跨度。

6.6.5 板-柱体系中板的承载力宜采用柱上板带和跨中板带各自分配的弯矩值按单向连续板计算。

6.6.6 按等代框架法计算出结构内力后，可以按下列公式验算板-柱节点的强度：

$$\frac{M}{6.89(m_u'+m_u)c_1}+\frac{V}{(K+1)\mu_t f_t u_m h_0}\leqslant 1 \tag{6.6.6-1}$$

$$K=\frac{1}{4}\left[m+2(1-\sqrt{m+1})\right] \tag{6.6.6-2}$$

$$m=\frac{f_c}{f_t} \tag{6.6.6-3}$$

式中：M——地震作用产生的不平衡弯矩(N·mm)；

V——地震作用产生的节点剪力(N)；

μ_t——混凝土抗拉强度折减系数，取0.35；

f_t——混凝土抗拉强度设计值(N/mm^2)；

u_m——板-柱节点破坏机构的周长(mm)，$u_m=2c_1+2c_2+\pi h_0$；

c_1——柱截面高度(mm)；

c_2——柱截面宽度(mm)；

h_0——破坏锥体的有效高度(mm)；

m_u'，m_u——板单位宽度上负极限抵抗弯矩和正极限抵抗弯矩(N·mm/mm)，由下列公式确定：

$$m_u'=f_y'A_s'h_0'\left(1-0.45\rho_s'\frac{f_y}{f_c}\right) \tag{6.6.6-4}$$

$$m_u=f_yA_sh_0\left(1-0.45\rho_s\frac{f_y}{f_c}\right) \tag{6.6.6-5}$$

式中：f_y'，f_y——受压钢筋、受拉钢筋的设计强度(N/mm^2)；

A_s'，A_s——单位板宽截面内受压钢筋、受拉钢筋的截面积(mm^2)；

h_0'，h_0——板面距受压钢筋和受拉钢筋的有效高度；

ρ_s'，ρ_s——单位板宽截面内受压、受拉钢筋的配筋率；

f_c——混凝土抗压强度设计值(N/mm^2)。

6.6.7 板-柱节点应按以下方法进行冲切承载力的抗震验算：

1 在局部荷载或集中反力作用下，不配置箍筋或弯起钢筋的板的受冲切承载力应符合下列公式要求(图 6.6.7-1)：

$$F_{l,eq} \leqslant (0.7\beta_h f_t + 0.25\sigma_{pc,m})\eta u_m h_0 \tag{6.6.7-1}$$

$$\eta = \max(\eta_1, \eta_2) \tag{6.6.7-2}$$

$$\eta_1 = 0.4 + \frac{1.2}{\beta_s} \tag{6.6.7-3}$$

$$\eta_2 = 0.5 + \frac{\alpha_s h_0}{4u_m} \tag{6.6.7-4}$$

式中：$F_{l,eq}$——等效集中反力设计值，计入不平衡地震组合弯矩引起的冲切，按现行国家标准《混凝土结构设计规范》GB 50010 取值，节点处地震组合弯矩设计值的增大系数，一、二、三级可分别取 1.7、1.5、1.3。

β_h——截面高度影响系数，当 h 不大于 800 mm 时，取为 1.0，当 h 不小于 2000 mm 时，取为 0.9，其间按线性内插法取用。

$\sigma_{pc,m}$——临界截面周长上两个方向混凝土有效预压应力按长度的加权平均值，其值宜控制在 1.0 N/mm^2 ～ 3.5 N/mm^2 范围内。

u_m——临界截面的周长，取距离局部荷载或集中反力作用面积周边 $h_0/2$ 处板垂直截面的最不利周长。

h_0——截面有效高度，取两个方向配筋的截面有效高度平均值。

η_1——局部荷载或集中反力作用面积形状的影响系数。

η_2——计算截面周长与板截面有效高度之比的影响系数。

β_s——局部荷载或集中反力作用面积为矩形时的长边与短边尺寸的比值，β_s 不宜大于 4，当 β_s 小于 2 时取为 2，对圆形冲切面，取为 2。

α_s——柱位置影响系数：对中柱，α_s 取 40；对边柱，α_s 取 30；对角柱，α_s 取 20。

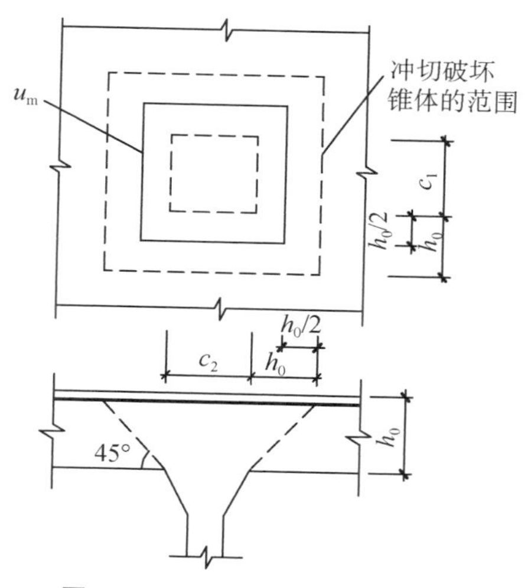

图 6.6.7-1　冲切验算计算简图

2　当板开有孔洞且孔洞至局部荷载或集中反力作用面积边缘的距离不大于 $6h_0$ 时，受冲切承载力计算中取用的计算截面周长 u_m，应扣除局部荷载或集中反力作用面积中心至开孔外边画出两条切线之间所包含的长度(图 6.6.7-2)。

3　在局部荷载或集中反力作用下，当受冲切承载力不满足公式(6.6.7-1)的要求且板厚受到限制时，可配置箍筋或弯起钢筋，此时，受冲切截面及受冲切承载力应符合下列要求：

1）受冲切截面

$$F_{l,eq} \leqslant 1.2 f_t u_m h_0 \qquad (6.6.7\text{-}5)$$

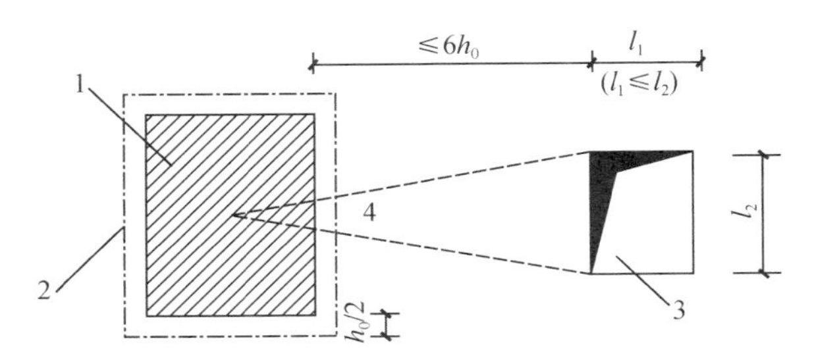

1—局部荷载或集中反力作用面；2—计算截面周长；3—孔洞；4—应扣除的长度

图 6.6.7-2　邻近孔洞时的计算截面周长

注：当图中 l_1 大于 l_2 时，孔洞边长 l_2 用 $\sqrt{l_1 l_2}$ 代替。

2）配置箍筋、弯起钢筋时的受冲切承载力

$$F_{l,\mathrm{eq}} \leqslant (0.5f_\mathrm{t} + 0.25\sigma_{\mathrm{pc,m}})\eta u_\mathrm{m} h_0 + 0.8f_{\mathrm{yv}}A_{\mathrm{svu}} + 0.8f_\mathrm{y}A_{\mathrm{sbu}}\sin\alpha \tag{6.6.7-6}$$

式中：f_{yv}——箍筋的抗拉强度设计值；

A_{svu}——与呈 45°冲切破坏锥体斜截面相交的全部箍筋截面面积；

A_{sbu}——与呈 45°冲切破坏锥体斜截面相交的全部弯起钢筋截面面积；

α——弯起钢筋与板底面的夹角。

4　配置抗冲切钢筋的冲切破坏锥体以外的截面，尚应按公式(6.6.7-1)进行受冲切承载力计算，此时，u_m 应取配置抗冲切钢筋的冲切破坏锥体以外 $h_0/2$ 处的最不利周长。

6.6.8　板-柱-抗震墙结构的板-柱节点构造应符合下列要求：

1　无柱帽平板应在柱上板带中设构造暗梁，暗梁宽度可取柱宽及柱两侧各不大于 1.5 倍板厚。暗梁支座上部钢筋面积应不小于柱上板带钢筋面积的 50%，暗梁下部钢筋不宜少于上部钢筋的 1/2；箍筋直径不应小于 8 mm，间距不宜大于 3/4 倍板厚，肢距不宜大于 2 倍板厚，在暗梁两端应加密。在节点区，当闭合箍

筋施工有困难时，一个方向的箍筋可采用倒 U 型箍或抗冲切锚杆。

2 无柱帽柱上板带的板底钢筋，宜在距柱面为 2 倍板厚以外连接，采用搭接时钢筋端部宜有垂直于板面的弯钩。

3 沿两个主轴方向通过柱截面的板底连续钢筋的总截面面积，应符合下式要求：

$$A_s \geqslant N_G / f_y \qquad (6.6.8)$$

式中：A_s——板底连续钢筋总截面面积；

N_G——在本层楼板重力荷载代表值（8 度时尚宜计入竖向地震）作用下的柱轴压力设计值；

f_y——楼板钢筋的抗拉强度设计值。

4 板-柱节点应根据抗冲切承载力要求，配置抗剪栓钉或抗冲切钢筋。

6.7 筒体结构抗震设计要求

6.7.1 框架-核心筒结构应符合下列要求：

1 核心筒与框架之间的楼盖宜采用梁板体系；部分楼层采用平板体系时应有加强措施。

2 除加强层及其相邻上下层外，按框架-核心筒计算分析的框架部分各层地震剪力的最大值不宜小于结构底部总地震剪力的 10%。

3 当第 2 款不能满足时，宜采取措施保证核心筒具有双重抗震体系特性，框架与核心筒墙肢应能承受由于连梁屈服内力重分布后的地震作用，核心筒承担的地震剪力宜放大 10%，并验算核心筒在大震下的极限承载力。

4 加强层设置应符合下列规定：

1） 加强层的大梁或桁架应与核心筒内的墙肢贯通，大梁或桁架与周边框架柱的连接宜采用铰接或半刚性连接；

2）结构整体分析应计入加强层变形的影响；

3）在施工程序及连接构造上，应采取措施减小结构竖向温度变形及轴向压缩对加强层的影响。

6.7.2 框架-核心筒结构的核心筒、筒中筒结构的内筒，其抗震墙除应符合本标准第6.4节的有关规定外，尚应符合下列要求：

1 抗震墙的厚度、竖向和横向分布钢筋应符合本标准第6.5节的规定；筒体底部加强部位及相邻上一层，当侧向刚度无突变时不宜改变墙体厚度。

2 框架-核心筒结构中，一、二级核心筒角部的边缘构件宜按下列要求加强：底部加强部位，约束边缘构件范围内宜全部采用箍筋，且约束边缘构件沿墙肢的长度宜取墙肢截面高度的1/4，底部加强部位以上的全高范围内宜按转角墙的要求设置约束边缘构件。

3 内筒或核心筒的门洞不宜靠近转角。

6.7.3 楼面大梁不宜支承在内筒或核心筒连梁上。楼面大梁与内筒或核心筒墙体平面外连接时，应符合本标准第6.5.3条的规定。

6.7.4 一、二级核心筒和内筒中跨高比不大于2的连梁，当梁截面宽度不小于300 mm时，宜采用交叉暗撑，全部剪力由暗撑承担，每根交叉暗撑由4根纵向钢筋组成，纵筋直径不应小于14 mm，其总面积按下式计算：

$$A_s \geq \frac{\gamma_{RE} V_b}{2 f_y \sin\alpha} \tag{6.7.4}$$

式中：V_b——连梁中的剪力设计值；

α——暗撑与水平线的夹角。

两个方向暗撑的纵向钢筋应该用矩形箍筋或螺旋筋绑扎牢固，箍筋直径不应小于8 mm，箍筋间距不应大于200 mm及$b_b/2$；端部加密区的箍筋间距为100 mm，加密区的长度不小于600 mm

及 $2b_b$;斜筋伸入竖向构件的长度不应小于 $l_{aE}=1.15l_a$。

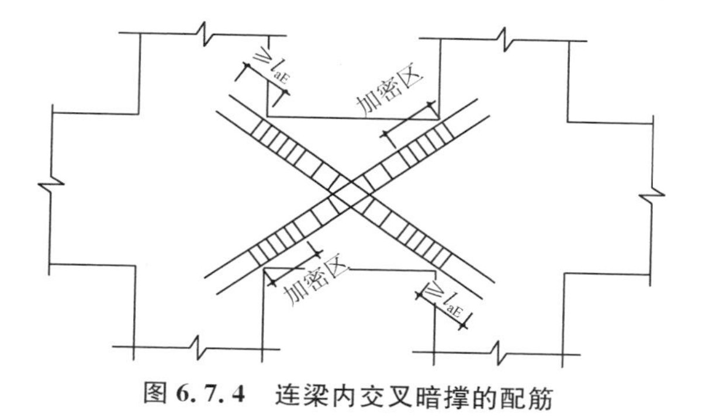

图 6.7.4 连梁内交叉暗撑的配筋

6.7.5 筒体结构的转换层的抗震设计应符合本标准附录 E.2 的规定。

7 装配整体式混凝土结构房屋

7.1 一般规定

7.1.1 装配整体式混凝土结构的抗震设计，本章未作规定的，应按现行国家标准《混凝土结构设计规范》GB 50010、《混凝土结构工程施工规范》GB 50666、《装配式混凝土建筑技术标准》GB/T 51231，现行行业标准《装配式混凝土结构技术规程》JGJ 1 和《高层建筑混凝土结构技术规程》JGJ 3，现行上海市工程建设规范《装配整体式混凝土公共建筑设计规程》DGJ 08—2154、《装配整体式混凝土居住建筑设计规程》DG/TJ 08—2071 的有关规定执行。

7.1.2 装配整体式混凝土结构房屋的最大适用高度应满足表 7.1.2 的要求，并应符合下列规定：

1 结构中楼盖采用叠合梁板、竖向抗侧力构件全部现浇时，其最大适用高度可按本标准第 6.1.2 条规定采用。

2 对于装配整体式抗震墙结构和装配整体式部分框支抗震墙结构，在多遇地震作用下，当预制抗震墙构件底部承担的总剪力大于该层总剪力的 50%时，其最大适用高度应比表内数值降低 10%。

3 对于特别不规则的结构，其最大适用高度应比表内数值降低 20%。

4 对于同时存在第 2 款和第 3 款情况的结构，其最大适用高度应比表内数值降低 30%。

表 7.1.2　装配整体式混凝土结构房屋的最大适用高度(m)

结构体系	抗震设防烈度		
	6 度	7 度	8 度
装配整体式框架结构	60	50	40
装配整体式框架-现浇抗震墙结构	130	120	100
装配整体式框架-现浇核心筒结构	150	130	100
装配整体式抗震墙结构	120	100	80
装配整体式部分框支抗震墙结构	100	80	70

7.1.3　装配整体式混凝土结构的高宽比不宜超过表 7.1.3 的规定。

表 7.1.3　装配整体式混凝土结构适用的最大高宽比

结构体系	抗震设防烈度		
	6 度	7 度	8 度
装配整体式框架结构	4	4	3
装配整体式框架-现浇抗震墙结构	6	6	5
装配整体式抗震墙结构	6	6	5
装配整体式框架-现浇核心筒结构	7	7	6

注：对于装配整体式抗震墙结构，在多遇地震作用下，当预制抗震墙构件底部承担的总剪力大于该层总剪力的 50%时，其适用的最大高宽比宜比表内数值降低 1。

7.1.4　装配整体式混凝土结构的抗震设计，应根据抗震设防类别、烈度、结构类型和房屋高度采用不同的抗震等级，并应符合相应的计算和构造措施要求。丙类装配整体式混凝土结构的抗震等级应按表 7.1.4 确定。

表 7.1.4　丙类装配整体式混凝土结构的抗震等级

<table>
<tr><td colspan="3" rowspan="2">结构类型</td><td colspan="8">抗震设防烈度</td></tr>
<tr><td colspan="2">6 度</td><td colspan="3">7 度</td><td colspan="3">8 度</td></tr>
<tr><td rowspan="3">装配整体式框架结构</td><td colspan="2">高度(m)</td><td>≤24</td><td>>24</td><td colspan="2">≤24</td><td>>24</td><td colspan="2">≤24</td><td>>24</td></tr>
<tr><td colspan="2">框架</td><td>四</td><td>三</td><td colspan="2">三</td><td>二</td><td colspan="2">二</td><td>一</td></tr>
<tr><td colspan="2">大跨度框架</td><td colspan="2">三</td><td colspan="3">二</td><td colspan="3">一</td></tr>
<tr><td rowspan="3">装配整体式框架-现浇抗震墙结构</td><td colspan="2">高度(m)</td><td>≤60</td><td>>60</td><td>≤24</td><td>>24 且≤60</td><td>>60</td><td>≤24</td><td>>24 且≤60</td><td>>60</td></tr>
<tr><td colspan="2">框架</td><td>四</td><td>三</td><td>四</td><td>三</td><td>二</td><td>三</td><td>二</td><td>一</td></tr>
<tr><td colspan="2">抗震墙</td><td>三</td><td>三</td><td>三</td><td>二</td><td>二</td><td>二</td><td>一</td><td>一</td></tr>
<tr><td rowspan="2">装配整体式抗震墙结构</td><td colspan="2">高度(m)</td><td>≤70</td><td>>70</td><td>≤24</td><td>>24 且≤70</td><td>>70</td><td>≤24</td><td>>24 且≤70</td><td>>70</td></tr>
<tr><td colspan="2">抗震墙</td><td>四</td><td>三</td><td>四</td><td>三</td><td>二</td><td>三</td><td>二</td><td>一</td></tr>
<tr><td rowspan="4">装配整体式部分框支抗震墙结构</td><td colspan="2">高度(m)</td><td>≤70</td><td>>70</td><td>≤24</td><td>>24 且≤70</td><td>>70</td><td>≤24</td><td>>24 且≤70</td><td rowspan="4"></td></tr>
<tr><td colspan="2">现浇框支框架</td><td>二</td><td>二</td><td>二</td><td>二</td><td>一</td><td>一</td><td>一</td></tr>
<tr><td rowspan="2">抗震墙</td><td>一般部位</td><td>四</td><td>三</td><td>四</td><td>三</td><td>二</td><td>三</td><td>二</td></tr>
<tr><td>加强部位</td><td>三</td><td>二</td><td>三</td><td>二</td><td>一</td><td>二</td><td>一</td></tr>
<tr><td rowspan="2">装配整体式框架-现浇核心筒结构</td><td colspan="2">框架</td><td colspan="2">三</td><td colspan="3">二</td><td colspan="3">一</td></tr>
<tr><td colspan="2">核心筒</td><td colspan="2">二</td><td colspan="3">二</td><td colspan="3">一</td></tr>
</table>

注：大跨度框架指跨度不小于 18 m 的框架。

7.1.5 装配整体式混凝土结构的平面宜简单、规则、对称，竖向布置应连续、均匀，避免抗侧力结构的侧向刚度和承载力沿竖向突变，并应符合现行国家标准《装配式混凝土建筑技术标准》GB/T 51231和现行行业标准《装配式混凝土结构技术规程》JGJ 1的有关规定。特别不规则的结构不宜采用预制装配整体式结构。

7.1.6 高层装配整体式混凝土结构应符合下列规定：

1 宜设置地下室，地下室宜采用现浇混凝土。

2 底部加强部位的抗震墙宜采用现浇混凝土。

3 顶层宜采用现浇楼盖结构。

4 框架结构的首层柱宜采用现浇混凝土。

7.1.7 带转换层的装配整体式混凝土结构底部框支层不宜超过2层，且框支层(含转换梁、转换柱)及相邻上一层应采用现浇混凝土结构。

7.1.8 装配整体式结构宜采用现浇或装配整体式叠合楼盖，并应符合现行国家标准《混凝土结构设计规范》GB 50010、《装配式混凝土建筑技术标准》GB/T 51231和现行行业标准《装配式混凝土结构技术规程》JGJ 1的有关规定。

7.1.9 装配整体式结构用混凝土、钢筋、钢材、灌浆套筒、灌浆料、坐浆料等材料的力学性能指标和耐久性应符合现行国家标准《混凝土结构设计规范》GB 50010、《钢结构设计标准》GB 50017、《装配式混凝土建筑技术标准》GB/T 51231和现行行业标准《装配式混凝土结构技术规程》JGJ 1的有关规定。

7.1.10 抗震设计的装配整体式结构中的预制结构构件、节点、接缝应按本标准和现行国家标准《混凝土结构设计规范》GB 50010、《装配式混凝土建筑技术标准》GB/T 51231及现行行业标准《装配式混凝土结构技术规程》JGJ 1的规定进行抗震设计和构造；现浇结构构件内力乘以调整系数后应按本标准第6章的规定进行抗震设计。

7.1.11 装配整体式结构的结构分析模型应能准确反映结构构

件的实际受力状况和边界条件。当预制抗侧力构件节点及接缝性能不低于现浇节点及拼缝性能时，装配整体式结构可采用与现浇混凝土结构相同的方法进行结构分析。当同一层内既有现浇又有预制抗侧力构件时，地震作用下现浇抗侧力构件的弯矩和剪力宜适当放大。

7.2 装配整体式混凝土框架结构

7.2.1 装配整体式混凝土框架结构是指全部或部分构件预制，以钢筋、连接件或施加预应力等方式加以连接，并在现场浇筑混凝土而形成整体的结构。其现场浇筑部分应符合下列规定：

1 受力钢筋可采用搭接、焊接和机械连接等形式，相关连接技术参数应能确保轴向力的有效传递。

2 应按计算和构造要求设置封闭式箍筋和构造钢筋。

3 后浇混凝土的强度等级应高于所连接构件的混凝土强度等级。

4 后浇部分的承载力应不低于所连接构件端头的承载力。

7.2.2 装配整体式混凝土框架的结构构件、组合件和整体结构设计应满足本标准第 6 章有关钢筋混凝土框架结构的设计和构造要求，并应符合下列规定：

1 混凝土强度等级不宜低于 C30，受力钢筋宜采用高强钢筋。

2 预制构件及组合件梁柱端头宜对连接端面进行粗糙化处理(凹凸深度宜不小于 6 mm)或设置凸键与凹槽，以确保现场拼装后形成可靠的抗侧力体系。

3 预制构件及组合件宜根据制作、运输和现场安装要求，采取必要的结构加强及构造加强措施。

7.2.3 装配整体式混凝土框架结构节点连接宜采用钢筋套筒灌浆、螺栓、焊接及专用连接件等方式连接，所选用的连接方式应经过工程实践或经专项试验研究论证可靠。

7.2.4 后浇连接部位受力钢筋的连接应满足下列规定：

1 采用搭接方法时，必须满足受力钢筋搭接长度和锚固的要求。

2 采用焊接方法时，受力钢筋必须为可焊性良好的钢筋。当连接部位需满足延性要求时，焊接后钢筋的延性下降应小于原钢筋延性指标的10%。

3 采用机械连接方法时，所采用的钢筋连接件必须是性能满足规范要求或进行过专项试验研究论证有效的钢筋连接件。

4 当后浇部分必须满足结构延性要求时，该部位受力钢筋的面积与所连接构件受力钢筋面积相等的部位至构件端面的最大距离应不小于构件高度的1/2。

7.2.5 装配整体式框架梁柱连接节点应采用"强节点"形式，节点核芯区的抗震验算和构造措施分别应满足本标准第6.2.17条和6.3.10条的要求，并应通过计算和构造措施确保节点承载力不低于相邻的梁端和柱端承载力，且其破坏模式应为延性破坏。柱端加密区和节点核芯区最小体积配箍率不宜小于表7.2.5的规定。当节点核芯区采用钢纤维混凝土时，可适当减小其体积配箍率的要求。

表7.2.5 框架柱端及节点核芯区最小体积配箍率(%)

抗震等级	柱端			节点核芯区
	柱轴压比			
	<0.4	0.4～0.6	>0.6	
二	0.6～0.8	0.8～1.2	1.2～1.6	0.8
三	0.6	0.6～0.8	0.8～1.2	0.6

7.2.6 装配整体式混凝土框架梁柱、柱柱和梁梁的连接为"强连接"时，应考虑"强连接"所造成梁柱塑性铰位置的变化及其对结构承载能力和延性的影响。

7.2.7 现场混凝土后浇筑面需要配置的摩擦抗剪钢筋面积应按下式验算：

$$V_j \leqslant \frac{1.5}{\gamma_{RE}} A_s f_y (\mu \sin \alpha + \cos \alpha) \tag{7.2.7}$$

式中：V_j——剪切面的剪力设计值；

A_s——抗剪钢筋面积；

f_y——抗剪钢筋抗拉强度设计值；

μ——摩擦系数（构件或组合件连接端头表面未进行粗糙化处理时取 0.6，设置有凸键或凹槽时取 0.7，有粗糙化处理且其深度达到 6 mm 时取 1.0）；

α——抗剪钢筋与剪切面之间的夹角。

7.2.8 装配整体式混凝土框架结构的预制柱采用杯口基础进行锚固时，预制柱插入杯口中的实际锚固长度不宜小于柱截面长边尺寸的 2 倍。后浇混凝土应控制粗骨料尺寸，确保浇筑密实，混凝土宜选用抗收缩性能良好或微膨胀混凝土。

7.2.9 装配整体式混凝土框架结构楼板宜采用现浇或叠合式楼盖、屋盖，并应符合下列规定：

1 梁和板的叠合层混凝土强度等级不应小于相应梁和板预制部分的混凝土强度等级。

2 梁叠合层的最小厚度不宜小于 70 mm；预制梁的箍筋应全部伸入叠合层内，且各肢伸入叠合层线段长度不宜小于 $10d$（d 为箍筋直径）。

3 楼板叠合层的最小厚度：当其跨度小于 8 m 时不宜小于 40 mm，不小于 8 m 时不宜小于 50 mm。

4 梁和板的叠合层应设置受力钢筋和构造钢筋，叠合面宜进行粗糙化处理，并保证洁净、无浮浆。

7.2.10 装配整体式混凝土框架结构宜按三维空间分析方法进行整体内力和位移计算，并应符合下列规定：

1 计算模型应采用能准确反映预制构件或组合件连接节点

的力学模型。

2 当楼板为装配式楼板或叠合式楼板，不能满足刚性楼板假定时，计算模型应考虑楼板平面内变形和楼板与竖向构件的实际连接状况。

3 对于连接节点存在复杂非线性特性的结构，宜采用弹塑性静力或动力分析方法对结构在罕遇地震作用下的弹塑性变形进行验算。

7.2.11 装配整体式混凝土框架结构现场安装临时支架一般不需要考虑地震作用，但当地震发生可能引起部分结构倒塌，威胁到人员安全时，临时支架应按本地区抗震设防烈度降低一度的要求进行抗震设计和验算。

7.3 装配整体式抗震墙结构

（Ⅰ）一般规定

7.3.1 装配整体式抗震墙结构抗震设计，本章未作规定的，应按现行国家标准《装配式混凝土建筑技术标准》GB/T 51231，现行行业标准《装配式混凝土结构技术规程》JGJ 1 和《高层建筑混凝土结构技术规程》JGJ 3 的有关规定执行。

7.3.2 抗震设计时，对同一层内既有现浇抗震墙也有预制抗震墙的装配整体式抗震墙结构，现浇抗震墙的水平地震作用弯矩、剪力宜乘以不小于 1.1 的增大系数。

7.3.3 装配整体式抗震墙结构的布置应满足下列要求：

1 应沿两个方向布置抗震墙。

2 抗震墙的截面宜简单、规则；预制墙的门窗洞口宜上下对齐、成列布置。

7.3.4 抗震设计时，高层装配整体式抗震墙结构不应全部采用短肢抗震墙；抗震设防烈度为 8 度时，不宜采用具有较多短肢抗震墙的抗震墙结构。当采用具有较多短肢抗震墙的抗震墙结构时，应符合下列规定：

1 在规定的水平地震作用下，短肢抗震墙承担的底部倾覆力矩不宜大于结构底部总地震倾覆力矩的 50%。

2 房屋适用高度应比本标准表 7.1.2 规定的装配整体式抗震墙结构的最大适用高度适当降低，抗震设防烈度为 7 度和 8 度时宜降低 20 m。

注：1 短肢抗震墙是指截面厚度不大于 300 mm、各肢截面高度与厚度之比的最大值大于 4 但不大于 8 的抗震墙。

2 具有较多短肢抗震墙的抗震墙结构是指在规定的水平地震作用下，短肢抗震墙承担的底部倾覆力矩不小于结构底部总地震倾覆力矩的 30%的抗震墙结构。

7.3.5 抗震设防烈度为 8 度时，高层装配整体式抗震墙结构中的楼梯间抗震墙及电梯井筒宜现浇。预制楼梯和支承构件之间宜简支连接。

7.3.6 预制抗震墙可采用全预制或部分预制、部分现浇叠合方式制作。对单侧预制叠合抗震墙，应取有效厚度作为承载力、变形和配筋(率)计算的基准厚度。单侧预制叠合抗震墙截面组成及有效厚度见图 7.3.6。

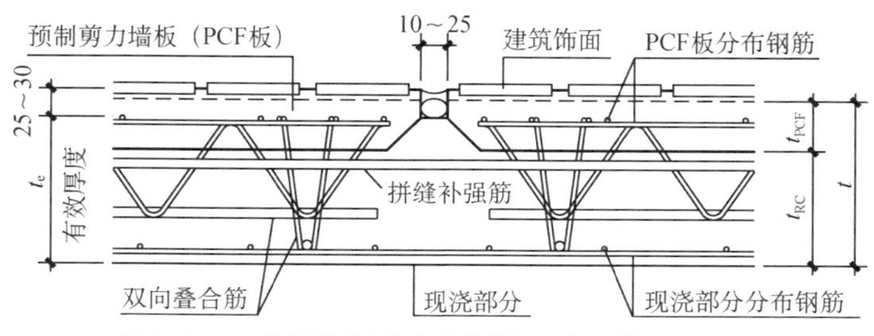

图 7.3.6 单侧预制叠合抗震墙组成及其有效厚度

7.3.7 抗震设计的装配整体式抗震墙结构中，约束边缘构件及小震、中震作用下处于拉应力状态下的抗震墙边缘构件宜现浇，中震作用下边缘构件纵筋达到屈服的抗震墙边缘构件宜现浇。高度超过 70 m 的装配整体式抗震墙结构中的预制抗震墙竖向钢筋不宜采用单排连接。轴压比超过 0.6 的抗震墙不宜采用预制叠合抗震墙。

（Ⅱ）预制抗震墙构造

7.3.8 预制抗震墙宜采用一字形，也可采用 L 形、T 形或 U 形；开洞预制抗震墙洞口宜居中布置，洞口两侧的墙肢宽度不应小于 200 mm，洞口上方连梁高度不宜小于 250 mm。

7.3.9 预制抗震墙的连梁不宜开洞；当需开洞时，洞口宜预埋套管，洞口上、下截面的有效高度不宜小于梁高的 1/3，且不宜小于 200 mm；被洞口削弱的连梁截面应进行承载力验算，洞口处应配置补强纵向钢筋和箍筋，补强纵向钢筋的直径不应小于 12 mm。

7.3.10 预制抗震墙开有边长小于 800 mm 的洞口且在结构整体计算中不考虑其影响时，应沿洞口周边配置补强钢筋；补强钢筋的直径不应小于 12 mm，截面面积不应小于同方向被洞口截断的钢筋面积；该钢筋自孔洞边角算起伸入墙内的长度，非抗震设计时不应小于 l_a，抗震设计时不应小于 l_{aE}（图 7.3.10）。

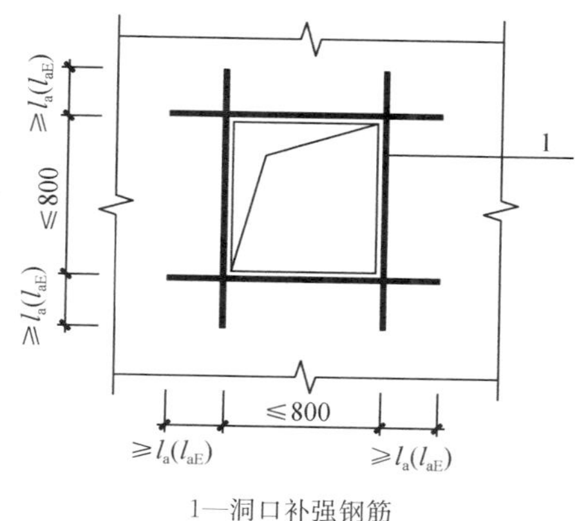

1—洞口补强钢筋

图 7.3.10 预制抗震墙洞口补强钢筋配置示意

7.3.11 预制抗震墙钢筋连接区域构造应满足现行国家标准《装配式混凝土建筑技术标准》GB/T 51231 的规定。当采用套筒灌浆连接时，自套筒底部至套筒顶部并向上延伸 300 mm 范围内，预制抗震墙的水平分布筋应加密（图 7.3.11），加密区水平分布筋的最大间距及最小直径应符合表 7.3.11 的规定，套筒上端第一道水平分布钢筋距离套筒顶部不应大于 50 mm。

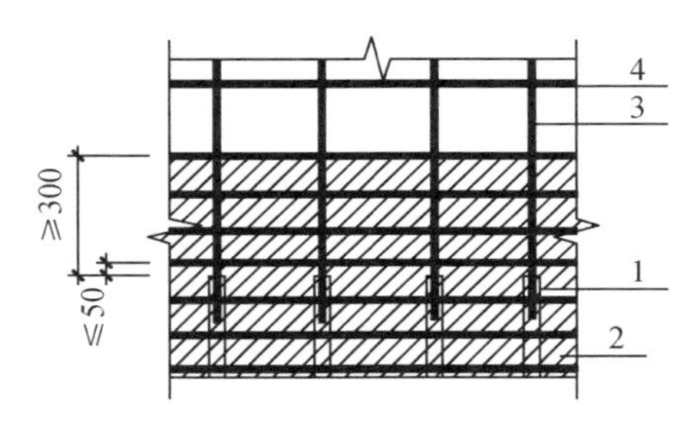

1—灌浆套筒；2—水平分布钢筋加密区域（阴影区域）；
3—竖向钢筋；4—水平分布钢筋

图 7.3.11 钢筋套筒灌浆连接部位水平分布钢筋的加密构造示意

表 7.3.11 加密区水平分布钢筋的要求

抗震等级	最大间距(mm)	最小直径(mm)
一、二级	100	8
三、四级	150	8

7.3.12 端部无边缘构件的预制抗震墙，宜在端部配置 2 根直径不小于 12 mm 的竖向构造钢筋；沿该钢筋竖向应配置拉筋，拉筋直径不宜小于 6 mm、间距不宜大于 250 mm。

7.3.13 单侧预制叠合抗震墙应满足下列构造要求：

1 预制部分板厚应根据结构受力、脱模、运输、吊装及施工安装等各阶段荷载工况计算确定。不含建筑饰面，其最小板厚不应小于 60 mm。预制部分板厚可参考表 7.3.13 确定。

表 7.3.13 预制抗震墙板参考板厚

板高 H	板厚 t
4.0 m 以下	60 mm～65 mm
4.0 m～4.5 m	70 mm
4.5 m 以上	80 mm

注:预制抗震墙板厚以 5 mm 为模数。

2 预制抗震墙板制作时端部应按图 7.3.13 所示进行 45°或 30°切角。不计建筑饰面厚,切角后板端厚度不应小于 20 mm。预制抗震墙板内表面应做成凹凸不小于 4 mm 的人工粗糙面。

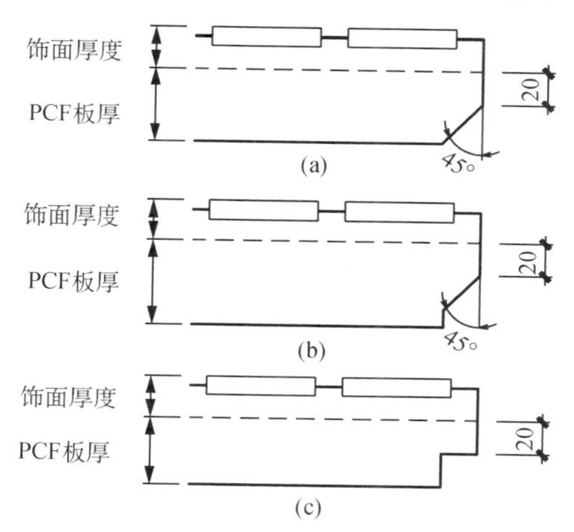

图 7.3.13 预制抗震墙板板端形状

3 预制叠合抗震墙现浇部分厚度不宜小于 120 mm,当边缘构件及连梁全部置于现浇部分时,不宜小于 160 mm。

4 预制部分和现浇部分的混凝土强度等级宜相同。

5 预制叠合抗震墙配筋根据计算及构造要求确定,其现浇部分配筋由式(7.3.13-1)计算,其预制抗震墙板分布钢筋应满足式(7.3.13-2)要求。

$$A_{sj}=A_s\times\frac{t_{RC}}{t_{PCF}+t_{RC}}\tag{7.3.13-1}$$

$$A_{sPCF}\geqslant A_s\times\frac{t_{PCF}}{t_{PCF}+t_{RC}}\tag{7.3.13-2}$$

式中：A_s——单侧预制叠合抗震墙单位面积分布钢筋需要配筋量；

A_{sj}——单侧预制叠合抗震墙现浇部分单位面积分布钢筋配筋量；

A_{sPCF}——单侧预制叠合抗震墙中预制墙板单位面积分布钢筋配筋量；

t_{RC}——单侧预制叠合抗震墙现浇部分厚度，见图 7.3.6；

t_{PCF}——单侧预制叠合抗震墙中预制墙板的厚度(不含建筑饰面厚度)，见图 7.3.6。

6 以有效厚度计算的预制叠合抗震墙分布钢筋配筋率不应小于 0.25%，垂直分布钢筋直径不宜小于 ϕ10、不应小于 ϕ8，水平分布钢筋直径不应小于 ϕ8。

(Ⅲ) 连接设计

7.3.14 楼层内相邻预制抗震墙之间应采用整体式接缝连接，且应符合下列规定：

1 当接缝位于纵横墙交接处的约束边缘构件区域时，约束边缘构件的阴影区域(图 7.3.14-1)宜全部采用后浇混凝土，并应在后浇段内设置封闭箍筋。

2 当接缝位于纵横墙交接处的构造边缘构件区域时，构造边缘构件宜全部采用后浇混凝土(图 7.3.14-2)；当仅在一面墙上设置后浇段时，后浇段的长度不宜小于 300 mm(图 7.3.14-3)。

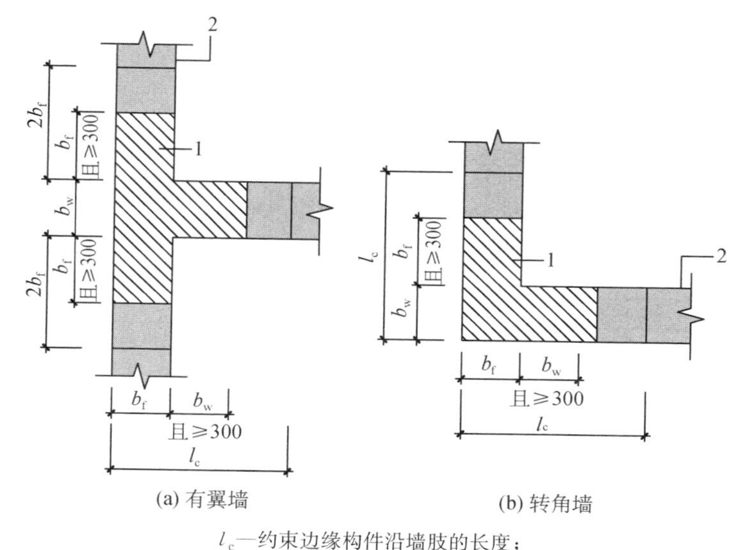

l_c—约束边缘构件沿墙肢的长度；

1—后浇段；2—预制抗震墙

图 7.3.14-1　约束边缘构件阴影区域全部后浇构造示意

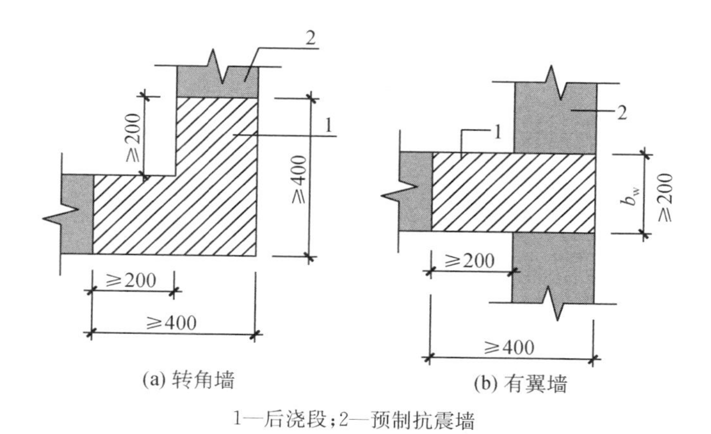

1—后浇段；2—预制抗震墙

图 7.3.14-2　构造边缘构件全部后浇构造示意

（阴影区域为构造边缘构件范围）

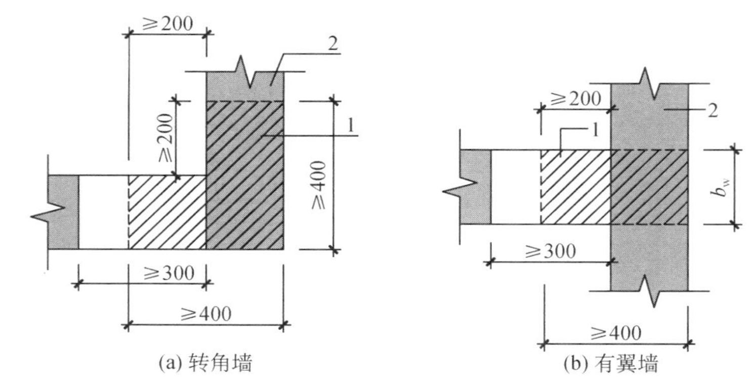

1—后浇段；2—预制抗震墙

图 7.3.14-3　构造边缘构件部分现浇构造示意
（阴影区域为构造边缘构件范围）

3　边缘构件内的配筋及构造要求应符合本标准第 6 章的有关规定；预制抗震墙的水平分布钢筋在后浇段内的锚固、连接应符合现行国家标准《混凝土结构设计规范》GB 50010 的有关规定。

4　非边缘构件位置，相邻预制抗震墙之间应设置后浇段，后浇段的宽度不应小于墙厚且不宜小于 200 mm；后浇段内应设置不少于 4 根竖向钢筋，钢筋直径不应小于墙体竖向分布筋直径且不应小于 8 mm；两侧墙体的水平分布筋在后浇段内的锚固、连接应符合现行国家标准《混凝土结构设计规范》GB 50010 的有关规定。

7.3.15　屋面以及立面收进的楼层，应在预制抗震墙顶部设置封闭的后浇钢筋混凝土圈梁（图 7.3.15），并应符合下列规定：

1　圈梁截面宽度不应小于抗震墙的厚度，截面高度不宜小于楼板厚度及 250 mm 的较大值；圈梁应与现浇或者叠合楼、屋盖浇筑成整体。

2　圈梁内配置的纵向钢筋不应少于 4ϕ12，且按全截面计算的配筋率不应小于 0.5%和水平分布筋配筋率的较大值，纵向钢

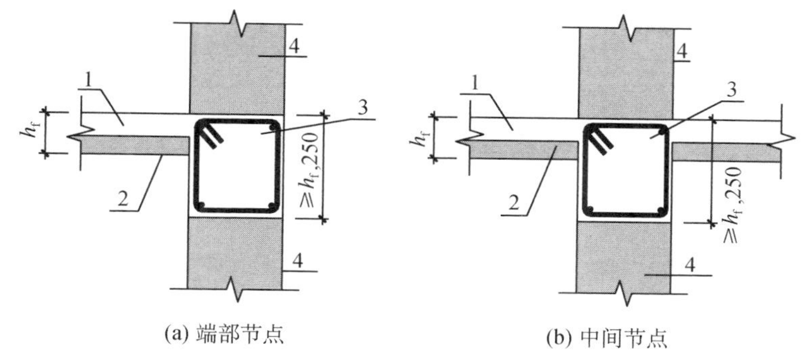

(a) 端部节点　　(b) 中间节点

1—后浇混凝土叠合层；2—预制板；3—后浇圈梁；4—预制抗震墙

图 7.3.15　后浇钢筋混凝土圈梁构造示意

筋竖向间距不应大于 200 mm；箍筋间距不应大于 200 mm，且直径不应小于 8 mm。

7.3.16　各层楼面位置，预制抗震墙顶部无后浇圈梁时，应设置连续的水平后浇带（图 7.3.16）；水平后浇带应符合下列规定：

1　水平后浇带宽度应取抗震墙的厚度，高度不应小于楼板厚度；水平后浇带应与现浇或者叠合楼、屋盖浇筑成整体。

2　水平后浇带内应配置不少于 2 根连续纵向钢筋，其直径不宜小于 12 mm。

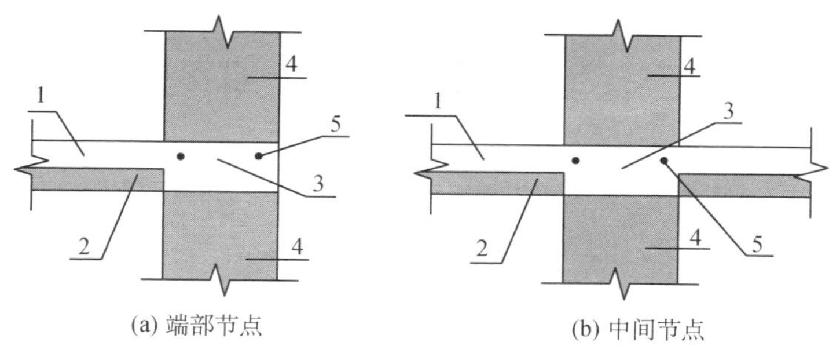

(a) 端部节点　　(b) 中间节点

1—后浇混凝土叠合层；2—预制板；3—水平后浇带；4—预制墙板；5—纵向钢筋

图 7.3.16　水平后浇带构造示意

7.3.17 预制抗震墙底部接缝宜设置在楼面标高处，并应符合下列规定：

1 接缝高度宜为 20 mm。

2 接缝宜采用灌浆料填实。

3 接缝处后浇混凝土上表面应设置粗糙面。

7.3.18 预制抗震墙竖向钢筋连接应满足现行国家标准《装配式混凝土建筑技术标准》GB/T 51231 的规定。当采用套筒灌浆连接时，应符合下列规定：

1 预制边缘构件竖向钢筋宜逐根连接。

2 预制抗震墙的竖向分布钢筋，当采用双排部分连接时(图 7.3.18)，同侧连接钢筋间距不应大于 600 mm，连接钢筋数量应满足承载力计算要求且不应小于竖向分布钢筋的 1.1 倍。未连接的预制抗震墙竖向分布钢筋直径不应小于 6 mm 且不得计入抗震墙构件承载力设计和分布钢筋配筋率计算。

3 一级抗震等级抗震墙以及二、三级抗震等级抗震墙底部加强部位，预制抗震墙的边缘构件竖向钢筋宜采用套筒灌浆连接。

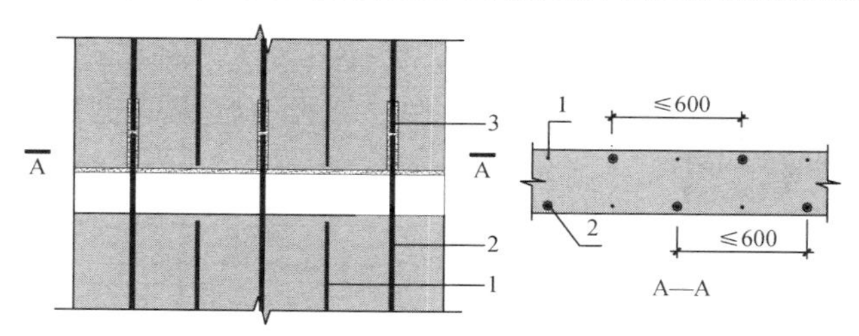

1—不连接的竖向分布钢筋；2—连接的竖向分布钢筋；3—连接接头

图 7.3.18 预制抗震墙竖向分布钢筋连接构造示意

7.3.19 预制抗震墙相邻下层为现浇抗震墙时，预制抗震墙与下层现浇抗震墙中竖向钢筋的连接应符合本标准第 7.3.18 条的规定，下层现浇抗震墙顶面应设置粗糙面。

7.3.20 在地震设计状况下，抗震墙水平接缝的受剪承载力设计值应按下式计算：

$$V_{uE}=0.6f_{y}A_{sd}+0.8N \tag{7.3.20}$$

式中：f_y ——垂直穿过结合面的钢筋抗拉强度设计值；

N ——与剪力设计值 V 相应的垂直于结合面的轴向力设计值，压力时取正，拉力时取负；

A_{sd} ——垂直穿过结合面的抗剪钢筋面积。

7.3.21 预制抗震墙洞口上方的预制连梁宜与后浇圈梁或水平后浇带形成叠合连梁（图 7.3.21），叠合连梁的配筋及构造要求应符合现行国家标准《混凝土结构设计规范》GB 50010 的有关规定。

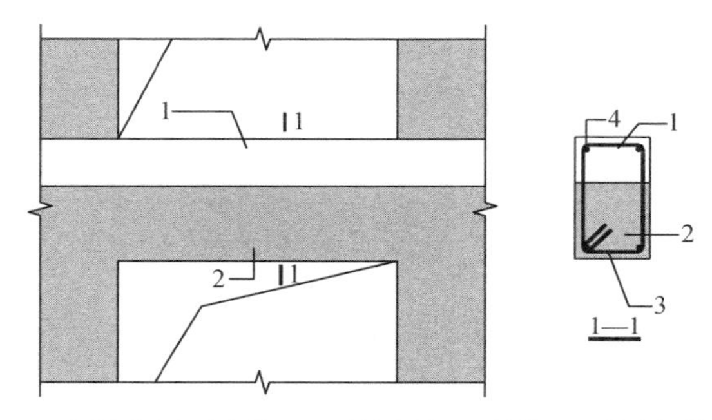

1—后浇圈梁或后浇带；2—预制连梁；3—箍筋；4—纵向钢筋

图 7.3.21 预制抗震墙叠合连梁构造示意

7.3.22 楼面梁不宜与预制抗震墙在抗震墙平面外单侧连接；当楼面梁与抗震墙在平面外单侧连接时，宜采用铰接。

7.3.23 预制叠合连梁的预制部分宜与抗震墙整体预制，也可在跨中拼接或在端部与预制抗震墙拼接。

7.3.24 当预制叠合连梁在跨中拼接时，可按现行行业标准《装配式混凝土结构技术规程》JGJ 1 的相关规定进行接缝的构造设计。

7.3.25 当预制叠合连梁端部与预制抗震墙在平面内拼接时，接缝构造应符合下列规定：

1 当墙端边缘构件采用后浇混凝土时，连梁纵向钢筋应在后浇段中可靠锚固（图 7.3.25a）或连接（图 7.3.25b）。

2 当预制抗震墙端部上角预留局部后浇节点区时，连梁的纵向钢筋应在局部后浇节点区内可靠锚固(图 7.3.25c)或连接(图 7.3.25d)。

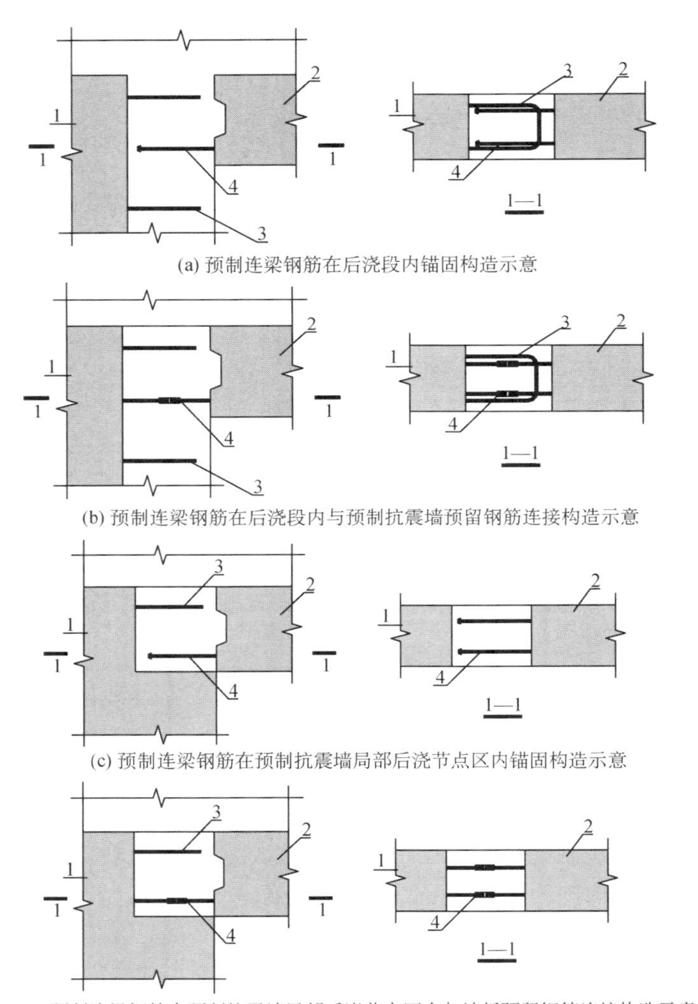

(a) 预制连梁钢筋在后浇段内锚固构造示意

(b) 预制连梁钢筋在后浇段内与预制抗震墙预留钢筋连接构造示意

(c) 预制连梁钢筋在预制抗震墙局部后浇节点区内锚固构造示意

(d) 预制连梁钢筋在预制抗震墙局部后浇节点区内与墙板预留钢筋连接构造示意

1—预制抗震墙;2—预制连梁;3—边缘构件箍筋;4—连梁下部纵向受力钢筋锚固或连接

图 7.3.25　同一平面内预制连梁与预制抗震墙连接构造示意

7.3.26 当采用后浇连梁时，宜在预制抗震墙端伸出预留纵向钢筋，并与后浇连梁的纵向钢筋可靠连接（图 7.3.26-1）。

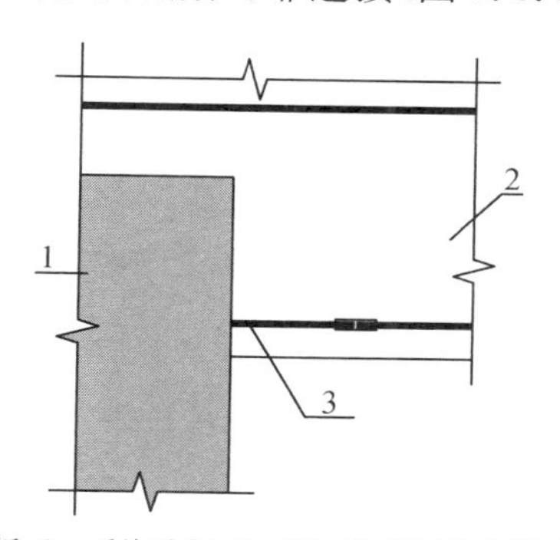

1—预制墙板；2—后浇连梁；3—预制抗震墙伸出纵向受力钢筋

图 7.3.26-1 后浇连梁与预制抗震墙连接构造示意

1 应按本标准相关规定进行叠合连梁端部接缝的受剪承载力计算。

2 当预制抗震墙洞口下方有墙时，宜将洞口下墙作为单独的连梁进行设计（图 7.3.26-2）。

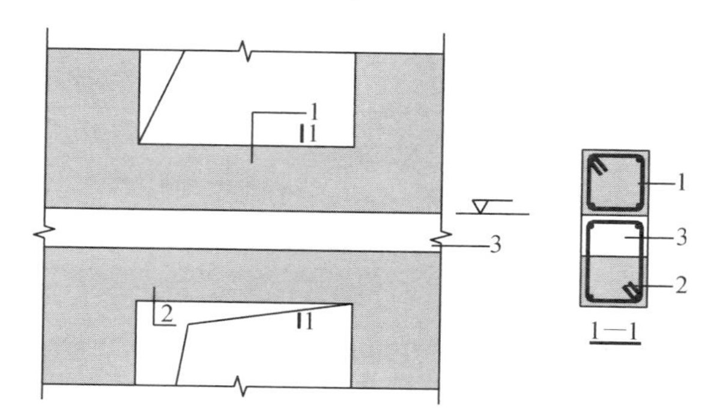

1—洞口下墙；2—预制连梁；3—后浇圈梁或水平后浇带

图 7.3.26-2 预制抗震墙洞口下墙与叠合连梁的关系示意

7.3.27 单侧预制叠合抗震墙预制和现浇部分之间的连接通过

叠合筋(图 7.3.27-1)完成,叠合筋构造及设置应满足以下规定:

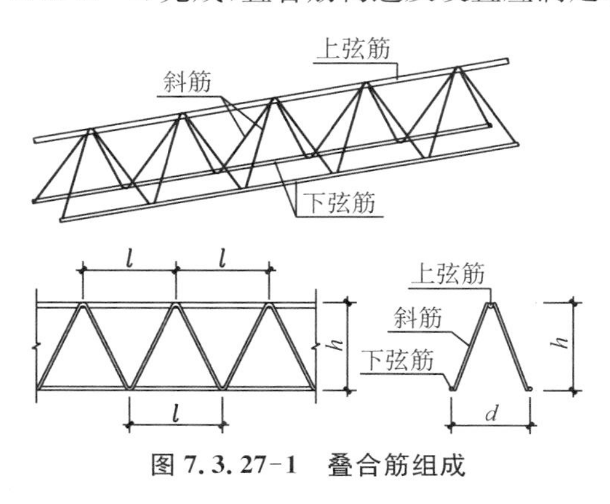

图 7.3.27-1 叠合筋组成

1 叠合筋上弦筋、下弦筋及斜筋的强度等级及直径应按计算确定并符合表 7.3.27-1 要求。当上弦筋、下弦筋兼作预制叠合抗震墙分布钢筋时,其直径可与墙板分布钢筋直径保持一致,但应同时满足表 7.3.27-1 要求。

表 7.3.27-1 上弦筋、下弦筋及斜筋强度等级及直径选用表

类别	钢筋强度等级	直径
上弦筋	HRB400、HRB500、HRB600	≥10 mm
下弦筋	HRB400、HRB500	≥6 mm
斜筋	HRB400、HRB500	当 70 mm≤h≤200 mm 时,≥6 mm 当 200 mm<h≤240 mm 时,≥8 mm

注:h 为叠合筋横断面高度,见图 7.3.27-1。

2 叠合筋横断面适用高度 70 mm≤h≤240 mm。叠合筋的横断面高度应保证预制抗震墙板安装就位后上弦筋内皮至预制抗震墙板内表面的最小距离不小于 20 mm,且应保证当预制抗震墙板和梁、柱相交时,和梁、柱平行的上弦筋处于梁、柱箍筋的内侧。叠合筋横断面宽度 d 取 80 mm～100 mm。斜筋和上、下弦筋的焊接节点间距 l 取固定值 200 mm。叠合筋长度以 100 mm

为模数，上弦筋端部离板端距离不大于 50 mm。

3 叠合筋应根据结构受力及脱模、存放、运输、施工安装各阶段最不利荷载工况计算确定并双向配置(图 7.3.27-2)，其距板边距离及间距应满足表 7.3.27-2 要求。当预制抗震墙板和抗震墙边缘构件或楼层梁相交时，应保证至少有 1 榀叠合筋位于抗震墙边缘构件或楼层梁内。开洞预制抗震墙板洞口周边应至少设置 1 榀与洞口边平行的叠合筋，且叠合筋离洞口边距离不应大于 150 mm，此时叠合筋可兼作洞口加强筋。

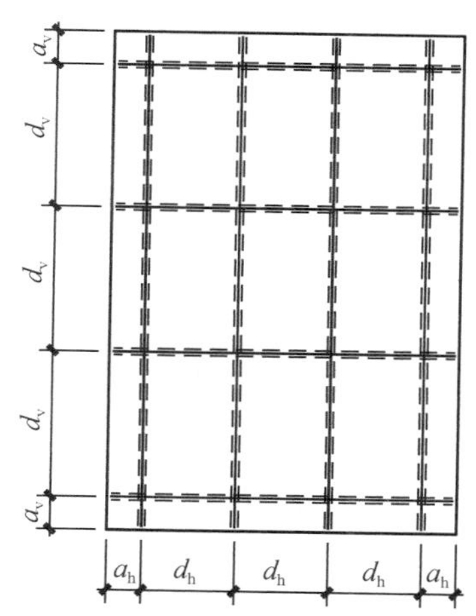

图 7.3.27-2 预制抗震墙板叠合筋的配置

表 7.3.27-2 预制抗震墙板叠合筋的配置间距

符号	间距(mm)	备注
a_h	200～250	水平边距
d_h	450～600	水平间距
a_v	200～250	垂直边距
d_v	600～900	垂直间距

7.3.28 单侧预制叠合抗震墙的预制墙板安装时垂直拼缝宽宜

控制在 10 mm～25 mm，水平拼缝宽宜控制在 20 mm～30 mm。拼缝处应在现浇部分紧贴预制板内侧设置补强筋，见图 7.3.28-1 和图 7.3.28-2。单位长度配置的拼缝补强筋面积应和拼缝处截断的预制板板内分布钢筋面积相同，拼缝补强筋位置处于预制板板内侧和叠合筋上弦筋之间，补强筋拼缝一侧长度不应小于 $30d$（d 为补强筋直径）并符合现行行业标准《高层建筑混凝土结构技术规程》JGJ 3 关于抗震墙分布钢筋搭接长度的规定。

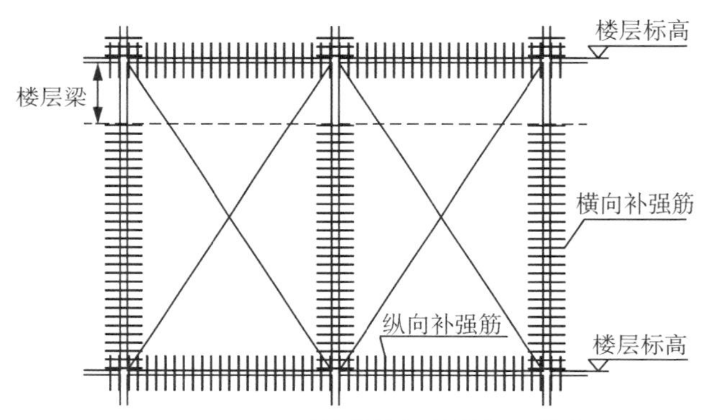

图 7.3.28-1　预制抗震墙板拼缝补强筋布置

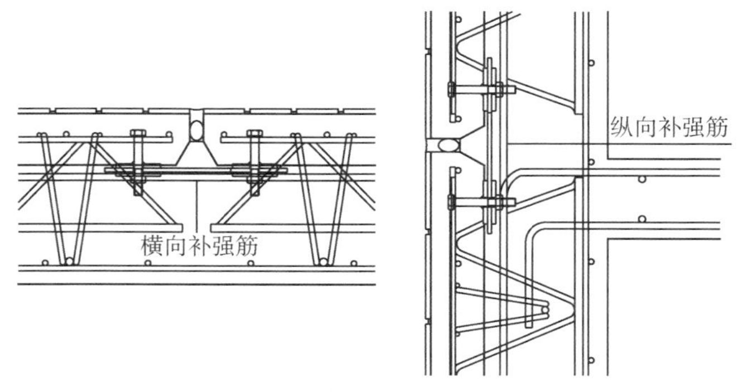

图 7.3.28-2　预制抗震墙板水平及垂直拼缝处补强筋设置

8 砌体房屋和底部框架砌体房屋

8.1 一般规定

8.1.1 本章适用于普通砖(包括烧结、蒸压、混凝土普通砖)、多孔砖(包括烧结、混凝土多孔砖)和混凝土小型空心砌块等砌体承重的多层房屋,以及底层或底部两层框架-抗震墙砌体房屋。配筋混凝土小型空心砌块抗震墙房屋的抗震设计,应符合本章有关条文的规定。

注:1 本章的普通砖、多孔砖、混凝土小型空心砌块等块体的材料性能和砌体力学性能应符合现行国家标准《砌体结构设计规范》GB 50003 的有关规定。

2 本章中"小砌块"为"混凝土小型空心砌块"的简称。

3 非空旷的单层砌体房屋,可按本章规定的原则进行抗震设计。

8.1.2 多层房屋的层数和高度应符合下列要求:

1 一般情况下,房屋的层数和总高度不应超过表 8.1.2 的规定。

表 8.1.2 房屋的层数和总高度限值(m)

房屋类别		最小抗震墙厚度(mm)	抗震设防烈度和设计基本地震加速度					
			6 度(0.05g)		7 度(0.10g)		8 度(0.20g)	
			高度	层数	高度	层数	高度	层数
多层砌体房屋	普通砖	240	21	7	21	7	18	6
	多孔砖	240	21	7	21	7	18	6
	多孔砖	190	21	7	18	6	15	5
	小砌块	190	21	7	21	7	18	6

续表8.1.2

房屋类别		最小抗震墙厚度(mm)	抗震设防烈度和设计基本地震加速度					
			6度(0.05g)		7度(0.10g)		8度(0.20g)	
			高度	层数	高度	层数	高度	层数
底部框架-抗震墙砌体房屋	普通砖 多孔砖	240	22	7	22	7	16	5
	多孔砖	190	22	7	19	6	13	4
	小砌块	190	22	7	22	7	16	5

注:1 房屋的总高度指室外地面到主要檐口或屋面板板顶的高度,半地下室从地下室室内地面算起,全地下室和嵌固条件好的半地下室应允许从室外地面算起;带阁楼的坡屋面应算到山尖墙的1/2高度处。

2 室内外高差大于0.6 m时,房屋总高度应允许比表中数据适当增加,但增加量应少于1 m。

3 乙类设防的多层砌体房屋按本地区设防烈度查表,其层数应减少1层且总高度应降低3 m;不应采用底部框架-抗震墙砌体房屋。

2 横墙较少的多层砌体房屋,总高度应比表8.1.2的规定降低3 m,层数相应减少1层;各层横墙很少的多层砌体房屋,还应再减少1层。

注:横墙较少是指同一楼层内开间大于4.2 m的房间占该层总面积的40%~80%;横墙很少是指同一楼层内开间大于4.2 m的房间占该层总面积的80%以上。

3 6、7度且丙类设防的横墙较少的多层砌体房屋,当按本章第8.3.14条和8.4.6条规定采取加强措施并满足抗震承载力要求时,其高度和层数应允许仍按表8.1.2的规定采用。

4 采用蒸压灰砂砖和蒸压粉煤灰砖砌体的房屋,当砌体的抗剪强度仅达到现行国家标准《砌体结构设计规范》GB 50003规定的普通黏土砖砌体的70%时,房屋的层数应比普通砖房减少1层,高度应减少3 m;当砌体的抗剪强度达到普通砖砌体的取值时,房屋的层数和高度同普通砖房屋。

8.1.3 多层砌体承重房屋的层高,不应超过3.6 m。底部框架-抗震墙砌体房屋的底部,层高不应超过4.5 m;当底层采用约束砌体抗震墙时，底层的层高不应超过 4.2 m。

注：当使用功能确有需要时，采用约束砌体等加强措施的普通砖房屋，层高不应超过 3.9 m。

8.1.4 多层砌体房屋总高度与总宽度的最大比值，宜符合表 8.1.4 的要求。

表 8.1.4 房屋最大高宽比

抗震设防烈度	6 度	7 度	8 度
最大高宽比	2.5	2.5	2.0

注：1 单面走廊房屋的总宽度不包括走廊宽度。
2 建筑平面接近正方形时，其高宽比宜适当减小。

8.1.5 多层砌体房屋的结构体系，应符合下列要求：

1 应优先采用横墙承重或纵横墙共同承重的结构体系。不应采用砌体墙和混凝土墙混合承重的结构体系。

2 纵横向砌体抗震墙的布置应符合下列要求：

1) 宜均匀对称，沿平面内宜对齐，沿竖向应上下连续；且纵横向墙体的数量不宜相差过大。

2) 平面轮廓凹凸尺寸，不应超过典型尺寸的 35%；当超过典型尺寸的 25%时，房屋转角处应采取加强措施。

3) 楼板局部大洞口的尺寸不宜超过楼板宽度的 30%，且不应在墙体两侧同时开洞。

4) 同一轴线上的窗间墙宽度宜均匀；在满足本标准第 8.1.8 条要求的前提下，墙面洞口的立面面积，6、7 度时不宜大于墙面总面积的 55%，8 度时不宜大于 50%。

5) 在房屋宽度方向的中部应设置内纵墙，其累计长度不宜少于房屋总长度的 60%（高宽比大于 4 的墙段不计入）。

3 房屋有下列情况之一时宜设置防震缝，缝两侧均应设置墙体，缝宽应根据烈度和房屋高度确定，可采用 100 mm～

150 mm：

1）房屋立面高差在 6 m 以上；

2）房屋有错层且楼板高差大于 500 mm；

3）各部分结构刚度、质量截然不同。

4 楼梯间不宜设置在房屋的尽端和转角处。

5 不应在房屋转角处设置转角窗。

6 横墙较少、跨度较大的房屋，宜采用现浇钢筋混凝土楼、屋盖。

8.1.6 底部框架-抗震墙砌体房屋的结构布置，应符合下列要求：

1 上部的砌体墙体与底部的框架梁或抗震墙，除楼梯间附近的个别墙段外均应对齐。

2 房屋的底部，应沿纵横两方向设置一定数量的抗震墙，并应均匀对称布置。6 度且总层数不超过四层的底层框架-抗震墙砌体房屋，应允许采用嵌砌于框架之间的约束普通砖砌体或小砌块砌体的砌体抗震墙，但应计入砌体墙对框架的附加轴力和附加剪力并进行底层的抗震验算，且同一方向不应同时采用钢筋混凝土抗震墙和约束砌体抗震墙；其余情况，8 度时应采用钢筋混凝土抗震墙，6、7 度时应采用钢筋混凝土抗震墙或配筋小砌块砌体抗震墙。

3 底层框架-抗震墙砌体房屋的纵横两个方向，第二层计入构造柱影响的侧向刚度与底层侧向刚度的比值，6、7 度时不应大于 2.5，8 度时不应大于 2.0，且均不应小于 1.0。

4 底部两层框架-抗震墙砌体房屋纵横两个方向，底层与底部第二层侧向刚度应接近，第三层计入构造柱影响的侧向刚度与底部第二层侧向刚度的比值，6、7 度时不应大于 2.0，8 度时不应大于 1.5，且均不应小于 1.0。

5 底部框架-抗震墙砌体房屋的抗震墙应设置条形基础、筏式基础或桩基等整体性好的基础。

8.1.7 房屋抗震横墙的间距，不应超过表 8.1.7 的要求。

表 8.1.7 房屋抗震横墙最大间距(m)

房屋类别		抗震设防烈度		
		6 度	7 度	8 度
多层砌体房屋	现浇或装配整体式钢筋混凝土楼、屋盖	15	15	11
	装配式钢筋混凝土楼、屋盖	11	11	9
	木楼、屋盖	9	9	4
底部框架-抗震墙砌体房屋	上部各层	同多层砌体房屋		
	底层或底部两层	18	15	11

注：1 多层砌体房屋的顶层，除木楼、屋盖外的最大横墙间距应允许适当放宽，但应采取相应加强措施。

2 多孔砖抗震横墙厚度为 190 mm 时，最大横墙间距应比表中数值减少 3 m。

3 底层或底部两层框架-抗震墙房屋不应采用木楼、屋盖。

8.1.8 多层砌体房屋中砌体墙段的局部尺寸限值，宜符合表 8.1.8 的要求。

表 8.1.8 房屋的局部尺寸限值(m)

部位	抗震设防烈度		
	6 度	7 度	8 度
承重窗间墙最小宽度	1.0	1.0	1.2
承重外墙尽端至门窗洞边的最小距离	1.0	1.0	1.2
非承重外墙尽端至门窗洞边的最小距离	1.0	1.0	1.0
内墙阳角至门窗洞边的最小距离	1.0	1.0	1.5
无锚固女儿墙(非出入口处)的最大高度	0.5	0.5	0.5

注：1 局部尺寸不足时应采取局部加强措施弥补，且最小宽度不宜小于 1/4 层高和表列数据的 80%。

2 出入口处的女儿墙应有锚固。

8.1.9 底部框架-抗震墙砌体房屋的钢筋混凝土结构部分，除应符合本章规定外，尚应符合本标准第 6 章的有关要求；此时，底部的混凝土框架的抗震等级，6、7、8 度应分别按三、二、一级采用，混凝土墙体的抗震等级，6、7、8 度应分别按三、三、二级采用。

8.2 计算要点

8.2.1 多层砌体房屋、底部框架-抗震墙砌体房屋的抗震计算，可采用底部剪力法，并应按本节规定调整地震作用效应。

8.2.2 对砌体房屋，可只选择从属面积较大或竖向应力较小的墙段进行截面抗震承载力验算。

8.2.3 进行地震剪力分配和截面验算时，砌体墙段的层间等效侧向刚度应按下列原则确定：

1 刚度的计算应计及高宽比的影响。高宽比小于 1 时，可只计算剪切变形；高宽比不大于 4 且不小于 1 时，应同时计算弯曲和剪切变形；高宽比大于 4 时，等效侧向刚度可取 0.0。

注：墙段的高宽比指层高与墙长之比，对门窗洞边的小墙段指洞净高与洞侧墙宽之比。

2 墙段宜按门窗洞口划分；对设置构造柱的小开口墙段按毛墙面计算的刚度，可根据开洞率乘以表 8.2.3 的洞口影响系数。

表 8.2.3 墙段洞口影响系数

开洞率	0.10	0.20	0.30
影响系数	0.98	0.94	0.88

注：1 开洞率为洞口水平截面积与墙段水平毛截面积之比，相邻洞口之间净宽小于 500 mm 的墙段视为洞口。

2 洞口中线偏离墙段中线大于墙段长度的 1/4 时，表中影响系数值折减 0.9；门洞的洞顶高度大于层高 80%时，按两段墙考虑；窗洞高度大于 50%层高时，按门洞对待。

8.2.4 底部框架-抗震墙砌体房屋的地震作用效应，应按下列规定调整：

1 底层框架-抗震墙砌体房屋，底层的纵向和横向地震剪力设计值均应乘以增大系数，其值应允许在 1.2～1.5 范围内选用，第二层与底层侧向刚度比大者应取大值。

2 底部两层框架-抗震墙砌体房屋，底层和第二层的纵向和横向地震剪力设计值亦均应乘以增大系数，其值应允许在1.2～1.5范围内选用，第三层与第二层侧向刚度比大者应取大值。

3 底层或底部两层的纵向和横向地震剪力设计值应全部由该方向的抗震墙承担，并按各墙体的侧向刚度比例分配。

8.2.5 底部框架-抗震墙砌体房屋中，底部框架的地震作用效应宜采用下列方法确定：

1 底部框架柱的地震剪力和轴向力，宜按下列规定调整：

1） 框架柱承担的地震剪力设计值，可按各抗侧力构件有效侧向刚度比例分配确定；有效侧向刚度的取值，框架不折减；混凝土墙或配筋混凝土小砌块砌体抗震墙可乘以折减系数0.30；约束普通砖砌体或小砌块砌体抗震墙可乘以折减系数0.20。

2） 框架柱的轴力应计入地震倾覆力矩引起的附加轴力，上部砖房可视为刚体，底部各轴线承受的地震倾覆力矩，可近似按底部抗震墙和框架的有效侧向刚度的比例分配确定。

3） 当抗震墙之间楼盖长宽比大于2.5时，框架柱各轴线承担的地震剪力和轴向力，尚应计入楼盖平面内变形的影响。

2 底部框架-抗震墙砌体房屋的钢筋混凝土托墙梁计算地震组合内力时，应采用合适的计算简图。若考虑上部墙体与托墙梁的组合作用，应计入地震时墙体开裂对组合作用的不利影响，可调整有关的弯矩系数、轴力系数等计算参数。

8.2.6 各类砌体沿阶梯形截面破坏的抗震抗剪强度设计值，应按下式确定：

$$f_{vE}=\zeta_N f_v \tag{8.2.6}$$

式中：f_{vE}——砌体沿阶梯形截面破坏的抗震抗剪强度设计值；

f_v——非抗震设计的砌体抗剪强度设计值；

ζ_N——砌体抗震抗剪强度的正应力影响系数，应按表 8.2.6 采用。

表 8.2.6　砌体强度的正应力影响系数

砌体类别	σ_0/f_v							
	0.0	1.0	3.0	5.0	7.0	10.0	12.0	≥16.0
普通砖、多孔砖	0.80	0.99	1.25	1.47	1.65	1.90	2.05	—
小砌块	—	1.23	1.69	2.15	2.57	3.02	3.32	3.92

注：σ_0 为对应于重力荷载代表值的砌体截面平均压应力。

8.2.7　普通砖、多孔砖墙体的截面抗震受剪承载力，应按下列规定验算：

1　一般情况下，应按下式验算：

$$V \leqslant f_{vE}A/\gamma_{RE} \tag{8.2.7-1}$$

式中：V——墙体剪力设计值；

f_{vE}——砖砌体沿阶梯形截面破坏的抗震抗剪强度设计值；

A——墙体横截面面积，多孔砖取毛截面面积；

γ_{RE}——承载力抗震调整系数，承重墙按本标准表 5.4.2 采用，自承重墙按 0.75 采用。

2　采用水平配筋的墙体，应按下式验算：

$$V \leqslant \frac{1}{\gamma_{RE}}(f_{vE}A + \zeta_s f_{yh} A_{sh}) \tag{8.2.7-2}$$

式中：f_{yh}——水平钢筋抗拉强度设计值；

A_{sh}——层间墙体竖向截面的总水平钢筋面积，其配筋率应不小于 0.07%且不大于 0.17%；

ζ_s——钢筋参与工作系数，可按表 8.2.7 采用。

表 8.2.7 钢筋参与工作系数

墙体高宽比	0.25	0.4	0.5	0.6	0.7	0.8	1.0	1.2
ζ_s	0.07	0.10	0.11	0.12	0.13	0.14	0.15	0.12

3 当按式(8.2.7-1)、式(8.2.7-2)验算不满足要求时，可计入基本均匀设置于墙段中部、截面不小于 240 mm×240 mm(墙厚 190 mm 时为 240 mm×190 mm)且间距不大于 4 m 的构造柱对受剪承载力的提高作用，按下列简化方法验算：

$$V \leqslant \frac{1}{\gamma_{RE}}[\eta_c f_{vE}(A - A_c) + \zeta_c f_t A_c + 0.08 f_{yc} A_{sc} + \zeta_s f_{yh} A_{sh}] \tag{8.2.7-3}$$

式中：A_c——中部构造柱的横截面总面积(对横墙和内纵墙，$A_c > 0.15A$ 时，取 $0.15A$；对外纵墙，$A_c > 0.25A$ 时，取 $0.25A$)；

f_t——中部构造柱的混凝土轴心抗拉强度设计值；

A_{sc}——中部构造柱的纵向钢筋截面总面积(配筋率不小于 0.6%，大于 1.4%时取 1.4%)；

f_{yh}、f_{yc}——分别为墙体水平钢筋、构造柱钢筋抗拉强度设计值；

ζ_c——中部构造柱参与工作系数；居中设一根时取 0.5，多于一根时取 0.4；

η_c——墙体约束修正系数，一般情况取 1.0，构造柱间距不大于 3.0 m 时取 1.1；

A_{sh}——层间墙体竖向截面的总水平钢筋面积，无水平钢筋时取 0.0。

8.2.8 小砌块墙体的截面抗震受剪承载力，应按下式验算：

$$V \leqslant \frac{1}{\gamma_{RE}}[f_{vE}A + (0.3 f_t A_c + 0.05 f_y A_s)\zeta_c] \tag{8.2.8}$$

式中：f_t——芯柱混凝土轴心抗拉强度设计值；

A_c——芯柱截面总面积；

A_s——芯柱钢筋截面总面积；

f_y——芯柱钢筋抗拉强度设计值；

ζ_c——芯柱参与工作系数，可按表 8.2.8 采用。

注：当同时设置芯柱和钢筋混凝土构造柱时，构造柱截面可作为芯柱截面，构造柱钢筋可作为芯柱钢筋。

表 8.2.8 芯柱参与工作系数

填孔率 ρ	$\rho<0.15$	$0.15\leqslant\rho<0.25$	$0.25\leqslant\rho<0.5$	$\rho\geqslant0.5$
ζ_c	0	1.0	1.10	1.15

注：填孔率指芯柱根数（含构造柱和填实孔洞数量）与孔洞总数之比。

8.2.9 底层框架-抗震墙砌体房屋中嵌砌于框架之间的普通砖或小砌块砌体墙，当符合本标准第 8.5.4 条、8.5.5 条的构造要求时，其抗震验算应符合下列规定：

1 底层框架柱的轴向力和剪力，应计入砖墙或小砌块墙引起的附加轴向力和附加剪力，其值可按下列公式确定：

$$N_f = V_w H_f / l \tag{8.2.9-1}$$

$$V_f = V_w \tag{8.2.9-2}$$

式中：V_w——墙体承担的剪力设计值，柱两侧有墙时可取二者的较大值；

N_f——框架柱的附加轴压力设计值；

V_f——框架柱的附加剪力设计值；

H_f，l——分别为框架的层高和跨度。

2 嵌砌于框架之间的普通砖墙或小砌块墙及两端框架柱，其抗震受剪承载力应按下式验算：

$$V \leqslant \frac{1}{\gamma_{REc}} \sum (M_{yc}^{u} + M_{yc}^{l}) / H_0 + \frac{1}{\gamma_{REw}} \sum f_{vE} A_{w0} \tag{8.2.9-3}$$

式中：V——嵌砌普通砖墙或小砌块墙及两端框架柱剪力设计值；

A_{w0}——砖墙或小砌块墙水平截面的计算面积，无洞口时取实际截面的 1.25 倍，有洞口时取截面净面积，但不计入宽度小于洞口高度 1/4 的墙肢截面面积；

M_{yc}^{u}，M_{yc}^{l}——分别为底层框架柱上下端的正截面受弯承载力设计值，可按现行国家标准《混凝土结构设计规范》GB 50010 非抗震设计的有关公式取等号计算；

H_0——底层框架柱的计算高度，两侧均有砌体墙时取柱净高的 2/3，其余情况取柱净高；

γ_{REc}——底层框架柱承载力抗震调整系数，可采用 0.8；

γ_{REw}——嵌砌普通砖墙或小砌块墙承载力抗震调整系数，可采用 0.9。

8.3 多层砖砌体房屋抗震构造措施

8.3.1 各类多层砖砌体房屋，应按下列要求设置现浇钢筋混凝土构造柱（以下简称构造柱）：

1 构造柱设置部位，一般情况下应符合表 8.3.1 的要求。

2 外廊式和单面走廊式的多层房屋，应根据房屋增加 1 层后的层数，按表 8.3.1 的要求设置构造柱，且单面走廊两侧的纵墙均应按外墙处理。

3 横墙较少的房屋，应根据房屋增加 1 层后的层数，按表 8.3.1 的要求设置构造柱。当横墙较少的房屋为外廊式或单面走廊式时，应按本条第 2 款要求设置构造柱；但 6 度不超过四层、7 度不超过三层和 8 度不超过二层时应按增加 2 层后的层数对待。

4 各层横墙很少的房屋，应按增加 2 层的层数设置构造柱。

5 采用蒸压灰砂砖和蒸压粉煤灰砖的砌体房屋，当砌体的抗剪强度仅达到现行国家标准《砌体结构设计规范》GB 50003 规定的普通黏土砖砌体的 70%时，应根据增加 1 层的层数按本条第 1～4 款要求设置构造柱；但 6 度不超过四层、7 度不超过三层和 8 度不超过二层时应按增加 2 层的层数对待。

表 8.3.1 多层砖砌体房屋构造柱设置要求

<table>
<tr><th colspan="3">房屋层数</th><th colspan="2" rowspan="2">设置部位</th></tr>
<tr><th>6 度</th><th>7 度</th><th>8 度</th></tr>
<tr><td>四、五</td><td>三、四</td><td>二、三</td><td rowspan="3">楼、电梯间四角，楼梯段上下端对应的墙体处；外墙四角和对应转角；错层部位横墙与外纵墙交接处；大房间内外墙交接处；较大洞口两侧</td><td>隔 12 m 或单元横墙与外纵墙交接处；楼梯间对应的另一侧内横墙与外纵墙交接处</td></tr>
<tr><td>六</td><td>五</td><td>四</td><td>隔开间横墙(轴线)与外墙交接处；山墙与内纵墙交接处</td></tr>
<tr><td>七</td><td>≥六</td><td>≥五</td><td>内墙(轴线)与外墙交接处；内墙的局部较小墙垛处；内纵墙与横墙(轴线)交接处</td></tr>
</table>

注：较大洞口，内墙指不小于 2.1 m 的洞口；外墙在内外墙交接处已设置构造柱时允许适当放宽，但洞侧墙体应加强。

8.3.2 多层砖砌体房屋的构造柱应符合下列要求：

1 构造柱最小截面可采用 240 mm×180 mm(墙厚 190 mm 时为 180 mm×190 mm)，纵向钢筋宜采用 4ϕ12，箍筋间距不宜大于 250 mm，且在柱上下端应适当加密；6、7 度时超过六层、8 度时超过五层时，构造柱纵向钢筋宜采用 4ϕ14，箍筋间距不应大于 200 mm；房屋四角的构造柱应适当加大截面及配筋。

2 构造柱与墙连接处应砌成马牙槎，沿墙高每隔 500 mm 设 2ϕ6 水平钢筋和 ϕ4 分布短筋平面内点焊组成的拉结网片或 ϕ4 点焊钢筋网片，每边伸入墙内不宜小于 1 m。6、7 度时底部 1/3 楼层，8 度时底部 1/2 楼层，上述拉结钢筋网片应沿墙体水平通长设置。

3 构造柱与圈梁连接处，构造柱的纵筋应在圈梁纵筋内侧穿过，保证构造柱纵筋上下贯通。

4 构造柱可不单独设置基础，但应伸入室外地面下 500 mm，或与埋深小于 500 mm 的基础圈梁相连。

5 房屋高度和层数接近表 8.1.2 的限值时，纵、横墙内构造柱间距尚应符合下列要求：

1）横墙内的构造柱间距不宜大于层高的 2 倍；下部 1/3 楼层的构造柱间距适当减小；

2）当外纵墙开间大于 3.9 m 时，应另设加强措施。内纵墙的构造柱间距不宜大于 4.2 m。

8.3.3 多层砖砌体房屋的现浇钢筋混凝土圈梁设置应符合下列要求：

1 装配式钢筋混凝土楼、屋盖或木楼、屋盖的砖房，横墙承重时应按表 8.3.3 的要求设置圈梁；纵墙承重时抗震横墙上的圈梁间距应比表内要求适当加密。

2 现浇或装配整体式钢筋混凝土楼、屋盖与墙体有可靠连接的房屋，应允许不另设圈梁，但楼板沿墙体周边均应加强配筋并应与相应的构造柱钢筋可靠连接。

表 8.3.3 多层砖砌体房屋现浇钢筋混凝土圈梁设置要求

墙类	抗震设防烈度	
	6、7 度	8 度
外墙和内纵墙	屋盖处及每层楼盖处	屋盖处及每层楼盖处
内横墙	同上； 屋盖处间距不应大于 4.5 m； 楼盖处间距不应大于 7.2 m； 构造柱对应部位	同上； 各层所有横墙，且间距不应大于 4.5 m； 构造柱对应部位

8.3.4 多层砖砌体房屋的现浇钢筋混凝土圈梁构造应符合下列要求：

1 圈梁应闭合，遇有洞口圈梁应上下搭接。圈梁宜与预制板设在同一标高处或紧靠板底。

2 圈梁在本标准第 8.3.3 条要求的间距内无横墙时，应利用梁或板缝中配筋替代圈梁。

3 圈梁的截面高度不应小于 120 mm，配筋应符合表 8.3.4 的要求；按本标准第 3.3.2 条第 3 款要求增设的基础圈梁，截面高度不应小于 180 mm，配筋不应小于 4ϕ12。

表 8.3.4 多层砖砌体房屋圈梁配筋要求

配筋	抗震设防烈度	
	6、7 度	8 度
最小纵筋	4ϕ10	4ϕ12
箍筋最大间距(mm)	250	200

8.3.5 多层砖砌体房屋的楼、屋盖应符合下列要求：

1 现浇钢筋混凝土楼板或屋面板伸进纵、横墙内的长度，均不应小于 120 mm。

2 装配式钢筋混凝土楼板或屋面板，当圈梁未设在板的同一标高时，板端伸进外墙的长度不应小于 120 mm，伸进内墙的长度不应小于 100 mm 或采用硬架支模连接，在梁上不应小于 80 mm 或采用硬架支模连接。

3 当板的跨度大于 4.8 m 并与外墙平行时，靠外墙的预制板侧边应与墙或圈梁拉结。

4 房屋端部大房间的楼盖、6 度时房屋的屋盖和 7、8 度时房屋的楼、屋盖，当圈梁设在板底时，钢筋混凝土预制板应相互拉结，并应与梁、墙或圈梁拉结。

8.3.6 楼、屋盖的钢筋混凝土梁或屋架应与墙、柱(包括构造柱)或圈梁可靠连接；不得采用独立砖柱。跨度不小于 6 m 大梁的支承构件应采用组合砌体等加强措施，并满足承载力要求。

8.3.7 6、7 度时长度大于 7.2 m 的大房间，及 8 度时外墙转角及内外墙交接处，应沿墙高每隔 500 mm 配置 2ϕ6 的通长钢筋和 ϕ4 分布短筋平面内点焊组成的拉结网片或 ϕ4 点焊网片。

8.3.8 楼梯间应符合下列要求：

1 顶层楼梯间横墙和外墙应沿墙高每隔 500 mm 设 2ϕ6 通长钢筋和 ϕ4 分布短钢筋平面内点焊组成的拉结网片或 ϕ4 点焊网片；7、8 度时其他各层楼梯间墙体应在休息平台或楼层半高处设置 60 mm 厚、纵向钢筋不应少于 2ϕ10 的钢筋混凝土带。

2 楼梯间及门厅内墙阳角处的大梁支承长度不应小于 500 mm，并应与圈梁连接。

3 装配式楼梯段应与平台板的梁可靠连接，8 度时不应采用装配式楼梯段；不应采用墙中悬挑式踏步或踏步竖肋插入墙体的楼梯，不应采用无筋砖砌栏板。

4 突出屋顶的楼、电梯间，构造柱应伸到顶部，并与顶部圈梁连接，所有墙体应沿墙高每隔 500 mm 设 2ϕ6 通长钢筋和 ϕ4 分布短筋平面内点焊组成的拉结网片或 ϕ4 点焊网片。

8.3.9 坡屋顶房屋的屋架应与顶层圈梁可靠连接，檩条或屋面板应与墙及屋架可靠连接，房屋出入口处的檐口瓦应与屋面构件锚固。采用硬山搁檩时，顶层内纵墙顶宜增砌支承山墙的踏步式墙垛，并设置构造柱。

8.3.10 门窗洞处不应采用砖过梁；过梁支承长度不应小于 240 mm。

8.3.11 预制阳台，6、7 度时应与圈梁和楼板的现浇板带可靠连接，8 度时不应采用。

8.3.12 后砌的非承重砌体隔墙、烟道、风道、垃圾道等应符合本标准第 12.3 节的有关规定。

8.3.13 同一结构单元的基础（或桩承台），宜采用同一类型的基础，底面宜埋在同一标高上，否则应增设基础圈梁并应按 1∶2 的台阶逐步放坡。

8.3.14 丙类设防的多层砖砌体房屋，当横墙较少且总高度和层数接近或达到本标准表 8.1.2 规定的限值，应采取下列加强措施：

1 房屋的最大开间尺寸不宜大于 6.6 m。

2 同一结构单元内横墙错位数量不宜超过横墙总数的 1/3，且连续错位不宜多于两道；错位的墙体交接处均应增设构造柱，且楼、屋面板应采用现浇钢筋混凝土板。

3 横墙和内纵墙上洞口的宽度不宜大于 1.5 m；外纵墙上洞口的宽度不宜大于 2.1 m 或开间尺寸的一半；且内外墙上洞口位置不应影响内外纵墙与横墙的整体连接。

4 所有纵横墙均应在楼、屋盖标高处设置加强的现浇钢筋混凝土圈梁：圈梁的截面高度不宜小于 150 mm，上下纵筋各不应少于 3ϕ10，箍筋不小于 ϕ6，间距不大于 300 mm。

5 所有纵横墙交接处及横墙的中部，均应增设满足下列要求的构造柱：在纵、横墙内的柱距不宜大于 3.0 m，最小截面尺寸不宜小于 240 mm×240 mm（墙厚 190 mm 时为 240 mm×190 mm），配筋宜符合表 8.3.14 的要求。

表 8.3.14 增设构造柱的纵筋和箍筋设置要求

<table>
<tr><th rowspan="2">位置</th><th colspan="3">纵向钢筋</th><th colspan="3">箍筋</th></tr>
<tr><th>最大配筋率（%）</th><th>最小配筋率（%）</th><th>最小直径（mm）</th><th>加密区范围（mm）</th><th>加密区间距（mm）</th><th>最小直径（mm）</th></tr>
<tr><td>角柱</td><td rowspan="2">1.8</td><td rowspan="2">0.8</td><td>14</td><td>全高</td><td rowspan="3">100</td><td rowspan="3">6</td></tr>
<tr><td>边柱</td><td>14</td><td rowspan="2">上端 700
下端 500</td></tr>
<tr><td>中柱</td><td>1.4</td><td>0.6</td><td>12</td></tr>
</table>

6 同一结构单元的楼、屋面板应设置在同一标高处。

7 房屋底层和顶层的窗台标高处，宜设置沿纵横墙通长的水平现浇钢筋混凝土带；其截面高度不小于 60 mm，宽度不小于墙厚，纵向钢筋不少于 2ϕ10，横向分布筋的直径不小于 ϕ6 且其间距不大于 200 mm。

8.4 多层小砌块房屋抗震构造措施

8.4.1 多层小砌块房屋应按表 8.4.1 的要求设置钢筋混凝土芯

柱。对外廊式和单面走廊式的多层房屋、横墙较少的房屋、各层横墙很少的房屋，尚应分别按本标准第 8.3.1 条第 2～4 款关于增加层数的对应要求，按表 8.4.1 的要求设置芯柱。

表 8.4.1　混凝土小型空心砌块房屋芯柱设置要求

房屋层数			设置部位	设置数量
6 度	7 度	8 度		
四、五	三、四	二、三	外墙转角，楼、电梯间四角，楼梯段上下端对应的墙体处； 大房间内外墙交接处； 错层部位横墙与外纵墙交接处； 隔 12 m 或单元横墙与外纵墙交接处	外墙转角，灌实 3 个孔；内外墙交接处，灌实 4 个孔；楼梯段上下端对应的墙体处，灌实 2 个孔
六	五	四	同上； 隔开间横墙（轴线）与外纵墙交接处	
七	六	五	同上； 各内墙（轴线）与外纵墙交接处； 内纵墙与横墙（轴线）交接处和洞口两侧	外墙转角，灌实 5 个孔；内外墙交接处，灌实 4 个孔；内墙交接处，灌实 4～5 个孔；洞口两侧各灌实 1 个孔
	七	≥六	同上； 横墙内芯柱间距不大于 2 m	外墙转角，灌实 7 个孔；内外墙交接处，灌实 5 个孔；内墙交接处，灌实 4～5 个孔；洞口两侧各灌实 1 个孔

注：外墙转角、内外墙交接处、楼电梯间四角等部位，应允许采用钢筋混凝土构造柱替代部分芯柱。

8.4.2　多层小砌块砌体房屋的芯柱，应符合下列构造要求：

1　小砌块房屋芯柱截面不宜小于 120 mm×120 mm。

2　芯柱混凝土强度等级，不应低于 Cb20。

3　芯柱的竖向插筋应贯通墙身且与每层圈梁连接；插筋不应小于1ϕ12，6、7度时超过五层、8度时超过四层时，插筋不应小于1ϕ14。

4　芯柱应伸入室外地面下500 mm或与埋深小于500 mm的基础圈梁相连。

5　为提高墙体抗震受剪承载力而设置的芯柱，宜在墙体内均匀布置，最大净距不宜大于2.0 m。

6　多层小砌块房屋墙体交接处或芯柱与墙体连接处应设置拉结钢筋网片，网片可采用直径4 mm的钢筋点焊而成，沿墙高间距不大于600 mm，并应沿墙体水平通长设置。6、7度时底部1/3楼层，8度时底部1/2楼层，上述拉结钢筋网片沿墙高间距不大于400 mm。

8.4.3　小砌块房屋中替代芯柱的钢筋混凝土构造柱，应符合下列构造要求：

1　构造柱最小截面可采用190 mm×190 mm，纵向钢筋宜采用4ϕ12，箍筋间距不宜大于250 mm，且在柱上下端宜适当加密；6、7度时超过五层、8度时超过四层，构造柱纵向钢筋宜采用4ϕ14，箍筋间距不应大于200 mm；外墙四角的构造柱可适当加大截面及配筋。

2　构造柱与砌块墙连接处应砌成马牙槎，与构造柱相邻的砌块孔洞，6度时宜填实，7度时应填实，8度时应填实并插筋；构造柱与砌块墙之间沿墙高每隔600 mm设置ϕ4点焊拉结钢筋网片，并应沿墙体水平通长设置。6、7度时底部1/3楼层，8度时底部1/2楼层，上述拉结钢筋网片沿墙高间距不大于400 mm。

3　构造柱与圈梁连接处，构造柱的纵筋应在圈梁纵筋内侧穿过，保证构造柱纵筋上下贯通。

4　构造柱可不单独设置基础，但应伸入室外地面下500 mm，或与埋深小于500 mm的基础圈梁相连。

8.4.4　多层小砌块砌体房屋的现浇钢筋混凝土圈梁的设置位置

应按本标准第 8.3.3 条多层砖砌体房屋圈梁的要求执行，圈梁宽度不应小于 190 mm，配筋不应少于 4ϕ12，箍筋间距不应大于 200 mm。

8.4.5 多层小砌块砌体房屋的层数，6 度超过五层、7 度超过四层、8 度超过三层时，在底层和顶层的窗台标高处，沿纵横墙应设置通长的水平现浇钢筋混凝土带；其截面高度不小于 60 mm，纵筋不少于 2ϕ10，并应有分布拉结钢筋；其混凝土强度等级，不应低于 C20。

水平现浇混凝土带亦可采用槽形砌块浇灌混凝土替代，纵筋和拉结钢筋不变。

8.4.6 丙类设防的多层小砌块砌体房屋，当总高度和层数接近或达到本标准表 8.1.2 规定限值时，应符合本标准第 8.3.2 条第 5 款的相关要求，其中墙体中部的构造柱可采用不少于 2 孔的灌孔芯柱替代；横墙也较少时，还应符合本标准第 8.3.14 条的相关要求，其中墙体中部的构造柱可采用间距不大于 2 m、灌孔数量不少于 2 孔的芯柱替代，且每孔插筋的直径不应小于 18 mm。

8.4.7 多层小砌块砌体房屋的其他抗震构造措施，尚应符合本标准第 8.3.5～8.3.13 条的有关要求。其中，墙体的拉结钢筋网片间距应符合本节的相应规定，分别取 600 mm 和 400 mm。

8.5 底部框架-抗震墙砌体房屋抗震构造措施

8.5.1 底部框架-抗震墙砌体房屋的上部墙体应设置钢筋混凝土构造柱或芯柱，并应符合下列要求：

1 钢筋混凝土构造柱、芯柱的设置部位，应根据房屋的总层数分别按本标准第 8.3.1、8.4.1 条的规定设置。

2 构造柱、芯柱的构造，除应符合下列要求外，尚应符合本标准第 8.3.2、8.4.2、8.4.3 条的规定：

1）砖砌体墙中构造柱截面不宜小于 240 mm×240 mm

（墙厚 190 mm 时为 240 mm×190 mm）；

2）构造柱的纵向钢筋不宜少于 4ϕ14，箍筋间距不宜大于 200 mm；芯柱每孔插筋不应小于 1ϕ14，芯柱之间应每隔 400 mm 设 ϕ4 焊接钢筋网片。

3 构造柱、芯柱应与每层圈梁连接，或与现浇楼板可靠拉接。

8.5.2 过渡层墙体的构造，应符合下列要求：

1 上部砌体墙的中心线宜与底部的框架梁、抗震墙的中心线相重合；构造柱或芯柱宜与框架柱上下贯通。

2 过渡层应在底部框架柱、混凝土墙或约束砌体墙的构造柱所对应处设置构造柱或芯柱；墙体内的构造柱间距不宜大于层高；芯柱除按本标准表 8.4.1 设置外，最大间距不宜大于 1 m。

3 过渡层构造柱的纵向钢筋 6、7 度时不宜少于 4ϕ16，8 度时不宜少于 4ϕ18。过渡层芯柱的纵向钢筋，6、7 度时不宜少于每孔 1ϕ16，8 度时不应少于每孔 1ϕ18。一般情况下，纵向钢筋应锚入下部的框架柱或混凝土墙内；当纵向钢筋锚固在托墙梁内时，托墙梁的相应位置应加强。

4 过渡层的砌体墙在窗台标高处，应设置沿纵横墙通长的水平现浇钢筋混凝土带；其截面高度不小于 60 mm，宽度不小于墙厚，纵向钢筋不少于 2ϕ10，横向分布筋的直径不小于 6 mm 且其间距不大于 200 mm。此外，砖砌体墙在相邻构造柱间的墙体，应沿墙高每隔 360 mm 设置 2ϕ6 通长水平钢筋和 ϕ4 分布短筋平面内点焊组成的拉结网片或 ϕ4 点焊钢筋网片，并锚入构造柱内；小砌块砌体墙芯柱之间沿墙高应每隔 400 mm 设置 ϕ4 通长水平点焊钢筋网片。

5 过渡层的砌体墙，凡宽度不小于 1.2 m 的门洞和 2.1 m 的窗洞，洞口两侧宜增设截面不小于 120 mm×240 mm（墙厚 190 mm 时为 120 mm×190 mm）的构造柱或单孔芯柱。

6 当过渡层的砌体抗震墙与底部框架梁、墙体不对齐时，应在底部框架内设置托墙转换梁，并且过渡层砖墙或砌块墙应采取比本条第4款更高的加强措施。

8.5.3 底部框架-抗震墙砌体房屋的底部采用钢筋混凝土墙时，其截面和构造应符合下列要求：

1 墙体周边应设置梁(或暗梁)和边框柱(或框架柱)组成的边框；边框梁的截面宽度不宜小于墙板厚度的1.5倍，截面高度不宜小于墙板厚度的2.5倍；边框柱的截面高度不宜小于墙板厚度的2倍。

2 墙板的厚度不宜小于160 mm，且不应小于墙板净高的1/20；墙体宜开设洞口形成若干墙段，各墙段的高宽比不宜小于2。

3 墙体的竖向和横向分布钢筋配筋率均不应小于0.30%，并应采用双排布置；双排分布钢筋间拉筋的间距不应大于600 mm，直径不应小于6 mm。

4 墙体的边缘构件可按本标准第6.4节关于一般部位的规定设置。

8.5.4 底部框架-抗震墙砌体房屋的底部采用配筋小砌块砌体抗震墙时，其截面和构造应符合下列要求：

1 墙体周边应设置边框梁和边框柱(或框架柱)组成的边框；边框梁的截面宽度不宜小于250 mm，截面高度不宜小于400 mm；边框柱的截面高度不宜小于400 mm。

2 底部层高不宜大于4.2 m；墙体宜开设洞口形成若干墙段，各墙段的高宽比不宜小于2。

3 6、7度时墙体的配筋和边缘构件应按本标准第8.6节中抗震等级为三级的底部加强部位的规定设置，8度时应按二级的底部加强部位的规定设置。

8.5.5 当6度设防的底层框架-抗震墙砖房的底层采用约束砖砌体墙时，其构造应符合下列要求：

1 砖墙厚不应小于240 mm，砌筑砂浆强度等级不应低于

M10,应先砌墙后浇框架。

2 沿框架柱每隔 300 mm 配置 2ϕ8 水平钢筋和 ϕ4 分布短筋平面内点焊组成的拉结网片,并沿砖墙水平通长设置;在墙体半高处尚应设置与框架柱相连的钢筋混凝土水平系梁。

3 墙长大于 4 m 时和洞口两侧,应在墙内增设钢筋混凝土构造柱。

8.5.6 当6度设防的底层框架-抗震墙砌块房屋的底层采用约束小砌块砌体墙时,其构造应符合下列要求:

1 墙厚不应小于 190 mm,砌筑砂浆强度等级不应低于 Mb10,应先砌墙后浇框架。

2 沿框架柱每隔 400 mm 配置 ϕ4 点焊拉结钢筋网片,并沿砌块墙水平通长设置;在墙体半高处尚应设置与框架柱相连的钢筋混凝土水平系梁,系梁截面不应小于 190 mm×190 mm,纵筋不应小于 4ϕ12,箍筋直径不应小于 ϕ6,间距不应大于 200 mm。

3 墙体在门、窗洞口两侧应设置芯柱,墙长大于 4 m 时,应在墙内增设芯柱,芯柱应符合本标准第 8.4.2 条的有关规定;其余位置,可采用钢筋混凝土构造柱替代芯柱,钢筋混凝土构造柱应符合本标准第 8.4.3 条的有关规定。

8.5.7 底部框架-抗震墙砌体房屋的框架柱应符合下列要求:

1 柱的截面不应小于 400 mm×400 mm,圆柱直径不应小于 450 mm。

2 柱的轴压比,6 度时不宜大于 0.85,7 度时不宜大于 0.75,8 度时不宜大于 0.65。

3 柱的纵向钢筋最小总配筋率,当钢筋的强度标准值低于 400 MPa 时,中柱 6、7 度时不应小于 0.9%,8 度时不应小于 1.1%,边柱、角柱及混凝土抗震墙端柱 6、7 度时不应小于 1.0%,8 度时不应小于 1.2%。

4 柱的箍筋直径 6、7 度时不应小于 8 mm、8 度时不应小于 10 mm,并应全高加密箍筋,间距不大于 100 mm。

5 柱的最上端和最下端组合的弯矩设计值应乘以增大系数，一、二、三级的增大系数应分别按 1.5、1.25 和 1.15 采用。

8.5.8 底部框架-抗震墙砌体房屋的楼盖应符合下列要求：

1 过渡层的楼板应采用现浇钢筋混凝土板，板厚不应小于 120 mm；并应少开洞、开小洞，当洞口尺寸大于 800 mm 时，洞口周边应设置边梁。

2 其他楼层，采用装配式钢筋混凝土楼板时均应设现浇圈梁；采用现浇钢筋混凝土楼板时应允许不另设圈梁，但楼板沿抗震墙体周边应加强配筋并应与相应的构造柱可靠连接。

8.5.9 底部框架-抗震墙砌体房屋的钢筋混凝土托墙梁，其截面和构造应符合下列要求：

1 梁的截面宽度不应小于 300 mm，梁的截面高度不应小于跨度的 1/10。

2 箍筋的直径不应小于 8 mm，间距不应大于 200 mm；梁端在 1.5 倍梁高且不小于 1/5 梁净跨范围内，以及上部墙体的洞口处和洞口两侧各 500 mm 且不小于梁高的范围内，箍筋间距不应大于 100 mm。

3 沿梁高应设腰筋，数量不应少于 2ϕ14，间距不应大于 200 mm。

4 梁的纵向受力钢筋和腰筋应按受拉钢筋的要求锚固在柱内，且支座上部的纵向钢筋在柱内的锚固长度应符合钢筋混凝土框支梁的有关要求。

8.5.10 底部框架-抗震墙房屋的材料强度等级，应符合下列要求：

1 框架柱、混凝土抗震墙和托墙梁的混凝土强度等级，不应低于 C30。

2 过渡层砌体块材的强度等级不应低于 MU10，砖砌体砌筑砂浆强度的等级不应低于 M10，砌块砌体砌筑砂浆强度的等级不应低于 Mb10。

8.5.11 底部框架-抗震墙房屋的其他构造措施应符合本标准第 8.3 节、第 8.4 节和第 6 章的有关要求。

8.6 配筋小砌块砌体抗震墙房屋抗震设计要求

（Ⅰ）一般规定

8.6.1 配筋小砌块砌体抗震墙房屋的最大高度应符合表 8.6.1-1 的规定，且房屋高宽比不应超过表 8.6.1-2 的规定。

表 8.6.1-1 配筋小砌块砌体抗震墙房屋适用的最大高度(m)

墙厚	抗震设防烈度		
	6 度	7 度	8 度
190 mm	60	55	40

注：1 房屋高度指室外地面到主要屋面板板顶的高度(不包括局部突出屋顶部分)。
2 某层或几层开间大于 6.0 m 的房间建筑面积占相应层建筑面积 40%以上时，应按表 8.6.1-1 的规定相应降 6.0 m 取用。
3 房屋的高度超过表内高度时，应进行专门的研究和论证，采取有效的加强措施。

表 8.6.1-2 配筋小砌块砌体抗震墙房屋的最大高宽比

抗震设防烈度	6 度	7 度	8 度
最大高宽比	4.5	4.0	3.0

注:房屋的平面布置和竖向布置不规则时应适当减小最大高宽比的值。

8.6.2 配筋小砌块砌体抗震墙房屋应根据抗震设防分类、抗震设防烈度、房屋高度和结构类型采用不同的抗震等级，并应符合相应的计算和构造措施要求。丙类建筑的抗震等级宜按表 8.6.2 确定。

表 8.6.2　抗震等级的划分

抗震设防烈度	6 度		7 度		8 度	
高度(m)	≤24	>24	≤24	>24	≤24	>24
抗震等级	四	三	三	二	二	一

注：1　接近或等于高度分界时，可结合房屋不规则程度及场地、地基条件确定抗震等级。

2　多层房屋(总高度≤18 m)可按表中抗震等级降低一级取用，已是四级时取四级。

3　乙类建筑按表内提高一度所对应的抗震等级采取抗震措施，已是一级时取一级。

8.6.3　配筋小砌块砌体抗震墙房屋应避免采用本标准第 3.4 节规定的不规则建筑结构方案，并应符合下列要求：

1　平面形状宜简单、规则，凹凸不宜过大；竖向布置宜规则、均匀，避免过大的外挑和内收。

2　纵横向抗震墙宜拉通对直；每个独立墙段长度不宜大于 8 m，也不宜小于墙厚的 5 倍；墙段的总高度与墙段长度之比不宜小于 2；门洞口宜上下对齐，成列布置。

3　采用现浇钢筋混凝土楼、屋盖时，抗震横墙的最大间距，应符合表 8.6.3 的要求。

表 8.6.3　配筋小砌块砌体抗震横墙的最大间距

抗震设防烈度	6 度	7 度	8 度
最大间距(m)	15	15	11

4　房屋需要设置防震缝时，其最小宽度应符合下列要求：

当房屋高度不超过 15 m 时，可采用 100 mm；当超过 15 m 时，6 度、7 度和 8 度相应每增加 6 m、5 m 和 4 m，宜加宽 20 mm。

5　宜避免设置转角窗；如设置转角窗则应按本标准第 8.6.19 条要求采取加强措施。

8.6.4　配筋小砌块砌体抗震墙房屋的层高应符合下列要求：

1　底部加强部位的层高，一、二级不宜大于 3.2 m，三、四级不宜大于 3.9 m。

2 其他部位的层高，一、二级不宜大于 3.9 m，三、四级不宜大于 4.8 m。

注：底部加强部位指不小于房屋高度的 1/6 且不小于底部二层的高度范围，房屋总高度小于 18 m 时取一层。

8.6.5 配筋小砌块砌体抗震墙的短肢墙应符合下列要求：

1 不应采用全部为短肢墙的配筋小砌块砌体抗震墙结构，应形成短肢抗震墙与一般抗震墙共同抵抗水平地震作用的抗震墙结构。

2 短肢墙的抗震等级应比表 8.6.2 的规定提高一级采用；已为一级时，竖向配筋应予以加强。

3 在规定的水平力作用下，一般抗震墙承受的底部地震倾覆力矩不应小于结构总倾覆力矩的 50%，且短肢抗震墙截面面积与同层抗震墙总截面面积比例，抗震等级为三级及以上房屋两个主轴方向均不宜大于 20%，抗震等级为四级的房屋，两个主轴方向均不宜大于 50%；总高度≤18 m 的多层房屋，短肢抗震墙截面面积与同层抗震墙总截面面积比例，一、二级时两个主轴方向均不宜大于 30%，三级时不宜大于 50%，四级时不宜大于 70%。

4 短肢墙宜设置翼墙；不应在一字形短肢墙平面外布置与之单侧相交的楼、屋面梁。

注：短肢抗震墙是指墙肢截面高度与宽度之比为 5～8 的抗震墙，一般抗震墙是指墙肢截面高度与厚度之比大于 8 的抗震墙。L 形、T 形、十形等多肢墙截面的长短肢性质应由较长一肢确定。

8.6.6 配筋小砌块砌体抗震墙房屋的抗震墙，应全部用灌孔混凝土灌实。灌孔混凝土应采用坍落度大、流动性及和易性好，并与砌块结合良好的混凝土，灌孔混凝土的强度等级不应低于 Cb20。

（Ⅱ）计算要点

8.6.7 配筋小砌块砌体抗震墙房屋抗震计算时，应按本节规定调整地震作用效应；6度时可不作截面抗震验算（不规则建筑除外），但应按本标准的有关要求采取抗震构造措施。配筋小砌块砌体抗震墙房屋应进行多遇地震作用下的抗震变形验算，其楼层内最大的层间弹性位移角，底层不宜超过1/1 200，其他楼层不宜超过1/800。

8.6.8 配筋小砌块砌体抗震墙承载力计算时，截面的组合剪力设计值应按下列规定调整：

$$V=\eta_{vw}V_w \tag{8.6.8}$$

式中：V——抗震墙截面组合的剪力设计值；

V_w——抗震墙截面组合的剪力计算值；

η_{vw}——剪力增大系数，按表8.6.8取用。

表8.6.8 剪力增大系数 η_{vw}

结构部位	抗震等级			
	一	二	三	四
底部加强区抗震墙	1.6	1.4	1.2	1.0
其他部位抗震墙	1.0	1.0	1.0	1.0
多层房屋底部加强区的短肢抗震墙	1.7	1.5	1.3	1.1
多层房屋其他部位的短肢抗震墙	1.2	1.15	1.1	1.05

注：表中多层房屋是指总高度≤18 m且按第8.6.5条第3款要求布置的短肢抗震墙多层房屋。

8.6.9 配筋小砌块砌体抗震墙截面组合的剪力设计值，应符合下列要求：

剪跨比大于2时

$$V\leqslant\frac{1}{\gamma_{RE}}(0.2f_gbh) \tag{8.6.9-1}$$

剪跨比不大于 2 时

$$V \leqslant \frac{1}{\gamma_{RE}}(0.15 f_g bh) \tag{8.6.9-2}$$

式中：f_g——灌孔小砌块砌体抗压强度设计值，按现行国家标准《砌体结构设计规范》GB 50003 中规定的值取用；

b——抗震墙截面宽度；

h——抗震墙截面高度；

γ_{RE}——承载力抗震调整系数，取 0.85。

8.6.10 偏心受压配筋小砌块砌体抗震墙截面受剪承载力，应按下列公式验算：

$$V \leqslant \frac{\lambda}{\gamma_{RE}}\left[\frac{\lambda}{\lambda - 0.5}(0.48 f_{gv} bh_0 + 0.1N) + 0.72 f_{yh}\frac{A_{sh}}{s}h_0\right] \tag{8.6.10-1}$$

$$0.5V \leqslant \frac{1}{\gamma_{RE}}\left(0.72 f_{yh}\frac{A_{sh}}{s}h_0\right) \tag{8.6.10-2}$$

式中：N——抗震墙组合的轴向压力设计值；当 $N > 0.2 f_g bh$ 时，取 $N = 0.2 f_g bh$；

λ——计算截面处的剪跨比，取 $\lambda = M/Vh_0$；小于 1.5 时取 1.5，大于 2.2 时取 2.2；

f_{gv}——灌孔小砌块砌体抗剪强度设计值，$f_{gv} = 0.2 f_g^{0.55}$；

A_{sh}——同一截面的水平钢筋截面面积；

s——水平分布钢筋间距；

f_{yh}——水平分布钢筋抗拉强度设计值；

h_0——抗震墙截面有效高度。

8.6.11 在多遇地震作用组合下，配筋混凝土小型空心砌块抗震墙的墙肢不应出现小偏心受拉。大偏心受拉配筋混凝土小型空心砌块抗震墙，其斜截面受剪承载力应按下式计算：

$$V \leqslant \frac{1}{\gamma_{RE}}\left[\frac{1}{\lambda - 0.5}(0.48 f_{gv} b h_0 - 0.17N) + 0.72 f_{yh} \frac{A_{sh}}{s} h_0\right]$$

(8.6.11-1)

$$0.5V \leqslant \frac{1}{\gamma_{RE}}\left(0.72 f_{yh} \frac{A_{sh}}{s} h_0\right) \quad (8.6.11\text{-}2)$$

当 $0.48 f_{gv} b h_0 - 0.17N \leqslant 0$ 时，取 $0.48 f_{gv} b h_0 - 0.17N = 0$。

8.6.12 配筋小砌块砌体抗震墙跨高比大于 2.5 的连梁应采用钢筋混凝土连梁，其截面组合的剪力设计值和斜截面承载力，应符合现行国家标准《混凝土结构设计规范》GB 50010 对连梁的有关规定。

8.6.13 抗震墙采用配筋小砌块砌体连梁时应符合下列要求：

1 连梁的截面应满足下式的要求：

$$V \leqslant \frac{1}{\gamma_{RE}}(0.15 f_g b h_0) \quad (8.6.13\text{-}1)$$

2 连梁的斜截面受剪承载力应按下式计算：

$$V \leqslant \frac{1}{\gamma_{RE}}\left(0.56 f_{gv} b h_0 + 0.7 f_{yv} \frac{A_{sh}}{s} h_0\right) \quad (8.6.13\text{-}2)$$

式中：A_{sv} ——配置在同一截面内的箍筋各肢的全部截面面积；

f_{yv} ——箍筋的抗拉强度设计值。

8.6.14 配筋小砌块砌体结构抗震设计，除本章规定者外，混凝土构件部分还应符合现行国家标准《混凝土结构设计规范》GB 50010 和现行行业标准《高层建筑混凝土结构技术规程》JGJ 3 的有关要求。

（Ⅲ）抗震构造措施

8.6.15 配筋小砌块砌体抗震墙的水平和竖向分布钢筋应符合表 8.6.15-1 和表 8.6.15-2 的要求。

表 8.6.15-1 配筋小砌块砌体抗震墙水平分布钢筋的配筋构造要求

抗震等级	最小配筋率(%)		最大间距(mm)	最小直径(mm)
	一般部位	加强部位		
一级	0.13	0.15	400	$\phi8$
二级	0.13	0.13	600	$\phi8$
三级	0.11	0.13	600	$\phi8$
四级	0.10	0.10	600	$\phi6$

注:1 水平分布钢筋应双排布置,在顶层和底部加强部位,最大间距不应大于 400 mm。
2 双排水平分布钢筋应设不小于 $\phi6$ 拉结筋,水平间距不应大于 400 mm。

表 8.6.15-2 配筋小砌块砌体抗震墙竖向分布钢筋的配筋构造要求

抗震等级	最小配筋率(%)		最大间距(mm)	最小直径(mm)
	一般部位	加强部位		
一级	0.15	0.15	400	$\phi12$
二级	0.13	0.13	600	$\phi12$
三级	0.11	0.13	600	$\phi12$
四级	0.10	0.10	600	$\phi12$

注:1 竖向分布钢筋应采用单排布置,直径不应大于 25 mm。
2 在顶层和底部加强部位,最大间距应按表中数值再减 200 mm。

8.6.16 各向墙肢截面均为 $3b<h<5b$ 的小墙肢,其全截面竖向钢筋的配筋率在底部加强部位不宜小于 1.2%,一般部位不宜小于 1.0%;多层房屋(总高度≤18 m)的短肢墙及各向墙肢截面均为 $3b<h<5b$ 的小墙肢,其全截面竖向钢筋的配筋率,底部加强部位不宜小于 1%,其他部位不宜小于 0.8%。

8.6.17 配筋小砌块砌体抗震墙在重力荷载代表值作用下的轴压比,不宜超过表 8.6.17 的限值。

表 8.6.17 配筋小砌块砌体抗震墙轴压比限值

抗震等级	一般墙体($h/b>8$)		短肢墙($h/b=5\sim8$)		小墙肢($3<h/b<5$)	
	底部加强部位	一般部位	有翼缘	无翼缘	有翼缘	无翼缘
一级	0.5	0.6	0.5	0.4	0.4	0.3
二级	0.6	0.6	0.6	0.5	0.5	0.4
三级	0.6	0.6	0.6	0.5	0.5	0.4

8.6.18 配筋小砌块砌体抗震墙墙肢端部应设置边缘构件。构造边缘构件的配筋范围：无翼墙端部为 3 孔配筋，L 形转角节点为 3 孔配筋，T 形转角节点为 4 孔配筋，其最小配筋应符合表 8.6.18 的要求，边缘构件范围内应设置水平箍筋，构造边缘构件配筋示意见图 8.6.18。底部加强部位的轴压比，一级大于 0.2 和二、三级大于 0.3 时，应设置约束边缘构件，约束边缘构件的范围应沿受力方向比构造边缘构件增加 1 孔，水平箍筋应相应加强，也可采用钢筋混凝土边框柱。

表 8.6.18 配筋小砌块砌体抗震墙边缘构件的配筋要求

抗震等级	每孔竖向钢筋最小量		水平箍筋最小直径	水平箍筋最大间距(mm)
	底部加强部位	一般部位		
一级	$1\phi20$	$1\phi18$	$\phi8$	200
二级	$1\phi18$	$1\phi16$	$\phi6$	200
三级	$1\phi16$	$1\phi14$	$\phi6$	200
四级	$1\phi14$	$1\phi12$	$\phi6$	200

注：1 边缘构件水平箍筋宜采用搭接点焊网片形式。
2 当抗震等级为一、二、三级时，边缘构件箍筋应采用不低于 HRB335 级或 RRB 335 级钢筋。
3 二级轴压比大于 0.3 时，底部加强部位边缘构件的水平箍筋最小直径不应小于 $\phi8$。

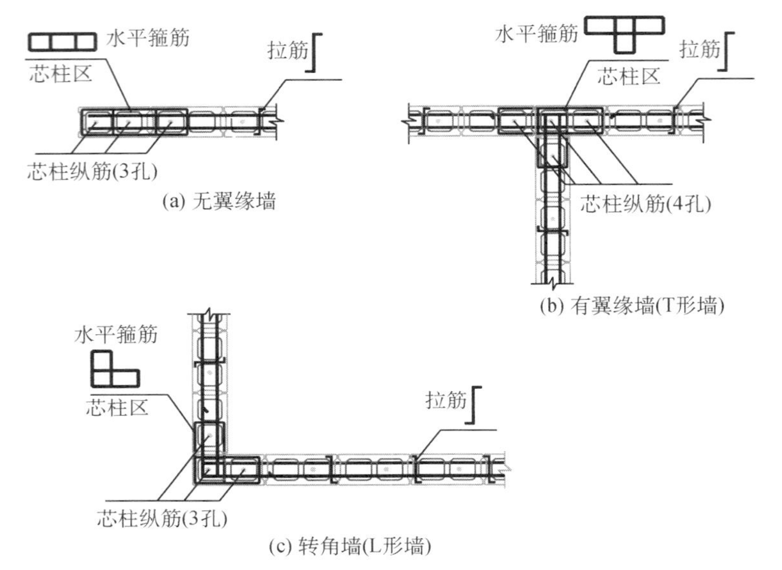

图 8.6.18 配筋小砌块砌体抗震墙的构造边缘构件

8.6.19 转角窗开间相关墙体尽端边缘构件纵筋和水平分布钢筋的直径应比表 8.6.15-1 和表 8.6.15-2 的规定提高一档，且转角窗开间的楼、屋面应采用现浇钢筋混凝土楼、屋面板，板内配筋应加强。

8.6.20 配筋小砌块砌体抗震墙内钢筋的锚固和搭接，应符合下列要求：

1 配筋小砌块砌体抗震墙内竖向和水平分布钢筋的搭接长度不应小于 48 倍钢筋直径，竖向钢筋的锚固长度不应小于 42 倍钢筋直径。

2 配筋小砌块砌体抗震墙的水平分布钢筋，沿墙长应连续设置，两端的锚固应符合下列规定：

1）一、二级的抗震墙，水平分布钢筋可绕主筋弯 180°弯钩，弯钩端部直段长度不宜小于 $12d$；水平分布钢筋亦可弯入端部灌孔混凝土中，锚固长度不应小于 $30d$，且不应小于 250 mm。

2）三、四级的抗震墙，水平分布钢筋可弯入端部灌孔混凝土中，锚固长度不应小于 25d，且不应小于 200 mm。

8.6.21 配筋小砌块砌体抗震墙连梁的构造，采用混凝土连梁时，应符合本标准第 6 章的有关规定；采用配筋小砌块砌体连梁时，除符合本节的有关规定外，还应符合下列要求：

1 连梁上下水平钢筋锚入墙体内的长度，一、二级不应小于 1.15 倍锚固长度，三级不应小于 1.05 倍锚固长度，四级不应小于锚固长度，且不应小于 600 mm。

2 连梁的箍筋应沿梁长布置，并应符合表 8.6.21 的要求。

表 8.6.21 连梁箍筋的构造要求

抗震等级	箍筋最大间距	直径
一级	75	ϕ10
二级	100	ϕ8
三级	120	ϕ8
四级	150	ϕ8

注：当梁端纵筋配筋率大于 2%时，表中箍筋最小直径应加大 2 mm。

3 顶层连梁在伸入墙体的纵向钢筋长度范围内应设置间距不大于 200 mm 的构造封闭箍筋，其规格和直径与该连梁的箍筋相同。

4 墙体水平钢筋应作为连梁腰筋在连梁拉通连续配置。当连梁截面高度大于 700 mm 时，自梁顶面下 200 mm 至梁底面上 200 mm 范围内应设置腰筋，其间距不大于 200 mm；每皮腰筋数量，一级不小于 2ϕ12，二～四级不小于 2ϕ10；对跨高比不大于 2.5 的连梁，梁两侧腰筋的面积配筋率不应小于 0.3%；腰筋伸入墙体内的长度不应小于 30d，且不应小于 300 mm。

5 连梁不宜开洞，当必须开洞时应满足下列要求：

1）在跨中梁高 1/3 处预埋外径不大于 200 mm 的钢套管；

2）洞口上下的有效高度不应小于 1/3 梁高，且不应小于 200 mm；

3）洞口处应配补强钢筋，被洞口削弱的截面应进行受剪承载力验算。

8.6.22 配筋小砌块砌体抗震墙的圈梁构造，应符合下列要求：

1 在基础及各楼层标高处，每道配筋小砌块砌体抗震墙均应设置现浇钢筋混凝土圈梁，圈梁的宽度应不小于墙厚，其截面高度不宜小于 200 mm。

2 圈梁混凝土抗压强度不应小于相应灌孔混凝土的强度，且不应小于 C20。

3 圈梁纵向钢筋不应小于相应配筋砌体墙的水平钢筋，且不应小于 4ϕ12；基础圈梁纵筋不应小于 4ϕ12；圈梁及基础圈梁箍筋直径不应小于 ϕ8，间距不应大于 200 mm；当圈梁高度大于 300 mm 时，应沿梁截面高度方向设置腰筋，其间距不应大于 200 mm，直径不应小于 10 mm。

4 圈梁底部嵌入墙顶小砌块孔洞内，深度不宜小于 30 mm；圈梁顶部应是毛面。

8.6.23 配筋小砌块砌体抗震墙与混凝土基础连接处的受力钢筋，当房屋高度超过 50 m 或一级抗震等级时宜采用机械连接，其他情况可采用搭接；当采用搭接时，二级抗震等级的搭接长度不宜小于 50d，三、四级抗震等级时不宜小于 40d（d 为受力钢筋直径）。

8.6.24 配筋小砌块砌体抗震墙房屋的楼、屋盖，高层建筑时应采用现浇钢筋混凝土板，多层建筑宜采用现浇钢筋混凝土板；抗震等级为四级时，也可采用装配整体式钢筋混凝土楼盖。

8.7 多层错层砖砌体房屋抗震设计要求

8.7.1 多层错层砖砌体房屋的结构布置应符合下列要求：

1 平面应简单、规则、匀称，不宜采用曲折、转折的平面。

2 沿竖向的刚度宜均匀，承重墙轴线上下必须对齐，错层的收层宜放在顶层。

3 楼梯间不得设置以钢筋混凝土梁、柱承重的局部框架置换承重纵横墙。

4 错层高低楼面的外围墙体应各自闭合，各自楼面内的纵、横墙面积率宜大致相等。

5 不应采用内框架、底层框架结构，也不宜采用过街楼结构。

6 错层房屋的适用高度按降低 3 m、层数降低一层取用。

8.7.2 多层错层砖砌体房屋的计算应符合下列要求：

1 错层房屋可根据高、低层楼面面积比确定一个等效不错层的规整计算模型，如图 8.7.2 所示。

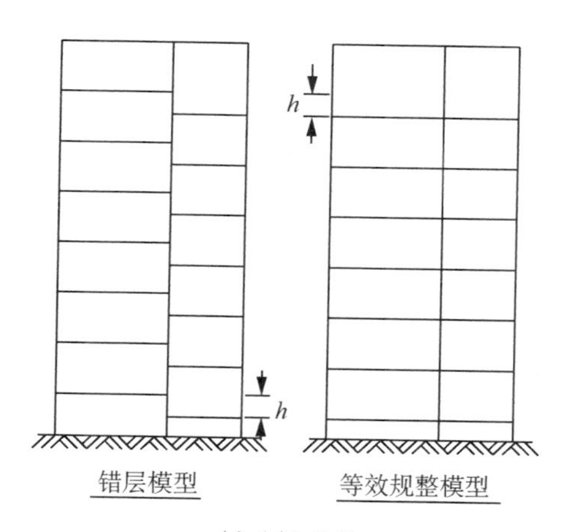

(a) A_1/A_2<0.7

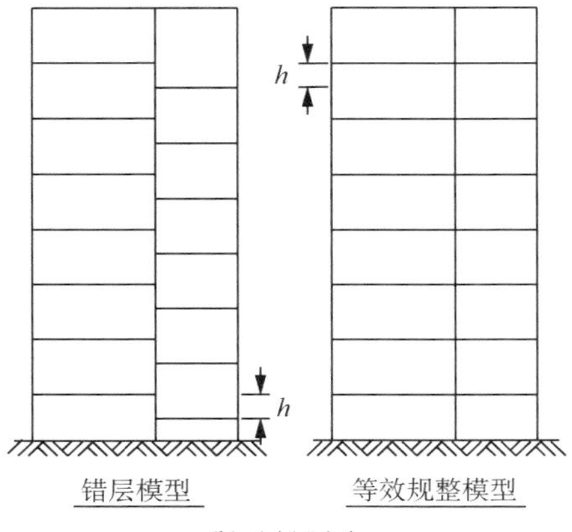

(b) $A_1/A_2>1.4$

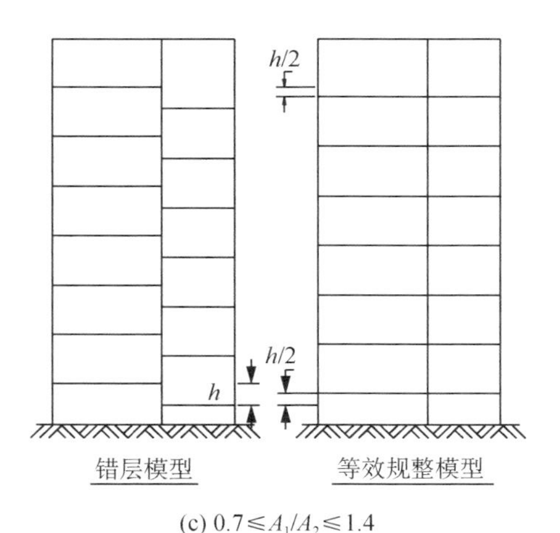

(c) $0.7\leqslant A_1/A_2\leqslant 1.4$

A_1—较高楼层面积；A_2—较低楼层面积

图 8.7.2 等效不错层的规整计算模型

2　当存在底层架空楼板时，架空板应作为一个层面建立模型。

3　顶层如设有坡屋面时，其层高按屋面结构实际情况确定。

4　等效规整模型的地震作用可采用底部剪力法计算，得到的全部层间墙肢剪力应按错层高度 h 乘以下列增大系数 β：

$h \leqslant 0.6$ m	$\beta=1.1$
0.6 m $< h \leqslant 0.9$ m	$\beta=1.2$
0.9 m $< h \leqslant 1.2$ m	$\beta=1.3$
$h > 1.2$ m	$\beta=1.4$

5　错层房屋的墙肢除应满足轴压或偏压强度外，并应选择最不利危险截面按上述增大后的地震剪力进行抗震承载力验算，满足抗震强度要求。

6　对于多级错层的情况，其错层高度 h 按每级错层高度确定，计算模型可按本节的有关规定采用。

8.7.3　多层错层砖砌体房屋的构造措施应符合下列要求：

1　砌体：砌体的砖强度等级不应低于 MU10，砌筑砂浆强度等级不应低于 M7.5，砌体的抗剪强度不应低于现行国家标准《砌体结构设计规范》GB 50003 规定的普通黏土砖砌体的抗剪强度。

2　楼板：楼板应现浇，板厚不应小于 120 mm。

3　圈梁：每层的高、低楼面各自均应设置封闭圈梁，且相邻高、低楼面的圈梁在与错层部位垂直的墙上应有不小于 1 000 mm 长的搭接。当错层高度不大于 600 mm 时，错层部位墙上的高、低圈梁应连成整体。

4　构造柱：

1）房屋的纵、横墙交接处均应设置构造柱；

2）错层墙体平面轴线有偏移时，在轴线转折处应增设构造柱；

3）错层部位相邻开间纵墙的门、窗洞口两侧应设构造柱；

错层部位横墙的门、窗洞口两侧也应设构造柱，且构造柱间距不应大于 3 m；

4）当利用主楼梯错层时，楼梯间的构造柱截面尺寸不应小于 240 mm×240 mm（墙厚为 190 mm 时不应小于 240 mm×190 mm），纵筋不应小于 4ϕ18，箍筋沿柱全高加密，直径不应小于 ϕ8，间距不应大于 100 mm；

5）门洞构造柱及过梁（圈梁）的纵筋不应少于 4ϕ16，沿全高或全长箍筋应加密，箍筋直径不应小于 ϕ8，间距不应大于 100 mm。

5 楼梯：当错层楼梯导致楼板开洞时，梯段两侧应采用厚度不小于 120 mm 的现浇钢筋混凝土墙把楼梯和高、低楼板连为一体。

9 钢结构房屋

9.1 多层和高层钢结构房屋

（Ⅰ）一般规定

9.1.1 本节的多层钢结构适用于层数不超过 10 层或高度不超过 24 m 的钢结构民用房屋及单跨、多跨的多层钢结构厂房，包括局部单层的多层厂房。高层钢结构适用于高度满足表 9.1.1 的其他民用建筑钢结构房屋。

表 9.1.1 高层民用建筑钢结构房屋适用的最大高度(m)

结构体系	6、7 度	8 度
框架	110	90
框架-中心支撑	220	180
框架-偏心支撑 框架-屈曲约束支撑 框架-延性墙板	240	200
筒体(框筒、筒中筒、桁架筒、束筒) 巨型框架	300	260

注：1 本表适用于乙类和丙类建筑。
　　2 对于甲类建筑，宜按抗震设防烈度提高 1 度后符合本表的要求。

9.1.2 多层和高层钢结构的布置应符合本标准第 3.4 节的有关要求，并应符合下列规定：

1 设置地下室时，钢结构宜延伸至地下室。

2 框架-支撑结构宜采用中心支撑，也可采用偏心支撑。中心支撑的布置形式可采用交叉支撑、人字支撑或单斜杆支撑；中心支撑的类型可采用屈曲约束支撑或普通支撑。厂房的支撑宜布置在荷载较大的柱间，且在同一柱间上下贯通。

3 框架-延性墙板结构宜采用无屈曲波纹钢板墙、屈曲约束钢板墙等延性钢板墙，延性钢板墙宜沿建筑高度竖向连续布置，并应延伸至计算嵌固端。

4 结构平面形状复杂、各部分框架高度差异大或楼层荷载相差悬殊时，应设防震缝或采取其他措施，将结构分割成独立且相对规则的若干部分。防震缝的最小宽度应符合下列要求：

1） 框架结构房屋的防震缝宽度，当高度不超过 15 m 时，可采用 150 mm；超过 15 m 时，6 度、7 度、8 度相应每增加高度 5 m、4 m、3 m，宜加宽 30 mm。

2） 框架-支撑结构房屋的防震缝宽度，可采用第 1）项规定数值的 70%。

9.1.3 多层厂房的布置尚应符合下列要求：

1 料斗等设备穿过楼层且支承在该楼层时，其运行装料后的设备总重心宜接近楼层的支点处。同一设备穿过两个以上楼层时，应选择其中的一层作为支座；必要时可另选一层加设水平支承点。

2 设备自承重时，厂房楼层应与设备分开。

9.1.4 多层和高层钢结构的楼板应符合下列要求：

1 楼板宜采用压型钢板现浇混凝土组合楼板、钢筋桁架楼承板混凝土组合楼板、混凝土叠合板等。6、7 度时房屋高度不超过 50 m 的民用建筑，可采用装配整体式钢筋混凝土楼板、装配式楼板等。

2 对于转换层、加强层等受力复杂楼层或楼板开口较多的楼层，宜采用现浇混凝土楼板或设置刚性水平支撑。

3 应将楼板预埋件与钢梁焊接，或采取其他措施保证楼板的整体性。

9.1.5 对于楼板平面内刚度较小的钢结构，宜设置平面支撑。各榀框架水平刚度相差较大、竖向支撑布置又不规则时，应设楼层水平支撑。楼层水平支撑宜符合以下要求：

1 楼层水平支撑可设在次梁底，支撑杆端部应同时连接于楼层横梁或纵梁的腹板或梁底。

2 楼层水平支撑的布置应与竖向支撑位置相协调。

3 楼层轴线上的梁可作为水平支撑系统的弦杆，斜杆与弦杆夹角宜在30°～60°之间。

4 在柱网区格内次梁有大的设备荷载时，应增设刚性系杆将设备的地震作用传到水平支撑弦杆（轴线上的梁）或节点上。

9.1.6 多层厂房钢框架与支撑的连接可采用焊接或高强度螺栓连接，纵向柱间支撑和屋面水平支撑布置，应符合下列要求：

1 纵向柱间支撑宜设置于柱列中部附近。

2 纵向柱间支撑可设置在同一开间内，并在同一柱间上下贯通。

3 屋面的横向水平支撑、屋面桁架间的竖向支撑和顶层的柱间支撑，宜设置在厂房单元端部的同一柱间内；当厂房单元较长时，应每隔3个～5个柱间设置1道。

9.1.7 框架结构体系的梁柱节点宜采用刚接。框架-支撑体系中，在支撑平面内框架的梁柱节点可采用半刚性连接或铰接，其余框架连接宜采用刚接；未设置斜向支撑的筒体体系在筒体平面内的梁柱连接应采用刚性连接，设置斜向支撑的筒体体系在筒体体系平面内的梁柱连接可采用半刚性连接或铰接；主要承受楼面竖向荷载的楼面梁与竖向支撑框架（或框筒及桁架筒）的连接可采用铰接。

9.1.8 采用基于性能的抗震设计的钢结构构件，钢材的质量等级应符合下列规定：

1 当工作温度高于0℃时，其质量等级不应低于B级。

2 当工作温度不高于0℃但高于－20℃时，Q235、Q345钢不应低于B级,Q390、Q420及Q460钢不应低于C级。

3 当工作温度不高于−20℃时,Q235、Q345钢不应低于C级,Q390、Q420及Q460钢不应低于D级。

（Ⅱ）计算要点

9.1.9 进行抗震计算时,钢结构的阻尼比取值宜符合下列规定:

1 多遇地震下的弹性分析,高度不大于50 m时,可取0.04;高度大于50 m且小于200 m时,可取0.03;高度不小于200 m时,宜取0.02。

2 罕遇地震下的弹塑性分析,可取0.05。

9.1.10 计算厂房的地震作用时,重力荷载代表值和组合值系数,除应符合本标准第5章规定外,尚应符合下列规定:

1 楼面检修荷载不应小于4 kN/m^2,荷载组合值系数可取为0.4。

2 成品或原料堆积楼面荷载取值应按实际采用,荷载组合值系数宜取为0.8。

3 设备和料斗内的物料充满度宜按实际运行状态取用。当物料为间断加料时,物料重力荷载的组合值系数可取为0.8。

4 管道内物料重力荷载宜按实际运行状态取用,组合值系数可取为1.0。

9.1.11 进行多层和高层钢结构多遇地震作用下的反应分析时,可考虑现浇混凝土楼板与钢梁的共同工作。在设计中,应保证楼板与钢梁间有可靠的连接措施。此时,楼板可作为梁翼缘的一部分计算梁的弹性截面特性。

楼板的有效宽度应按下式计算:

$$b_e = b_0 + b_1 + b_2 \tag{9.1.11}$$

式中:b_0——板托顶部的宽度。当板托倾角$\alpha < 45°$时,应按$\alpha = 45°$计算;当无板托时,则取钢梁上翼缘的宽度;当混

凝土板和钢梁不直接接触(如之间有压型钢板分隔)时,取栓钉的横向间距;仅有1列栓钉时,取为0。

b_1, b_2——梁外侧和内侧的翼缘计算宽度,各取梁跨度 l 的1/6和翼板厚度 t 的6倍中的较小值。此外,b_1 尚不应超过翼板实际外伸宽度 S_1;b_2 不应超过相邻梁板托间净距 S_0 的1/2。

压型钢板组合楼盖中,两侧有楼板的梁的惯性矩宜取为 $1.5I_b$,仅一侧有楼板的梁的惯性矩宜取为 $1.2I_b$,I_b 为钢梁的惯性矩。

进行多层和高层钢结构罕遇地震反应分析时,不应考虑混凝土楼板与梁的共同工作。

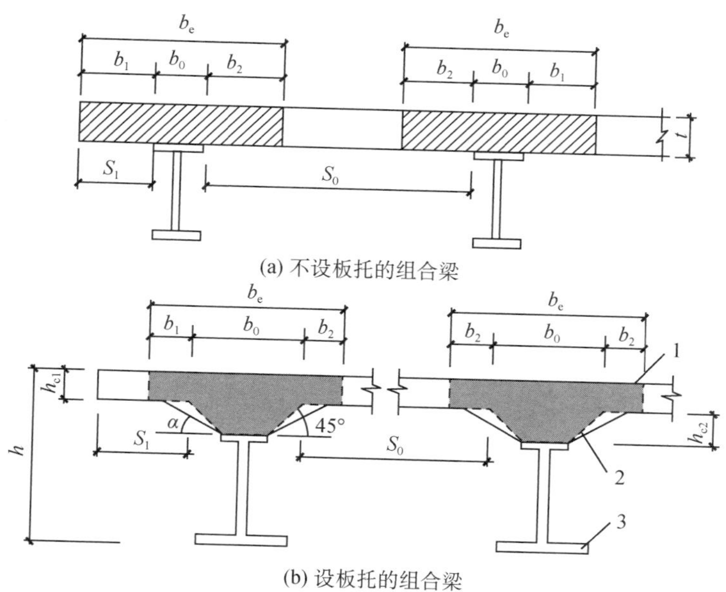

1—有效楼板;2—有效板托;3—钢梁下翼缘

图 9.1.11 楼板的有效宽度

9.1.12 计算多层和高层钢结构的内力和位移时,除应考虑梁、柱弯曲变形和支撑的轴向变形外,尚宜考虑梁、柱的剪切变形和柱的轴向变形。除有支撑跨的梁外，梁的轴向变形一般可不考虑。钢框架结构体系的梁柱刚接时，应考虑梁柱节点域的剪切变形，可将梁柱节点域作为剪切单元考虑或按照现行上海市工程建设规范《高层建筑钢结构设计规程》DG/TJ 08—32 的规定近似考虑梁柱节点域剪切变形的影响。钢框架的梁与柱采用端板式高强螺栓连接时，应考虑半刚性连接对框架内力的影响。

弹塑性时程分析时，应考虑梁、柱的弹塑性弯曲变形和支撑的弹塑性轴向变形，宜考虑梁柱节点域的弹塑性剪切变形，必要时宜考虑柱的弹塑性轴向变形。对于柱，尚宜考虑轴力对弹塑性弯曲变形的影响。

9.1.13 宜采取构造措施，减少楼梯构件对主体结构刚度的影响。

9.1.14 宜考虑梁柱节点域的剪切变形对刚接框架结构内力与位移的影响。条件许可时，宜将梁柱节点域当作一个单独的剪切单元进行结构内力与位移分析；也可按以下方法近似考虑：

1 对于工字形截面柱框架，梁、柱长度的计算尺寸宜取轴线间的距离，不考虑刚域。

2 对于箱形截面柱框架，宜将节点区视作刚域，梁、柱刚域的总长度可取节点域实际尺寸的一半，梁、柱长度的计算尺寸宜取刚域间的净距。

3 对于框架-支撑结构，可不考虑梁柱节点域的剪切变形对结构内力与位移的影响。

9.1.15 如果楼层侧移满足下式要求，则应考虑 $P-\Delta$ 效应：

$$\frac{\delta}{h} \geqslant 0.1 \frac{\sum V}{\sum N} \tag{9.1.15-1}$$

式中：δ ——多遇地震作用下计算楼层的层间位移；

h ——计算楼层层高；

$\sum N$ ——计算楼层以上全部竖向荷载之和；

$\sum V$——计算楼层以上全部多遇水平地震作用之和。

该楼层各构件的弯矩应按下式计算：

$$M_2 = M_{1b} + \alpha M_{1n} \quad (9.1.15\text{-}2)$$

式中：$\alpha = \dfrac{1}{1 - \dfrac{\delta}{h} \dfrac{\sum N}{\sum V}}$；

M_{1b}——结构在竖向荷载作用下所产生的弯矩；

M_{1n}——结构在水平荷载作用下所产生的弯矩。

9.1.16 在框架-支撑结构中，框架部分按计算得到的地震剪力应乘以调整系数，达到不小于结构底部总地震剪力的25%和框架部分计算最大层剪力值1.8倍二者的较小值。但对于采用偏心支撑、屈曲约束支撑或延性墙板的框架，其地震剪力可不进行调整。

9.1.17 直接支承设备和料斗的构件及其连接，除应计入振动设备的动力荷载外，还应计入重力及地震作用的影响。

设备与料斗对支承构件及其连接的水平地震作用，可按下式确定：

$$F_s = \alpha_{max} \lambda G_{eq} \quad (9.1.17\text{-}1)$$

$$\lambda = 1.0 + H_x / H_h \quad (9.1.17\text{-}2)$$

式中：F_s——设备或料斗重心处的水平地震作用标准值；

α_{max}——水平地震影响系数最大值；

G_{eq}——设备或料斗的重力荷载代表值；

λ——放大系数；

H_x——建筑物基础至设备或料斗重心的距离；

H_h——建筑物基础底至建筑物顶部的距离。

此水平地震作用对支承构件产生的弯矩、扭矩，取设备或料斗重心至支承构件形心距离计算。

9.1.18 当设备或支承设备的结构与厂房结构共同工作时，其水平地震作用计算时，应计入设备及其支承结构的刚度，地震作用效应按设备或支承设备结构与厂房结构侧移刚度的比例近似分配。对于重要设备或设备有较大偏心地震作用时，应将设备及其支承结构与厂房结构一起进行整体分析。

9.1.19 普通中心支撑框架构件的抗震承载力验算，应符合下列规定：

1 中心支撑框架的斜杆轴线偏移梁柱轴线交点不超过支撑杆件的宽度时，仍可按中心支撑框架分析，但应计及由此产生的附加弯矩。

2 支撑斜杆的受压承载力应按下式验算：

$$N/(\phi A_{br}) \leqslant \psi f/\gamma_{RE} \tag{9.1.19-1}$$

$$\psi = 1/(1+0.35\lambda_n) \tag{9.1.19-2}$$

$$\lambda_n = (\lambda/\pi)\sqrt{f_{ay}/E} \tag{9.1.19-3}$$

式中：N——支撑斜杆的轴向力设计值；

A_{br}——支撑斜杆的截面面积；

f——设计强度；

f_{ay}——屈服强度；

ϕ——轴心受压杆的稳定系数；

ψ——受循环荷载时的强度降低系数；

λ_n——支撑斜杆的正则化长细比；

E——支撑斜杆材料的弹性模量；

γ_{RE}——支撑承载力抗震调整系数。

3 人字形支撑和V形支撑的横梁在支撑连接处应保持连续，该横梁应承受支撑斜杆传来的内力，并应按不计入支撑支点作用的简支梁验算重力荷载和受压支撑屈曲后产生不平衡力作用下的承载力。不平衡力应按受拉支撑的最小屈服承载力和受压支撑最大屈曲承载力的0.3倍计算。

9.1.20 屈曲约束支撑框架的抗震承载力验算,应符合下列规定:

1 屈曲约束支撑在风载或多遇地震与其他静力荷载组合下最大拉压轴力设计值 N 应满足下式要求:

$$N \leqslant 0.9A_1 f_{ay} \tag{9.1.20-1}$$

式中:N ——屈曲约束支撑轴力设计值;

A_1 ——支撑约束屈服段的钢材截面面积;

f_{ay} ——支撑芯材的屈服强度标准值,按表 9.1.20-1 取值。

表 9.1.20-1 屈曲约束支撑芯材屈服强度标准值(MPa)

材料牌号	f_{ay}
Q100LY	80
Q160LY	140
Q225LY	205
Q235	235
Q355	355
Q390	390
Q420	420

2 屈曲约束支撑的连接承载力设计值应满足下式要求:

$$F_c \geqslant 1.2\omega\eta_y A_1 f_y \tag{9.1.20-2}$$

式中:F_c ——承受屈曲约束支撑轴力的连接作用力设计值;

η_y ——支撑芯材的超强系数,按表 9.1.20-2 取值;

ω ——支撑芯材的应变强化调整系数,按表 9.1.20-3 取值。

表 9.1.20-2 芯材的超强系数

材料牌号	η_y
Q100LY	1.25
Q160LY、Q235	1.15
Q225LY、Q355	1.10
Q390、Q420	1.05

表 9.1.20-3 芯材的应变强化调整系数

材料型号	ω
Q100LY	2.4
Q160LY	2.4
Q225LY	1.6
Q235、Q355、Q390、Q420	1.6

9.1.21 偏心支撑框架构件的抗震承载力验算，应符合下列规定：

1 偏心支撑框架构件的内力设计值，应按下列要求调整：

1） 支撑斜杆的轴力设计值，应取与支撑斜杆相连接的消能梁段达到受剪承载力时支撑斜杆轴力与增大系数的乘积，增大系数不应小于1.3；

2） 位于消能梁段同一跨的框架梁内力设计值，应取消能梁段达到受剪承载力时框架梁内力与增大系数的乘积，增大系数不应小于1.2；

3） 框架柱的内力设计值，应取消能梁段达到受剪承载力时柱内力与增大系数的乘积，增大系数不应小于1.2。

2 偏心支撑框架消能梁段的受剪承载力应按下列公式验算：

1） 当 $N \leqslant 0.15Af$ 时

$$V \leqslant \phi V_l / \gamma_{RE} \quad (9.1.21\text{-}1)$$

$$V_l = 0.58A_w f_{ay} \text{ 或 } V_l = 2M_{lp}/a\text{，取较小值}$$

$$A_w = (h - 2t_f)t_w$$

$$M_{lp} = W_p f$$

2） 当 $N > 0.15Af$ 时

$$V \leqslant \phi V_{lc} / \gamma_{RE} \quad (9.1.21\text{-}2)$$

$$V_{lc} = 0.58A_w f_{ay} \sqrt{1 - [N/(Af)]^2}$$

或 $V_{lc}=2.4M_{lp}[1-N/(Af)]/a$，取较小值

式中：ϕ——系数，可取 0.9；

V，N——分别为消能梁段的剪力设计值和轴力设计值；

V_l，V_{lc}——分别为消能梁段的受剪承载力和计入轴力影响的受剪承载力；

M_{lp}——消能梁段的全塑性受弯承载力；

a，h，t_w，t_f——分别为消能梁段的长度、截面高度、腹板厚度和翼缘厚度；

A，A_w——分别为消能梁段的截面面积和腹板截面面积；

W_p——消能梁段的塑性截面模量；

f，f_{ay}——分别为消能梁段钢材的抗拉强度设计值和屈服强度；

γ_{RE}——消能梁段承载力抗震调整系数，取 0.75。

注：消能梁段指偏心支撑框架中斜杆与梁交点和柱之间的区段或同一跨内相邻两个斜杆与梁交点之间的区段，地震时消能梁段屈服而使其余区段仍处于弹性受力状态。

3 支撑斜杆与消能梁段连接的承载力不应小于支撑的承载力。若支撑需抵抗弯矩，支撑与梁的连接应按抗弯连接设计。

4 消能梁段的受弯承载力应符合下列公式的规定：

1）$N\leqslant 0.15Af$ 时

$$\frac{M}{W}+\frac{N}{A}\leqslant f \tag{9.1.21-3}$$

2）$N>0.15Af$ 时

$$\left(\frac{M}{h}+\frac{N}{2}\right)\frac{1}{b_f t_f}\leqslant f \tag{9.1.21-4}$$

式中：M——消能梁段的弯矩设计值；

N——消能梁段的轴力设计值；

W——消能梁段的截面模量；

A——消能梁段的截面面积；

h，b_f，t_f——分别为消能梁段的截面高度、翼缘宽度和翼缘厚度；

f——消能梁段钢材的抗压强度设计值，有地震作用组合时，应按规定除以 γ_{RE}。

9.1.22 框架-延性墙板结构的设计验算，应符合下列规定：

1 延性钢板墙在风载或多遇地震与其他静力荷载组合下最大剪力设计值 Q 应满足下式要求：

$$Q \leqslant Q_b \tag{9.1.22-1}$$

式中：Q_b——延性钢板墙的抗剪承载力设计值。

2 无屈曲波纹钢板墙可采用等效支撑框架模型进行计算，如图 9.1.22-1 所示。

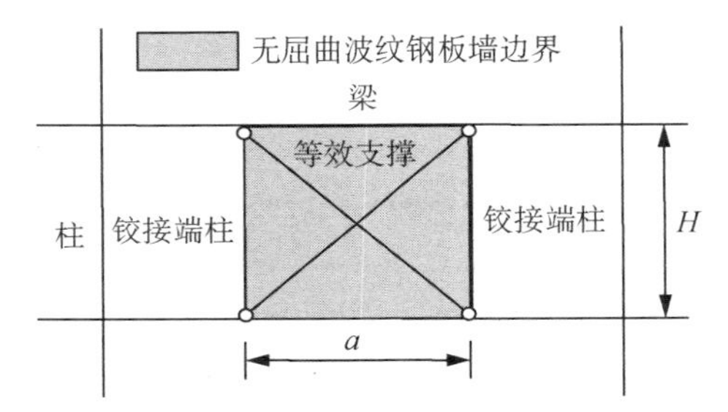

图 9.1.22-1 无屈曲波纹钢板墙等效支撑框架模型

等效支撑的截面面积 A_b 可按下式计算：

$$A_b = \frac{K(H^2 + a^2)^{\frac{3}{2}}}{2Ea^2} \tag{9.1.22-2}$$

式中：K——无屈曲波纹钢板墙初始侧向刚度；

H——波纹钢板墙高度。

等效支撑的材料屈服强度可按下式计算：

$$f_{yb} = \frac{Q_y(H^2 + a^2)^{\frac{1}{2}}}{2A_b a} \tag{9.1.22-3}$$

式中：Q_y——无屈曲波纹钢板墙的屈服承载力。

铰接端柱截面面积 A_c 可按下式计算：

$$A_c = \frac{Q_u H}{2af_y} + \frac{P_0}{f_y} \quad (9.1.22\text{-}4)$$

式中：P_0——上部无屈曲波纹钢板墙对本层铰接端柱的竖向力作用。

3 无屈曲波纹钢板墙与框架梁的连接宜采用焊接，如图 9.1.22-2 所示。

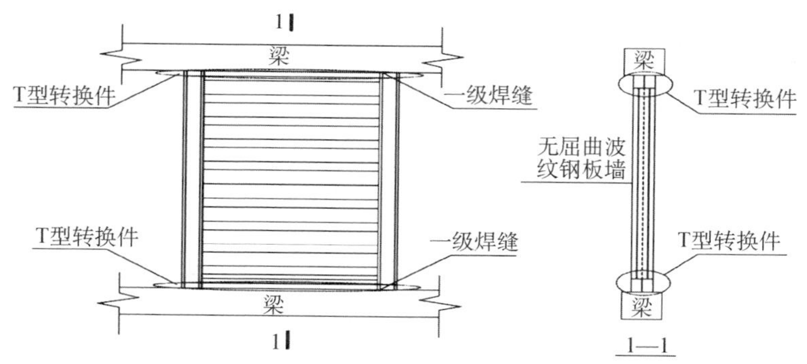

图 9.1.22-2 无屈曲波纹钢板墙与框架梁焊缝连接形式

无屈曲波纹钢板墙与上下框架梁的焊缝应满足一级焊缝的要求。波纹钢板宽度范围内的 T 型转换件腹板厚度 t_c 应满足下式要求：

$$t_c \geqslant \frac{Q_u}{af_y} \quad (9.1.22\text{-}5)$$

式中：Q_u——无屈曲波纹钢板墙的极限承载力；

a——波纹板宽度；

f_y——T 型转换件的屈服强度。

边缘构件宽度范围内的 T 型转换件截面积 A_{cc} 应满足下式要求：

$$A_{cc} \geqslant \frac{Q_u H}{2af_y} + \frac{P_0}{f_y} \tag{9.1.22-6}$$

式中：P_0——上部无屈曲波纹钢板墙对本层铰接端柱的竖向力作用。

9.1.23 钢框架构件及节点的抗震承载力验算，应符合下列规定：

1 节点左右梁端和上下柱端的全塑性承载力应符合下式要求。当柱所在楼层的受剪承载力比上一层的受剪承载力高出25%，或柱轴向力设计值与柱全截面面积和钢材抗压强度设计值乘积的比值不超过0.4，或作为轴心受压构件在2倍地震力作用下的组合轴力设计值的稳定性得到保证时，可不按下式验算。

$$\sum W_{pc}(f_{yc} - N/A_c) \geqslant \sum W_{pb} f_{yb} \tag{9.1.23-1}$$

式中：W_{pc}，W_{pb}——分别为柱和梁的塑性截面模量；

N——柱轴向压力设计值；

A_c——柱截面面积；

f_{yc}，f_{yb}——分别为柱和梁的钢材屈服强度。

2 节点域的屈服承载力应符合下式要求：

$$\psi(M_{pb1} + M_{pb2})/V_p \leqslant (4/3) f_v \tag{9.1.23-2}$$

工字形截面柱 $$V_p = h_b h_c t_w \tag{9.1.23-3}$$

箱形截面柱 $$V_p = 1.8 h_b h_c t_w \tag{9.1.23-4}$$

3 工字形截面柱和箱形截面柱的节点域应按下列公式验算：

$$t_w \geqslant (h_b + h_c)/90 \tag{9.1.23-5}$$

$$(M_{b1} + M_{b2})/V_p \leqslant (4/3) f_v/\gamma_{RE} \tag{9.1.23-6}$$

式中：M_{pb1}，M_{pb2}——分别为节点域两侧梁的全塑性受弯承载力；

V_p——节点域的体积；

f_v——钢材的抗剪强度设计值；

ψ——折减系数，可取 0.6；

h_b，h_c——分别为梁腹板高度和柱腹板高度；

t_w——柱在节点域的腹板厚度；

M_{b1}，M_{b2}——分别为节点域两侧梁的弯矩设计值；

γ_{RE}——节点域承载力抗震调整系数，取 0.70。

9.1.24 钢结构构件连接应按地震组合内力进行弹性设计，并应进行极限承载力验算。

1 梁与柱连接弹性设计时，梁上下翼缘的端截面应满足连接的弹性设计要求，梁腹板应计入剪力和弯矩；梁与柱连接的极限受弯、受剪承载力，应符合下列要求：

$$M_u \geqslant \eta_j M_p \quad (9.1.24\text{-}1)$$

$$V_u \geqslant 1.2(2M_p/l_n)+V_{Gb} \text{ 且 } V_u \geqslant 0.58h_w t_w f_{ay} \quad (9.1.24\text{-}2)$$

式中：M_u——梁上下翼缘全熔透坡口焊缝的极限受弯承载力；

V_u——梁腹板连接的极限受剪承载力；垂直于角焊缝受剪时，可提高 1.22 倍；

M_p——梁（梁贯通时为柱）的全塑性受弯承载力；

V_{Gb}——梁在重力荷载代表值作用下，按简支梁分析的梁端截面剪力设计值；

l_n——梁的净跨（梁贯通时取该楼层柱的净高）；

h_w，t_w——梁腹板的高度和厚度；

f_{ay}——钢材屈服强度；

η_j——连接系数，可按表 9.1.24 采用。

表 9.1.24 连接系数

钢材牌号	梁柱连接		支撑连接、构件拼接	
	焊接	螺栓连接	焊接	螺栓连接
Q235	1.40	1.45	1.25	1.30
Q355	1.30	1.35	1.20	1.25
Q355GJ	1.25	1.30	1.15	1.20

注:1 屈服强度高于 Q355 的钢材,按 Q355 的规定采用。
2 屈服强度高于 Q355GJ 的钢材,按 Q355GJ 的规定采用。
3 翼缘焊接腹板栓接时,连接系数按焊接形式采用。

2 支撑与框架的连接及支撑拼接的极限承载力,应符合下式要求:

$$N_{ubr} \geqslant \eta_j A_n f_{ay} \tag{9.1.24-3}$$

式中:N_{ubr}——螺栓连接和节点板连接在支撑轴线方向的极限承载力;

A_n——支撑的截面净面积;

f_{ay}——支撑钢材的屈服强度。

3 梁、柱构件拼接的弹性设计时,腹板应计入弯矩,且受剪承载力不应小于构件截面受剪承载力的 50%;拼接的极限承载力,应符合下列要求:

$$V_u \geqslant 0.58 h_w t_w f_{ay} \tag{9.1.24-4}$$

无轴向力时 $$M_u \geqslant \eta_j M_p \tag{9.1.24-5}$$

有轴向力时 $$M_u \geqslant \eta_j M_{pc} \tag{9.1.24-6}$$

式中:M_u,V_u——分别为构件拼接的极限受弯、受剪承载力;

M_{pc}——构件有轴向力时的全截面受弯承载力;

h_w,t_w——拼接构件截面腹板的高度和厚度;

f_{ay}——被拼接构件的钢材屈服强度。

拼接采用螺栓连接时,尚应符合下列要求:

翼缘 $nN_{cu}^{b} \geqslant 1.2A_{f}f_{ay}$ 且 $nN_{vu}^{b} \geqslant 1.2A_{f}f_{ay}$ (9.1.24-7)

腹板 $N_{cu}^{b} \geqslant \sqrt{(V_{u}/n)^{2}+(N_{M}^{b})^{2}}$ 且 $N_{vu}^{b} \geqslant \sqrt{(V_{u}/n)^{2}+(N_{M}^{b})^{2}}$

(9.1.24-8)

式中：N_{vu}^{b}，N_{cu}^{b}——一个螺栓的极限受剪承载力和对应的板件极限承压力；

A_{f}——翼缘的有效截面面积；

N_{M}^{b}——腹板拼接中弯矩引起的一个螺栓的最大剪力；

n——翼缘拼接或腹板拼接一侧的螺栓数。

4 梁、柱构件有轴力时的全截面受弯承载力，应按下列公式计算：

工字形截面（绕强轴）和箱形截面

当 $N/N_{y} \leqslant 0.13$ 时，$M_{pc}=M_{p}$ (9.1.24-9)

当 $N/N_{y} > 0.13$ 时，$M_{pc}=1.15(1-N/N_{y})M_{p}$

(9.1.24-10)

工字形截面（绕弱轴）

当 $N/N_{y} \leqslant A_{w}/A$ 时，$M_{pc}=M_{p}$ (9.1.24-11)

当 $N/N_{y} > A_{w}/A$ 时，$M_{pc}=\{1-[(N-A_{w}f_{ay})(N_{y}-A_{w}f_{ay})]^{2}\}M_{p}$ (9.1.24-12)

式中：N_{y}——构件轴向屈服承载力，取 $N_{y}=A_{n}f_{ay}$；

A_{w}——构件腹板截面积。

5 焊缝的极限承载力应按下列公式计算：

对接焊缝受拉 $N_{u}=A_{f}^{w}f_{u}$ (9.1.24-13)

角焊缝受剪 $V_{u}=0.58A_{f}^{w}f_{u}$ (9.1.24-14)

式中：A_{f}^{w}——焊缝的有效受力面积；

f_{u}——构件母材的抗拉强度最小值。

6 高强度螺栓连接的极限受剪承载力，应取下列公式计算的较小值：

$$N_{vu}^{b}=0.58n_{f}A_{e}^{b}f_{u}^{b} \quad (9.1.24\text{-}15)$$

$$N_{cu}^{b}=d\sum tf_{cu}^{b} \quad (9.1.24\text{-}16)$$

式中：N_{vu}^{b}，N_{cu}^{b}——分别为一个高强度螺栓的极限受剪承载力和对应的板件极限承压力；

n_{f}——螺栓连接的剪切面数量；

A_{e}^{b}——螺栓螺纹处的有效截面面积；

f_{u}^{b}——螺栓钢材的抗拉强度最小值；

d——螺栓杆直径；

$\sum t$——同一受力方向的钢板厚度之和；

f_{cu}^{b}——螺栓连接板的极限承压强度，取 $1.5f_{u}^{b}$。

（Ⅲ）构造措施

9.1.25 柱的长细比不应大于 $80\sqrt{235/f_{ay}}$。

9.1.26 柱的板件宽厚比不应超过下列数值：

翼缘外伸部分：$12\sqrt{235/f_{ay}}$

两腹板间翼缘：$38\sqrt{235/f_{ay}}$

腹板：$48\sqrt{235/f_{ay}}$

9.1.27 梁的板件宽厚比不应超过下列数值：

翼缘外伸部分：$10\sqrt{235/f_{ay}}$

两腹板间翼缘：$32\sqrt{235/f_{ay}}$

工字形或箱形截面腹板：$[80-110N_{b}/Af]\sqrt{235/f_{ay}}\leqslant 70$

9.1.28 梁与柱的连接构造，应符合下列要求：

1 梁与柱的连接宜采用柱贯通型。

2 柱在两个互相垂直的方向都与梁刚接时，宜采用箱形截面。当仅在一个方向刚接时，宜采用工字形截面，并将柱腹板置于刚接框架平面内。

3 工字形柱(强轴方向)和箱形柱与梁刚接时,应符合下列要求(图 9.1.28-1):

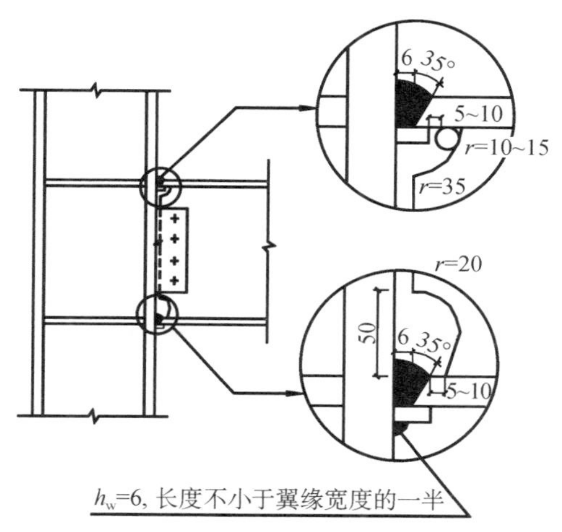

图 9.1.28-1 框架梁与柱的刚接细部构造

1) 梁翼缘与柱翼缘间应采用全熔透坡口焊缝。

2) 柱在梁翼缘对应位置设置横向加劲肋,且加劲肋厚度不应小于梁翼缘厚度。

3) 梁腹板宜采用摩擦型高强度螺栓通过连接板与柱连接;腹板角部宜设置扇形切角,其端部与梁翼缘的全熔透焊缝应隔开。

4) 当梁翼缘的塑性截面模量小于梁全截面塑性截面模量的 70%时,梁腹板与柱的连接螺栓不得少于 2 列;当计算仅需 1 列时,仍应布置 2 列,且此时螺栓总数不得少于计算值的 1.5 倍。

4 框架梁采用悬臂梁段与柱刚性连接时(图 9.1.28-2),悬臂梁端与柱应预先采用全焊接连接,梁的现场拼接可采用翼缘焊接腹板螺栓连接或全部螺栓连接。

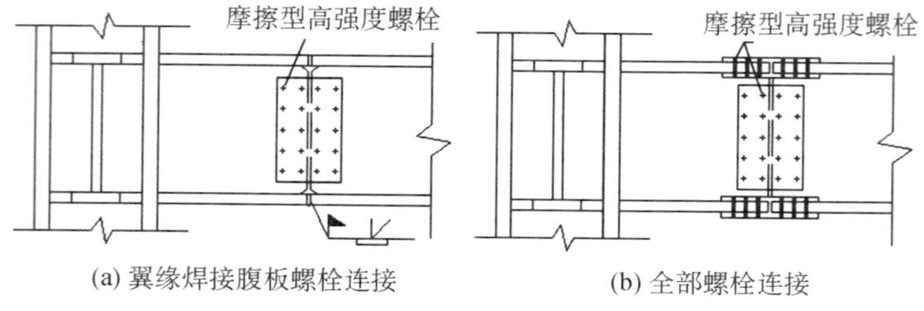

图 9.1.28-2 框架梁与柱通过梁悬臂段的连接

5 箱形柱在与梁翼缘对应位置设置的隔板应采用全焊透对接焊缝与壁板连接。工字形柱的横向加劲肋与柱翼缘应采用全焊透对接焊缝连接，与腹板可采用角焊缝连接。

9.1.29 梁与柱刚性连接时，柱在梁翼缘上下各 500 mm 的节点范围内，柱翼缘与柱腹板间或箱形柱壁板间的连接焊缝，应采用全熔透坡口焊缝。

9.1.30 框架柱接头处至框架梁面的距离应为 1.2 m～1.3 m。上下柱的对接接头应采用全熔透焊缝，柱拼接接头上下各 100 mm 范围内，工字形柱翼缘与腹板间或箱形柱壁板间的连接焊缝，应采用全熔透焊缝。

9.1.31 框架柱间支撑杆件的长细比，当为拉杆时，不应超过 180；当为压杆时，不应超过 $120\sqrt{235/f_{ay}}$。

9.1.32 中心支撑受压杆件的宽厚比不应超过下列数值：

翼缘外伸部分：$10\sqrt{235/f_{ay}}$

工字形截面腹板：$27\sqrt{235/f_{ay}}$

箱形截面腹板：$25\sqrt{235/f_{ay}}$

9.1.33 中心支撑节点的构造应符合下列要求：

1 支撑与框架连接处，支撑杆端宜做成圆弧。

2 梁在其与 V 形支撑或人字形支撑相交处，应设置侧向支承；该支承与梁端支承点间的侧向长细比（λ_y）以及支承力，应符合现行国家标准《钢结构设计标准》GB 50017 关于塑性设计的规定。

3　若支撑与框架采用节点板连接，应符合现行国家标准《钢结构设计标准》GB 50017 关于节点板在连接杆件每侧有不小于30°夹角的规定；支撑端部至节点板嵌固点在沿支撑杆件方向的距离（由节点板与框架构件焊缝的起点垂直于支撑杆轴线的直线至支撑端部的距离），不应小于节点板厚度的 2 倍。

9.1.34　偏心支撑框架消能梁段的钢材屈服强度不应大于345 MPa。消能梁段与消能梁段同一跨内的非消能梁段，其板件的宽厚比不应大于表 9.1.34 规定的限值。

表 9.1.34　偏心支撑框架梁板件宽厚比限值

板件名称		宽厚比限值
翼缘外伸部分		9
腹板	当 $N/Af \leqslant 0.14$ 时	$90[1-1.65N/(Af)]$
	当 $N/Af > 0.14$ 时	$33[2.3-N/(Af)]$

注：表列数值适用于 Q235 钢，当材料为其他钢号时，应乘以 $\sqrt{235/f_{ay}}$，$N/(Af)$为梁轴压比。

9.1.35　偏心支撑框架的支撑杆件的长细比不应大于 $120\sqrt{235/f_{ay}}$，支撑杆件的板件宽厚比不应超过现行国家标准《钢结构设计标准》GB 50017 规定的轴心受压构件在弹性设计时的宽厚比限值。

9.1.36　消能梁段的构造应符合下列要求：

1　当 $N>0.16Af$ 时，消能梁段的长度应符合下列规定：

当 $\rho(A_w/A)<0.3$ 时，$a<1.6M_{lp}/V_l$　　(9.1.36-1)

当 $\rho(A_w/A)\geqslant 0.3$ 时，$a<[1.15-0.5\rho(A_w/A)]1.6M_{lp}/V_l$　　(9.1.36-2)

$$\rho=N/V \quad (9.1.36\text{-}3)$$

式中：a——消能梁段的长度；

ρ——消能梁段轴向力设计值与剪力设计值之比；

A——消能梁段截面面积；

A_w ——消能梁段腹板截面面积；

$$V_l = 0.58A_w f_{ay} \text{ 或 } V_l = 2M_{lp}/a \text{ 取较小值} \qquad (9.1.36\text{-}4)$$

M_{lp} ——消能梁段全塑性受弯承载力；

$$M_{lp} = W_p f \qquad (9.1.36\text{-}5)$$

W_p ——消能梁段的塑性截面模量；

f，f_{ay} ——分别为消能梁段钢材抗拉强度设计值和屈服强度。

2 当 $N \leqslant 0.16Af$ 时，其净长不宜大于 $1.6M_{lp}/V_l$。

3 消能梁段的腹板不得贴焊补强板，也不得开洞。

4 消能梁段与支撑连接处，应在其腹板两侧配置加劲肋，加劲肋的高度应为梁腹板高度，一侧的加劲肋宽度不应小于$(b_t/2-t_w)$，厚度不应小于 $0.75t_w$ 和 10 mm 的较大值。

5 消能梁段应按下列要求在其腹板上设置中间加劲肋：

1） 当 $a \leqslant 1.6M_{lp}/V_l$ 时，加劲肋间距不大于$(30t_w-h/5)$。

2） 当 $2.6M_{lp}/V_l < a \leqslant 5M_{lp}/V_l$ 时，应在距消能梁段端部 $1.5b_f$ 处设置中间加劲肋，且中间加劲肋间距不应大于$(52t_w-h/5)$。

3） 当 $1.6M_{lp}/V_l < a \leqslant 2.6M_{lp}/V_l$ 时，中间加劲肋的间距宜在上述二者间线性插值。

4） 当 $a > 5M_{lp}/V_l$ 时，可不设置中间加劲肋。

5） 中间加劲肋应与消能梁段的腹板等高，当消能梁段截面高度不大于 640 mm 时，可设置单侧加劲肋；当消能梁段截面高度大于 640 mm 时，应在两侧设置加劲肋，一侧加劲肋的宽度不应小于$(b_f/2-t_w)$，厚度不应小于 t_w 和 10 mm。

9.2 单层钢结构厂房

（Ⅰ）一般规定

9.2.1 本节适用于由钢柱、钢屋架或钢屋面梁承重的单跨和多跨的单层厂房，单层的轻型钢结构厂房的抗震设计应符合专门规定。

9.2.2 厂房平面布置和防震缝设置要求，可参照单层钢筋混凝土柱厂房的有关规定，防震缝宽度不宜小于单层混凝土柱厂房防震缝宽度的 1.5 倍。

9.2.3 厂房的结构体系应符合下列要求：

1 厂房的横向抗侧力体系，可采用屋盖横梁与柱顶刚接的框架结构或屋盖与柱顶铰接的框排架或排架结构、悬臂柱结构或其他结构体系。6、7 度时厂房纵向抗侧力体系宜采用柱间支撑，条件限制时也可采用刚接框架；8 度时应采用柱间支撑。

2 屋盖应设置完整的屋盖支撑系统。屋盖横梁与柱顶铰接时，宜采用螺栓连接。

3 厂房内设有桥式吊车时，吊车梁系统的构件与厂房柱的连接应能可靠地传递纵向水平地震作用。

4 在构件可能产生塑性铰的最大应力区内，应避免焊接接头。对于厚度较大无法采用螺栓连接的构件，可采用对接焊缝等强度连接。

9.2.4 柱间支撑杆件宜采用整根型钢，采用焊接型钢时应采用整根型钢制作支撑杆件；超过材料最大长度规格时可采用对接焊缝等强拼接；柱间支撑与构件的连接，不应小于支撑杆件塑性承载力的 1.2 倍。

9.2.5 厂房的围护结构，应优先采用轻型板材和轻型型钢，采用预制钢筋混凝土墙板时宜与厂房柱柔性连接；当采用砌体围护墙时，应贴砌并与柱拉结，不应采用嵌砌式。

（Ⅱ）抗震验算

9.2.6 厂房抗震计算时，应根据屋盖高差和吊车设置情况，采用与厂房结构的实际工作状况相适应的模型计算地震作用。

单层厂房的阻尼比，可依据屋盖和围护墙的类型，取 0.045～0.050。

9.2.7 计算厂房地震作用时，围护墙体的自重与刚度应按下列规定取值：

1 轻型墙板或与柱柔性连接的预制钢筋混凝土墙板，应计入墙体的全部自重，但不应计入其刚度。

2 对于贴砌柱边且与柱拉结的砌体围护墙，应计入全部自重；当沿墙体纵向计算地震作用时，尚可计入普通砖砌体墙的折算刚度，7 度和 8 度时的折算系数可分别取 0.6 和 0.4。

9.2.8 厂房横向抗震计算可采用下列方法：

1 一般情况下，宜采用考虑屋盖弹性变形的空间分析方法。

2 平面规则、抗侧刚度均匀的轻型屋盖厂房，可按平面框架计算。等高厂房可采用底部剪力法，高低跨厂房应采用振型分解反应谱法。

9.2.9 厂房纵向抗震计算可采用下列方法：

1 采用轻型板材围护墙或与厂房柱柔性连接的钢筋混凝土大型墙板的厂房，可采用底部剪力法计算，各纵向柱列的地震作用按下列原则分配：

1） 轻型屋盖，可按纵向柱列承受的重力荷载代表值的比例分配；

2） 钢筋混凝土无檩屋盖，可按纵向柱列刚度比例分配；

3） 钢筋混凝土有檩屋盖，可取上述两种分配结果的平均值。

2 采用与柱贴砌且与柱拉结的砌体围护墙厂房，可参照本标准第 10 章的有关规定计算。

3 设置柱间支撑的柱列应计入支撑杆件屈曲后的地震作用效应。

9.2.10 有吊车的厂房，当横向按平面框架进行抗震计算时，对设置一层吊车的厂房，单跨时最多取 2 台吊车，多跨时不多于 4 台；当纵向按框架进行抗震计算时，可不计入吊车的影响；当按空间框架进行抗震计算时，吊车取实际台数。

9.2.11 屋盖构件的抗震计算应符合下列要求：

1 竖向支撑桁架的腹杆应能承受和传递屋盖的水平地震作用，其连接的承载力应大于腹杆的承载力。

2 屋盖上、下弦横向水平支撑及纵向水平支撑的交叉斜杆，均可按拉杆设计，并取相同的截面面积。

3 8度时，支承跨度大于24 m的屋盖横梁的托架以及设备荷重较大的屋盖横梁，均应计算其竖向地震作用。

9.2.12 X形、V形或Λ形的柱间支撑应考虑拉压杆共同作用，其地震作用及验算可按本标准附录J第J.2节的规定按拉杆计算，并计及相关受压杆的影响，但压杆卸载系数宜取0.30。

对于V形或Λ形的柱间支撑，与其顶尖相连的横梁不宜出现塑性铰。

交叉支撑端部的连接，对单角钢支撑应考虑强度折减；8度时不得采用单面偏心连接；交叉支撑有一杆中断时，交叉节点板应予以加强，其承载力不小于1.1倍杆件承载力。

支撑杆件的截面应力比不宜大于0.75。

9.2.13 厂房结构构件连接的承载力计算应符合下列规定：

1 框架上柱的拼接位置应选择弯矩较小区域，其承载力不应小于按上柱两端呈全截面塑性屈服状态计算的拼接处的内力，且不得小于柱全截面受拉屈服承载力的0.5倍。

2 刚接框架屋盖横梁的拼接，当位于横梁最大应力区以外时，宜按与被拼接截面等强度设计。

3 实腹屋面梁与柱的刚性连接、梁端梁与梁的拼接，应采用地震组合内力进行弹性阶段设计。梁柱刚性连接、梁与梁拼接的极限受弯承载力计算应符合现行国家标准《建筑抗震设计规范》GB 50011的要求。采用轻型屋盖时，当吊车为A6及A6以上工作级别时，不宜采用端板高强度螺栓连接；当吊车吨位＞20 t时，不应采用端板高强度螺栓连接。

刚接框架的屋架上弦与柱的连接板，在设防地震下不宜出现塑性变形。

4 柱间支撑与构件的连接，不应小于支撑杆件塑性承载力的1.2倍。

（Ⅲ）构造措施

9.2.14 厂房的屋盖支撑应符合下列要求：

1 单层钢结构厂房的无檩屋盖与有檩屋盖的支撑系统，宜按表9.2.14-1、表9.2.14-2的规定布置。

表9.2.14-1 无檩屋盖支撑系统布置

<table>
<tr><th colspan="3" rowspan="2">支撑名称</th><th colspan="2">抗震设防烈度</th></tr>
<tr><th>6、7度</th><th>8度</th></tr>
<tr><td rowspan="5">屋架支撑</td><td colspan="2">上、下弦横向支撑</td><td>屋架跨度小于18 m时同非抗震设计；屋架跨度不小于18 m时在厂房单元端开间各设1道</td><td>厂房单元端开间及上柱支撑开间各设1道；天窗开洞范围的两端各增设局部上弦支撑1道；当屋架端部支承在屋架上弦时，其下弦横向支撑同非抗震设计</td></tr>
<tr><td colspan="2">上弦通长水平系杆</td><td>同非抗震设计</td><td>在屋脊处、天窗架竖向支撑处、横向支撑节点处和屋架两端处设置</td></tr>
<tr><td colspan="2">下弦通长水平系杆</td><td>同非抗震设计</td><td>屋架竖向支撑节点处设置；当屋架与柱刚接时，在屋架端节间处按控制下弦平面外长细比不大于150设置</td></tr>
<tr><td rowspan="2">竖向支撑</td><td>屋架跨度小于30 m</td><td>同非抗震设计</td><td>厂房单元两端开间及上柱支撑开间屋架端部各设1道</td></tr>
<tr><td>屋架跨度大于等于30 m</td><td>同非抗震设计</td><td>厂房单元两端开间，屋架1/3跨度处及上柱支撑开间内的屋架端部设置，并与上、下弦横向支撑相对应</td></tr>
</table>

续表9.2.14-1

支撑名称			抗震设防烈度	
			6、7度	8度
纵向天窗架支撑	上弦横向支撑		天窗架单元两端开间各设1道	天窗架单元两端开间及柱间支撑开间各设1道
	竖向支撑	两侧	天窗架单元两端开间及每隔36 m各设1道	天窗架单元两端开间及每隔30 m各设1道
		跨中	跨度不小于12 m时天窗架单元两端开间及每隔36 m各设1道	跨度不小于9 m时设置，其道数与两侧相同

表9.2.14-2　有檩屋盖支撑系统布置

支撑名称		抗震设防烈度	
		6、7度	8度
屋架支撑	上弦横向支撑	厂房单元端开间及每隔60 m各设1道	厂房单元端开间及上柱柱间支撑开间各设1道
	下弦横向支撑	同非抗震设计，当屋架端部支承在屋架下弦时同上弦横向支撑	
	跨中竖向支撑	同非抗震设计	
	两侧竖向支撑	屋架端部高度大于900 mm时，厂房单元端开间及柱间支撑开间各设1道	
	下弦通长水平支撑	同非抗震设计	屋架两端和屋架竖向支撑处设置；与柱刚接时，屋架端节间处按控制下弦平面外长细比不大于150设置
纵向天窗架支撑	上弦横向支撑	天窗架单元两端开间各设1道	天窗架单元两端开间及每隔54 m各设1道
	两侧竖向支撑	天窗架单元两端开间及每隔42 m各设1道	天窗架单元两端开间及每隔36 m各设1道

2　当轻型屋盖采用实腹屋面梁且与柱刚性连接的刚性体系时，屋盖水平支撑可布置在屋面梁上翼缘平面，屋面梁下翼缘应设隅撑侧向支承，隅撑的另一端可与屋面檩条连接。屋面横向支

撑和纵向天窗架支撑的布置可参照表9.2.14的要求。

3 屋盖纵向水平支撑的布置尚应符合下列规定：

1）当采用托架支承屋盖横梁的屋盖结构时，应沿厂房单元全长设置纵向水平支撑。

2）对于高低跨厂房，在低跨屋盖横梁端部支承处，应沿屋盖全长设置纵向水平支撑。

3）纵向柱列局部柱间采用托架支承屋盖横梁时，应沿托架的柱间及向其两侧至少各延伸1个柱间设置屋盖纵向水平支撑。

4）当设置沿结构单元全长的纵向水平支撑时，应与横向水平支撑形成封闭的水平支撑体系。多跨厂房屋盖纵向水平支撑的间距不宜超过2跨，不得超过3跨；高跨和低跨宜按各自的标高组成相对独立的封闭支撑体系。

4 支撑杆件应采用型钢；设置交叉支撑时，支撑的长细比限值可取350。

9.2.15 柱间支撑的布置及构造应符合下列要求：

1 柱间下柱支撑，应在厂房单元的各纵向柱列中部柱间布置1道；当7度厂房单元长度大于120 m（采用轻型围护时为150 m）、8度厂房单元长度大于90 m（采用轻型围护时为120 m）时，应在厂房单元长度的1/3区段内处各布置1道；当厂房柱距数不超过5个且厂房长度小于60 m时，也可布置在厂房两端柱间。

2 上柱柱间支撑应布置在厂房单元两端及具有下柱支撑的柱间。

3 柱间支撑杆件应采用型钢，支撑形式宜采用交叉式，条件限制时也可采用V形或Λ形及其他形式的支撑。支撑斜杆与水平面的夹角不宜大于55°，支撑斜杆的交叉处应设置板厚不小于10 mm的节点板，其承载力不小于杆件承载力的1.1倍。斜杆与交叉处节点板及两端节点板均应牢固焊接。

4 柱间支撑长细比限值，应符合现行国家标准《钢结构设计标准》GB 50017 的规定。

5 柱间支撑宜采用整根型钢，当热轧型钢超过材料最大长度规格时，可采用拼接等强接长。

6 有条件时可采用消能支撑。

9.2.16 厂房框架柱的长细比，轴压比小于 0.2 时，不宜大于 150；轴压比不小于 0.2 时，不宜大于 $120\sqrt{235/f_{ay}}$。

9.2.17 厂房框架柱、梁截面板件的宽厚比限值应符合下列要求：

1 重屋盖厂房，板件宽厚比可按表 9.2.17 采用。

表 9.2.17 厂房框架梁、柱截面板件宽厚比限值

构件	板件名称	抗震设防烈度	
		7 度	8 度
柱	工字形截面翼缘外伸部分	13	12
	工字形截面腹板	52	48
	箱形截面腹板	40	38
梁	工字形截面和箱形截面翼缘外伸部分	11	10
	箱形截面翼缘在两腹板之间部分	36	32
	工字形截面和箱形截面腹板	$85-120N_b/(Af)\leqslant 75$	$80-110N_b/(Af)\leqslant 70$

注：1 表列数值适用于 Q235 钢，当材料为其他钢号时，应乘以 $\sqrt{235/f_{ay}}$。
2 $N_b/(Af)$ 为梁轴压比。

2 轻屋盖厂房，塑性耗能区板件宽厚比限值可根据其承载力的高低按性能目标确定。塑性耗能区外的板件宽厚比限值，可采用现行国家标准《钢结构设计标准》GB 50017 弹性设计阶段的板件宽厚比限值。

3 构件腹板宽厚比，可通过设置纵向加劲肋减小。

9.2.18 柱脚应能可靠传递柱身承载力，宜采用埋入式、插入式

或外包式柱脚,6、7 度时也可采用外露式柱脚。柱脚设计应符合下列要求:

1 实腹式钢柱采用埋入式、插入式柱脚时,其埋入深度应由计算确定,且不得小于钢柱截面高度的 2.5 倍。

2 格构式钢柱采用插入式柱脚时,其埋入深度应由计算确定,其最小插入深度不得小于单肢截面高度(或外径)的 2.5 倍,且不得小于柱总宽度的 0.5 倍。

3 采用外包式柱脚时,实腹 H 形截面柱的钢筋混凝土外包高度不宜小于 2.5 倍的钢结构截面高度,箱形截面柱或圆管截面柱的钢筋混凝土外包高度不宜小于 3.0 倍的钢结构截面高度或圆管截面直径。

4 当采用外露式柱脚时,柱脚极限承载力不宜小于柱截面塑性屈服承载力的 1.2 倍。柱脚螺栓不宜用以承受柱底水平剪力,柱底剪力应由钢柱底板与基础间的摩擦力或设置抗剪键及其他措施承担。柱脚螺栓应可靠锚固。

10　单层钢筋混凝土柱厂房

10.1　一般规定

10.1.1　厂房的结构布置，应符合下列要求：

1　多跨厂房宜等高和等长，高低跨厂房不宜采用一端开口的结构布置。

2　厂房的贴建房屋和构筑物，不宜布置在厂房角部和紧邻防震缝处。

3　厂房体型复杂或有贴建的房屋和构筑物时，宜设防震缝；在厂房纵横跨交接处、大柱网厂房或不设柱间支撑的厂房，防震缝宽度可采用 100 mm～150 mm，其他情况可采用 50 mm～90 mm。

4　两个主厂房之间的过渡跨至少应有一侧采用防震缝与主厂房脱开。

5　厂房内上起重机的铁梯不应靠近防震缝设置；多跨厂房各跨上起重机的铁梯不宜设置在同一横向轴线附近。

6　厂房内的工作平台、刚性工作间宜与厂房主体结构脱开。

7　厂房的同一结构单元内，不应采用不同的结构型式；厂房端部应设屋架，不应采用山墙承重；厂房单元内不应采用横墙和排架混合承重。

8　厂房柱距宜相等，各柱列的侧移刚度宜均匀，当有抽柱时应采取抗震加强措施。

注：钢筋混凝土框排架厂房的抗震设计，应符合本标准附录 G 第 G.1 节的规定。

10.1.2　厂房天窗架的设置，应符合下列要求：

1　天窗宜采用突出屋面较小的避风型天窗，有条件时宜采用下沉式天窗。

2 突出屋面的天窗宜采用钢天窗架，也可采用矩形截面杆件的钢筋混凝土天窗架。

3 天窗架不宜从厂房结构单元第一开间开始设置；8 度时，天窗架宜从厂房单元端部第三柱间开始设置。

4 天窗屋盖，端壁板和侧板，宜采用轻型板材，不应采用端壁板代替端天窗架。

10.1.3 厂房屋架的设置，应符合下列要求：

1 厂房宜采用轻型屋盖、钢屋架或重心较低的预应力混凝土、钢筋混凝土屋架。

2 跨度不大于 15 m 时，可采用钢筋混凝土屋面梁。

3 7 度且跨度大于 24 m，或 8 度时，应优先采用钢屋架。

4 柱距为 12 m 时，可采用预应力混凝土托架(梁)；当采用钢屋架时，亦可采用钢托架(梁)。

5 有突出屋面天窗架的屋盖不宜采用预应力混凝土或钢筋混凝土空腹屋架。

10.1.4 厂房柱的设置，应符合下列要求：

1 8 度时，宜采用矩形、工字形截面柱或斜腹杆双肢柱，不宜采用薄壁工字形柱、腹板开孔工字形柱、预制腹板的工字形柱和管柱。

2 柱底至室内地坪以上 500 mm 范围内和阶形柱的上柱宜采用矩形截面。

10.1.5 厂房围护墙、砌体女儿墙的布置、材料选型和抗震构造措施，应符合本标准第 12.3 节对非结构构件的有关规定。

10.2 计算要点

10.2.1 厂房的横向抗震计算，应采用下列方法：

1 混凝土无檩和有檩屋盖厂房，一般情况下，宜计及屋盖的横向弹性变形，按多质点空间结构分析；当符合本标准附录 H 的条件时，可按平面排架计算，并按附录 H 的规定对排架柱的地震剪力和弯矩进行调整。

2 轻型屋盖厂房，柱距相等时，可按平面排架计算。

注：本节轻型屋盖指屋面为压型钢板、瓦楞铁、石棉瓦等有檩屋盖。

10.2.2 厂房的纵向抗震计算，应采用下列方法：

1 混凝土无檩和有檩屋盖及有较完整支撑系统的轻型屋盖厂房，可采用下列方法：

1）一般情况下，宜计及屋盖的纵向弹性变形，围护墙与隔墙的有效刚度，不对称时宜计及扭转的影响，按多质点进行空间结构分析；

2）柱顶标高不大于 15 m 且平均跨度不大于 30 m 的单跨或等高多跨的钢筋混凝土柱厂房，宜采用本标准附录 J 规定的修正刚度法计算。

2 纵墙对称布置的单跨厂房和轻型屋盖的多跨厂房，可按柱列分片独立计算。

10.2.3 突出屋面天窗架的横向抗震计算，可采用下列方法：

1 有斜撑杆的三铰拱式钢筋混凝土和钢天窗架的横向抗震计算可采用底部剪力法；跨度大于 9 m 时，钢筋混凝土天窗架的地震作用效应应乘以增大系数，增大系数可采用 1.5。

2 其他情况下天窗架的横向水平地震作用可采用振型分解反应谱法。

10.2.4 突出屋面天窗架的纵向抗震计算，可采用下列方法：

1 天窗架的纵向抗震计算，可采用空间结构分析法，并计及屋盖平面弹性变形和纵墙的有效刚度。

2 柱高不超过 15 m 的单跨和等高多跨钢筋混凝土无檩屋盖厂房的天窗架，纵向地震作用的计算，可采用底部剪力法，但天窗架的地震作用效应应乘以效应增大系数，其值按下列规定计算：

1）单跨、边跨屋盖或有纵向内隔墙的中跨屋盖

$$\eta = 1 + 0.5n \quad (10.2.4\text{-}1)$$

2）其他中跨屋盖

$$\eta=0.5n \quad (10.2.4\text{-}2)$$

式中：η——效应增大系数；

n——厂房跨数，超过 4 跨时取 4 跨。

10.2.5 两个主轴方向柱距均不小于 12 m、无桥式起重机且无柱间支撑的大柱网厂房，柱截面抗震验算应同时计算两个主轴方向的水平地震作用，并应计入位移引起的附加弯矩。

10.2.6 不等高厂房中，支承低跨屋盖的柱牛腿（柱肩）的纵向受拉钢筋截面面积，应按下式确定：

$$A_s \geqslant \left(\frac{N_G a}{0.85 h_0 f_y}+1.2\frac{N_E}{f_y}\right)\gamma_{RE} \quad (10.2.6)$$

式中：A_s——纵向水平受拉钢筋的截面面积；

N_G——柱牛腿面上重力荷载代表值产生的压力设计值；

a——重力作用点至下柱近侧边缘的距离，当小于 $0.3h_0$ 时采用 $0.3h_0$；

h_0——牛腿最大竖向截面的有效高度；

N_E——柱牛腿面上地震组合的水平拉力设计值；

f_y——钢筋抗拉强度设计值；

γ_{RE}——承载力抗震调整系数，可采用 1.0。

10.2.7 柱间交叉支撑斜杆的地震作用效应及其与柱连接节点的抗震验算，可按本标准附录 J 的规定进行。下柱柱间支撑的下节点位置按本标准第 10.3.9 条规定设置于基础顶面以上时，宜进行纵向柱列柱根的斜截面受剪承载力验算。

10.2.8 厂房的抗风柱、屋架小立柱和计及工作平台影响的抗震计算，应符合下列规定：

1 高大山墙的抗风柱，在 8 度时应进行平面外的截面抗震承载力验算。

2 当抗风柱与屋架下弦相连接时，连接点应设在下弦横向支撑节点处，下弦横向支撑杆件的截面和连接节点应进行抗震承载力验算。

3 当工作平台和刚性内隔墙与厂房主体结构连接时，应采用与厂房实际受力相适应的计算简图，并计入工作平台和刚性内隔墙对厂房的附加地震作用影响。变位受约束且剪跨比不大于2的排架柱，其斜截面受剪承载力应按现行国家标准《混凝土结构设计规范》GB 50010的规定计算，并按本标准第10.3.11条采取相应的抗震构造措施。

4 8度时，带有小立柱的拱形和折线型屋架或上弦节间较长且矢高较大的屋架，其上弦宜进行抗扭验算。

10.3 抗震构造措施

10.3.1 有檩屋盖构件的连接及支撑布置，应符合下列要求：

1 檩条应与混凝土屋架(屋面梁)焊牢，并应有足够的支承长度。

2 双脊檩应在跨度1/3处相互拉结。

3 压型钢板应与檩条可靠连接，瓦楞铁、石棉瓦等应与檩条拉结。

4 支撑布置宜符合表10.3.1的要求。

表10.3.1 有檩屋盖的支撑布置

<table>
<tr><th colspan="2" rowspan="2">支撑名称</th><th colspan="2">抗震设防烈度</th></tr>
<tr><th>6、7度</th><th>8度</th></tr>
<tr><td rowspan="4">屋架支撑</td><td>上弦横向支撑</td><td>厂房单元端开间各设1道</td><td>厂房单元端开间及厂房单元长度大于66 m的柱间支撑开间各设1道；天窗开洞范围的两端各增设局部的支撑1道</td></tr>
<tr><td>下弦横向支撑</td><td colspan="2" rowspan="2">同非抗震设计</td></tr>
<tr><td>跨中竖向支撑</td></tr>
<tr><td>端部竖向支撑</td><td colspan="2">屋架端部高度大于900 mm时，厂房单元端开间及柱间支撑开间各设1道</td></tr>
</table>

续表10.3.1

<table>
<tr><td colspan="2" rowspan="2">支撑名称</td><td colspan="2">抗震设防烈度</td></tr>
<tr><td>6、7度</td><td>8度</td></tr>
<tr><td rowspan="2">天窗架支撑</td><td>上弦横向支撑</td><td>厂房单元天窗端开间各设1道</td><td rowspan="2">厂房单元天窗端开间及每隔30 m各设1道</td></tr>
<tr><td>两侧竖向支撑</td><td>厂房单元天窗端开间及每隔36 m各设1道</td></tr>
</table>

10.3.2 无檩屋盖构件的连接及支撑布置，应符合下列要求：

1 大型屋面板应与屋架(屋面梁)焊牢，靠柱列的屋面板与屋架(屋面梁)的连接焊缝长度不宜小于80 mm。

2 6度和7度时有天窗厂房单元的端开间，或8度时各开间，宜将垂直屋架方向两侧相邻的大型屋面板的顶面彼此焊牢。

3 8度时，大型屋面板端头底面的预埋件宜采用角钢并与主筋焊牢。

4 无预埋件焊接条件的屋面板宜采用装配整体式接头，或将板四角切掉后与屋架(屋面梁)焊牢。

5 屋架(屋面梁)端部顶面预埋件的锚筋，8度时不宜少于4ϕ10。

6 支撑的布置宜符合表10.3.2-1的要求，有中间井式天窗时宜符合表10.3.2-2的要求；8度跨度不大于15 m的厂房屋盖采用屋面梁时，可仅在厂房单元两端各设竖向支撑1道；单坡屋面梁的屋盖支撑布置，宜按屋架端部高度大于900 mm的屋盖支撑布置执行。

表10.3.2-1 无檩屋盖的支撑布置

<table>
<tr><td colspan="2" rowspan="2">支撑名称</td><td colspan="2">抗震设防烈度</td></tr>
<tr><td>6、7度</td><td>8度</td></tr>
<tr><td>屋架支撑</td><td>上弦横向支撑</td><td>屋架跨度小于18 m时同非抗震设计，跨度不小于18 m时在厂房单元端开间各设1道</td><td>厂房单元端开间及柱间支撑开间各设1道，天窗开洞范围的两端各增设局部的支撑1道</td></tr>
</table>

续表10.3.2-1

<table>
<tr><th colspan="3" rowspan="2">支撑名称</th><th colspan="2">抗震设防烈度</th></tr>
<tr><th>6、7度</th><th>8度</th></tr>
<tr><td rowspan="5">屋架支撑</td><td colspan="2">上弦通长水平系杆</td><td rowspan="4">同非抗震设计</td><td>沿屋架跨度不大于15 m设1道，但装配整体式屋面可仅在天窗开洞范围内设置；
围护墙在屋架上弦高度有现浇圈梁时，其端部处可不另设</td></tr>
<tr><td colspan="2">下弦横向支撑</td><td rowspan="2">同非抗震设计</td></tr>
<tr><td colspan="2">跨中竖向支撑</td></tr>
<tr><td rowspan="2">两端支撑</td><td>屋架端部高度≤900 mm</td><td>单元端开间各设1道</td></tr>
<tr><td>屋架端部高度＞900 mm</td><td>厂房单元端开间各设1道</td><td>单元端开间及柱间支撑开间各设1道</td></tr>
<tr><td rowspan="2">天窗架支撑</td><td colspan="2">天窗两侧竖向支撑</td><td>厂房单元天窗端开间及每隔30 m各设1道</td><td>厂房单元天窗端开间及每隔24 m各设1道</td></tr>
<tr><td colspan="2">上弦横向支撑</td><td>同非抗震设计</td><td>天窗跨度≥9 m时，厂房单元天窗端开间及柱间支撑开间各设1道</td></tr>
</table>

表10.3.2-2 中间井式天窗无檩屋盖支撑布置

<table>
<tr><th colspan="2">支撑名称</th><th>6、7度</th><th>8度</th></tr>
<tr><td colspan="2">上弦横向支撑
下弦横向支撑</td><td>厂房单元端开间各设1道</td><td>厂房单元端开间及柱间支撑开间各设1道</td></tr>
<tr><td colspan="2">上弦通长水平系杆</td><td colspan="2">天窗范围内屋架跨中上弦节点处设置</td></tr>
<tr><td colspan="2">下弦通长水平系杆</td><td colspan="2">天窗两侧及天窗范围内屋架下弦节点处设置</td></tr>
<tr><td colspan="2">跨中竖向支撑</td><td colspan="2">有上弦横向支撑开间设置，位置与下弦通长系杆相对应</td></tr>
<tr><td rowspan="2">两端竖向支撑</td><td>屋架端部高度≤900 mm</td><td colspan="2">同非抗震设计</td></tr>
<tr><td>屋架端部高度＞900 mm</td><td>厂房单元端开间各设1道</td><td>有上弦横向支撑开间，且间距不大于48 m</td></tr>
</table>

10.3.3 屋盖支撑尚应符合下列要求：

1 天窗开洞范围内，在屋架脊点处应设上弦通长水平压杆；8 度时，梯形屋架端部上节点应沿厂房纵向设置通长水平压杆。

2 屋架跨中竖向支撑在跨度方向的间距，不大于 15 m；当仅在跨中设 1 道时，应设在跨中屋架屋脊处；当设 2 道时，应在跨度方向均匀布置。

3 屋架上、下弦通长水平系杆与竖向支撑宜配合设置。

4 柱距不小于 12 m 且屋架间距 6 m 的厂房，托架（梁）区段及其相邻开间应设下弦纵向水平支撑。

5 屋盖支撑杆件宜用型钢；当采用轻型屋盖，且无吊车或梁式吊车小于 5 t、跨度不大于 24 m 时，可采用带张紧装置的十字交叉圆钢支撑。

10.3.4 突出屋面的钢筋混凝土天窗架，其两侧墙板与天窗立柱宜采用螺栓连接。

10.3.5 钢筋混凝土屋架的截面和配筋，应符合下列要求：

1 屋架上弦第一节间和梯形屋架端竖杆的配筋，6 度和 7 度时不宜少于 4ϕ12，8 度时不宜少于 4ϕ14。

2 梯形屋架的端竖杆截面宽度宜与上弦宽度相同。

3 拱形和折线形屋架上弦端部支撑屋面板的小立柱，截面不宜小于 200 mm×200 mm，高度不宜大于 500 mm，主筋宜采用 Π 形，6 度和 7 度时不宜少于 4ϕ12，8 度时不宜少于 4ϕ14，箍筋可采用 ϕ6，间距不宜大于 100 mm。

10.3.6 厂房柱子的箍筋，应符合下列要求：

1 下列范围内柱的箍筋应加密：

1） 柱头，取柱顶以下 500 mm 并不小于柱截面长边尺寸；

2） 上柱，取阶形柱自牛腿面至吊车梁顶面以上 300 mm 高度范围内；

3） 牛腿（柱肩），取全高；

4） 柱根，取下柱柱底至室内地坪以上 500 mm；

5）柱间支撑与柱连接节点和柱变位受平台等约束的部位，取节点上、下各 300 mm；

6）纵向墙梁与柱连接节点部位，取节点上、下各 300 mm。

2 加密区箍筋间距不应大于 100 mm，箍筋肢距和最小直径应符合表 10.3.6 的规定。

3 厂房柱侧向受约束且剪跨比不大于 2 的排架柱，柱顶预埋钢板和柱箍筋加密区的构造尚应符合下列要求：

1）柱顶预埋钢板沿排架平面方向的长度，宜取柱顶的截面高度，且不得小于截面高度的 1/2 及 300 mm；

2）屋架的安装位置，宜减小在柱顶的偏心，其柱顶轴向力的偏心距不应大于截面高度的 1/4；

3）柱顶轴向力排架平面内的偏心距在截面高度的 1/6～1/4 范围内时，柱顶箍筋加密区的箍筋体积配筋率：8 度不宜小于 1.0%，6、7 度不宜小于 0.8%；

4）加密区箍筋宜配置四肢箍，肢距不大于 200 mm。

表 10.3.6　柱加密区箍筋最大肢距和最小箍筋直径

抗震设防烈度		6 度	7 度	8 度
箍筋最大肢距(mm)		300	250	200
箍筋的最小直径	一般柱头和柱根	ϕ8	ϕ8	ϕ8(ϕ10)
	角柱柱头	ϕ8	ϕ10	ϕ10
	上柱、牛腿和有支撑的柱根	ϕ8	ϕ8	ϕ10
	有支撑的柱头和柱变位受约束部位	ϕ8	ϕ10	ϕ12

注：括号内数值用于柱根。

10.3.7 大柱网厂房柱的截面和配筋构造，应符合下列要求：

1 柱截面宜采用正方形或接近正方形的矩形，边长不宜小于柱全高的 1/18～1/16。

2 重屋盖厂房地震组合的柱轴压比：6、7 度时不宜大于 0.8，8 度时不宜大于 0.7。

3 纵向钢筋宜沿柱截面周边对称配置，间距不宜大于200 mm，角部宜配置直径较大的钢筋。

4 柱头和柱根的箍筋应加密，并应符合下列要求：

1）加密范围，柱根取基础顶面至室内地坪以上 1 m，且不小于柱全高的 1/6；柱头取柱顶以下 500 mm，且不小于柱截面长边尺寸；

2）箍筋直径、间距和肢距，应符合本标准第 10.3.6 条的规定。

10.3.8 山墙抗风柱的配筋，应符合下列要求：

1 抗风柱柱顶以下 300 mm 和牛腿（柱肩）面以上 300 mm 范围内的箍筋，直径不宜小于 6 mm，间距不应大于 100 mm，肢距不宜大于 250 mm。

2 抗风柱的变截面牛腿（柱肩）处，宜设置纵向受拉钢筋。

10.3.9 厂房柱间支撑的设置和构造，应符合下列要求：

1 厂房柱间支撑的布置，应符合下列规定：

1）一般情况下，应在厂房单元中部设置上、下柱间支撑，且下柱支撑应与上柱支撑配套设置；

2）有起重机或 8 度时，宜在厂房单元两端增设上柱支撑；

3）厂房单元较长或 8 度时，可在厂房单元中部 1/3 区段内设置两道柱间支撑。

2 柱间支撑应采用型钢，支撑形式宜采用交叉式，其斜杆与水平面的交角不宜大于 55°。

3 支撑杆件的长细比，不宜超过表 10.3.9 的规定。

4 下柱支撑的下节点位置和构造措施，应保证将地震作用直接传给基础；当 6 度和 7 度不能直接传给基础时，应计及支撑对柱和基础的不利影响，采取加强措施。

5 交叉支撑在交叉点应设置节点板，其厚度不应小于10 mm，斜杆与交叉节点板应焊接，与端节点板宜焊接。

表 10.3.9 交叉支撑斜杆的最大长细比

位置	抗震设防烈度		
	6 度	7 度	8 度
上柱支撑	250	250	200
下柱支撑	200	150	120

10.3.10 8 度时跨度不小于 18 m 的多跨厂房中柱，柱顶宜设置通长水平压杆，此压杆可与梯形屋架支座处通长水平系杆合并设置，钢筋混凝土系杆端头与屋架间的空隙应采用混凝土填实。

10.3.11 厂房结构构件的连接节点，应符合下列要求：

1 屋架（屋面梁）与柱顶的连接，8 度时宜采用螺栓；屋架（屋面梁）端部支承垫板的厚度不宜小于 16 mm。

2 柱顶预埋件的锚筋，8 度时不宜少于 4ϕ14；有柱间支撑的柱子，柱顶预埋件尚应增设抗剪钢板。

3 山墙抗风柱的柱顶，应设置预埋板，使柱顶与端屋架的上弦（屋面梁上翼缘）可靠连接。连接部位应位于上弦横向支撑与屋架的连接点处，不符合时可在支撑中增设次腹杆或设置型钢横梁，将水平地震作用传至节点部位。

4 支承低跨屋盖的中柱牛腿（柱肩）的预埋件，应与牛腿（柱肩）中按计算承受水平拉力部分的纵向钢筋焊接，且焊接的钢筋，6 度和 7 度时不应少于 2ϕ12，8 度时不应小于 2ϕ14。

5 柱间支撑与柱连接节点预埋件的锚件，8 度时宜采用角钢加端板，其他情况可采用不低于 HRB400 级的热轧钢筋，但锚固长度不应小于 30 倍锚筋直径或增设端板。

6 厂房中的起重机走道板、端屋架与山墙间的填充小屋面板、天沟板、天窗端壁板和天窗侧板下的填充砌体等构件应与支承结构有可靠的连接。

11 空旷房屋和大跨屋盖建筑

11.1 单层空旷房屋

（Ⅰ）一般规定

11.1.1 本节适用于较空旷的单层大厅和附属房屋组成的公共建筑。

11.1.2 大厅、前厅、舞台之间不宜设防震缝分开；大厅与两侧附属房屋之间可不设防震缝，但不设缝时应加强连接。

11.1.3 单层空旷房屋大厅屋盖的承重结构，在下列情况下不应采用砖柱：

1 大厅内设有挑台。

2 8 度时的大厅。

3 7 度时，大厅跨度大于 12 m 或柱顶高度大于 6 m。

4 6 度时，大厅跨度大于 15 m 或柱顶高度大于 8 m。

11.1.4 单层空旷房屋大厅屋盖的承重结构，除第 11.1.3 条规定者外，可在大厅纵墙屋架支点下增设钢筋混凝土柱或钢筋混凝土-砖组合壁柱，不得采用无筋砖壁柱。

11.1.5 前厅结构布置应加强横向的侧向刚度，大门处壁柱及前厅内独立柱应采用钢筋混凝土柱。

11.1.6 前厅与大厅、大厅与舞台连接处的横墙，应加强侧向刚度，设置一定数量的钢筋混凝土抗震墙。

11.1.7 大厅部分其他要求可参照本标准第 10 章，附属房屋应符合本标准的有关规定。

（Ⅱ）计算要点

11.1.8 单层空旷房屋的抗震计算，可将房屋划分为前厅、舞台、大厅和附属房屋等若干独立结构，按本标准有关规定执行，但应计及相互影响。

11.1.9 单层空旷房屋的抗震计算，可采用底部剪力法，地震影响系数可取最大值。

11.1.10 大厅的纵向水平地震作用标准值，可按下式计算：

$$F_{Ek}=\alpha_{max}G_{eq} \tag{11.1.10}$$

式中：F_{Ek}——大厅一侧纵墙或柱列的纵向水平地震作用标准值。

G_{eq}——等效重力荷载代表值。包括大厅屋盖和毗连附属房屋屋盖各一半的自重和50%雪荷载标准值，及一侧纵墙或柱列的折算自重。

11.1.11 大厅的横向抗震计算，应符合下列原则：

1 两侧无附属房屋的大厅，有挑台部分和无挑台部分可各取1个典型开间计算；符合本标准第10章规定时，尚可考虑空间工作。

2 两侧有附属房屋时，应根据附属房屋的结构类型，选择适当的计算方法。

11.1.12 高大山墙的壁柱应进行平面外的截面抗震验算。

（Ⅲ）抗震构造措施

11.1.13 大厅的屋盖构造，应符合本标准第10章的规定。

11.1.14 大厅的钢筋混凝土柱和组合砖柱应符合下列要求：

1 组合砖柱纵向钢筋的上端应锚入屋架底部的钢筋混凝土圈梁内。组合砖柱的纵向钢筋除按计算确定外，且6度时每侧不应小于4ϕ14，7度时每侧不应少于4ϕ16。

2 钢筋混凝土柱应按抗震等级不低于二级的框架柱设计，其配筋量应按计算确定。

11.1.15 前厅与大厅、大厅与舞台间轴线上横墙，应符合下列要求：

1 应在横墙两端，纵向梁支点及大洞口两侧设置钢筋混凝土框架柱或构造柱。

2 嵌砌在框架柱间的横墙应有部分设计成抗震等级不低于二级的钢筋混凝土抗震墙。

3 舞台口的柱和梁应采用钢筋混凝土结构，舞台口大梁上的墙体应采用钢筋混凝土框架柱嵌砌轻质填充墙，柱与周围墙体的拉结应符合多层砌体房屋要求。

11.1.16 大厅柱（墙）顶标高处应设置现浇圈梁，并宜沿墙高每隔 3 m 左右增设 1 道圈梁。梯形屋架端部高度大于 900 mm 时还应在上弦标高处增设 1 道圈梁。圈梁的截面高度不宜小于 180 mm，宽度宜与墙厚相同，纵筋不应少于 $4\phi12$，箍筋间距不宜大于 200 mm。

11.1.17 大厅与两侧附属房屋间不设防震缝时，应在同一标高处设置封闭圈梁并在交接处拉通，墙体交接处应沿墙高每隔 400 mm，在水平灰缝内设置拉结钢筋网片，且每边伸入墙内不宜小于 1 m。

11.1.18 悬挑式挑台应有可靠的锚固和防止倾覆的措施。

11.1.19 山墙应沿屋面设置钢筋混凝土卧梁，并应与屋盖构件锚拉；山墙应设置钢筋混凝土柱或组合柱，其截面和配筋分别不宜小于排架柱或纵墙组合柱，并应通到山墙的顶端与卧梁连接。

11.1.20 舞台后墙，大厅与前厅交接处的高大山墙，应利用工作平台或楼层作为水平支撑。

11.2 大跨屋盖建筑

（Ⅰ）一般规定

11.2.1 本节适用于采用拱架、壳体、平面桁架、空间网格、弦支及张拉索结构等基本形式及其组合而成的大跨度钢屋盖建筑。

对于跨度大于 120 m、结构区间长度大于 300 m 或悬挑长度大于 40 m 的大跨钢屋盖建筑的抗震设计，应进行专门研究和论证，采取有效的加强措施。

11.2.2 屋盖及其支承结构的选型和布置，应符合下列要求：

1 应能将屋盖的地震作用有效地传递到下部支承结构。

2 应具有合理的刚度和承载力分布，屋盖及其支承的布置宜均匀对称。

3 宜优先采用两个水平方向刚度均衡的空间传力体系。

4 结构布置宜避免因局部削弱或突变形成薄弱部位，产生过大的内力、变形集中。对于可能出现的薄弱部位，应采取措施提高其抗震能力。

5 宜采用轻型屋面系统。

6 下部支承结构应合理布置，避免使屋盖产生过大的地震扭转效应。

11.2.3 屋盖体系的结构布置，尚应分别符合下列要求：

1 单向传力体系的结构布置，应符合下列规定：

1）主结构（桁架、拱、张弦梁）间应设置平面外的稳定支撑体系，保证垂直于主结构方向的水平地震作用的有效传递；

2）当桁架支座采用下弦节点支承时，应设置可靠的防侧倾体系，防止桁架整体在支座处发生平面外扭转。

2 空间传力体系的结构布置，应符合下列规定：

1）平面形状为矩形且三边支承一边开口的网格结构，其开口边应保证足够的刚度并形成完整的边桁架；

2）两向正交正放网架、双向张弦梁，应沿周边支座设置封闭的水平支撑；

3）单层网壳应采用刚性节点。

注：单向传力体系指平面拱、单向平面桁架、单向立体桁架、单向张弦梁等结构形式；空间传力体系系指网架、网壳、双向立体桁架、弦支及张拉索结构等结构形式。

11.2.4 当屋盖分区域采用不同的结构形式时，交界区域的杆件和节点应加强；也可设置防震缝，缝宽不宜小于 150 mm。

11.2.5 屋面围护系统、吊顶及悬吊物等非结构构件应与结构可靠连接，其抗震措施应符合本标准第 12 章的有关规定。

（Ⅱ）计算要点

11.2.6 屋盖结构的抗震验算，应符合下列规定：

1 对于单向传力体系，应符合下列规定：

1）7 度时，矢跨比小于 1/5 的单向平面桁架和单向立体桁架结构应进行平面外水平抗震验算，其他结构应进行竖向和水平抗震验算；

2）8 度时，各种结构应进行竖向和水平抗震验算。

2 对于空间传力体系，应符合下列规定：

1）7 度时，网架结构可不进行地震作用计算；矢跨比大于或等于 1/5 的网壳结构应进行水平抗震验算，其他结构应进行竖向和水平抗震验算；

2）8 度时，各种结构应进行竖向和水平抗震验算。

11.2.7 屋盖结构抗震分析的计算模型，应符合下列要求：

1 应合理确定计算模型，屋盖与主要支承部位的连接假定应与构造相符。

2 计算模型应计入屋盖结构与下部结构的协同作用。

3 单向传力体系支撑构件的地震作用，宜按屋盖结构整体模型计算。

4 弦支及张拉索结构的地震作用计算模型，宜计入几何刚度的影响。

11.2.8 屋盖钢结构和下部支承结构协同分析时，阻尼比应符合下列规定：

1 当下部支承结构为钢结构或屋盖直接支承在地面时，阻尼比可取 0.02。

2 当下部支承结构为混凝土结构时，阻尼比可取 0.025～0.035。

11.2.9 屋盖结构的水平地震作用计算，应符合下列要求：

1 对于单向传力体系，可取主结构方向和垂直主结构方向分别计算水平地震作用。

2 对于空间传力体系，应至少取两个主轴方向同时计算水平地震作用；对于有两个以上主轴或质量、刚度明显不对称的屋盖结构，应增加水平地震作用的计算方向。

11.2.10 一般情况，屋盖结构的多遇地震作用计算可采用振型分解反应谱法；体型复杂或跨度较大的结构，也可采用多向地震反应谱法或时程分析法进行补充计算。对于周边支承或周边支承和多点支承相结合且规则的网架、平面桁架和立体桁架结构，其竖向地震作用可按本标准第 5.3.1 条规定进行简化计算。

11.2.11 采用振型分解反应谱法进行屋盖结构的多遇地震作用计算时，结构 j 振型、i 节点的水平或竖向地震作用标准值应按下式确定：

$$\begin{aligned} F_{\mathrm{x}ji} &= \alpha_j \gamma_j X_{ji} G_i \\ F_{\mathrm{y}ji} &= \alpha_j \gamma_j Y_{ji} G_i \\ F_{\mathrm{z}ji} &= \alpha_j \gamma_j Z_{ji} G_i \end{aligned} \qquad (11.2.11\text{-}1)$$

式中：$F_{\mathrm{x}ji}$，$F_{\mathrm{y}ji}$，$F_{\mathrm{z}ji}$——分别为 j 振型 i 节点分别沿 x 方向、y 方向和 z 方向的地震作用标准值。

α_j——相应于 j 振型自振周期的水平地震影响系数，应按本标准第 5.1.4 条、第 5.1.5 条确定；当仅 z 方向地震作用时，竖向地震影响系数取 $0.65\alpha_j$。

X_{ji}，Y_{ji}，Z_{ji} ——分别为 j 振型 i 节点的 x、y、z 方向的相对位移。

G_i ——i 节点的重力荷载代表值，应按本标准第 5.1.3 条确定。

γ_j——j 振型的参与系数，可按下列公式确定：

当仅取 x 方向地震作用时

$$\gamma_j = \frac{\sum_{i=1}^{n} X_{ji} G_i}{\sum_{i=1}^{n} (X_{ji}^2 + Y_{ji}^2 + Z_{ji}^2) G_i} \tag{11.2.11-2}$$

当仅取 y 方向地震作用时

$$\gamma_j = \frac{\sum_{i=1}^{n} Y_{ji} G_i}{\sum_{i=1}^{n} (X_{ji}^2 + Y_{ji}^2 + Z_{ji}^2) G_i} \tag{11.2.11-3}$$

当仅取 z 方向地震作用时

$$\gamma_j = \frac{\sum_{i=1}^{n} Z_{ji} G_i}{\sum_{i=1}^{n} (X_{ji}^2 + Y_{ji}^2 + Z_{ji}^2) G_i} \tag{11.2.11-4}$$

式中：n ——屋盖结构节点数。

11.2.12 屋盖结构构件的地震作用效应的组合，应符合下列要求：

1 单向传力体系，主结构构件的验算可取主结构方向的水平地震效应和竖向地震效应的组合、主结构间支撑构件的验算可仅计入垂直于主结构方向的水平地震效应。

2 一般结构，应进行三向地震作用效应的组合。

11.2.13 大跨屋盖结构在重力荷载代表值和多遇竖向地震作用标准值下的组合挠度值不宜超过表 11.2.13 的限值。

表 11.2.13 大跨屋盖结构的挠度限值

结构体系	屋盖结构(短向跨度 l_1)	悬挑结构(悬挑跨度 l_2)
平面桁架、立体桁架、网架、张弦梁	$l_1/250$	$l_2/125$
拱、单层网壳	$l_1/400$	—
双层网壳、弦支穹顶	$l_1/300$	$l_2/150$

11.2.14 屋盖构件截面抗震验算除应符合本标准第 5.4 节的有关规定外,尚应符合下列要求:

1 关键杆件的地震组合内力设计值应乘以增大系数;其取值,7、8 度宜分别按 1.1、1.15 采用。

2 关键节点的地震作用效应组合设计值应乘以增大系数;其取值,7、8 度宜分别按 1.15、1.2 采用。

3 预张拉结构中的拉索,在多遇地震作用下应不出现松弛。

注:对于空间传力体系,关键杆件指临支座杆件,即:临支座 2 个区(网)格内的弦、腹杆;临支座 1/10 跨度范围内的弦、腹杆,二者取较小的范围。对于单向传力体系,关键杆件指与支座直接相邻节间的弦杆和腹杆。关键节点为与关键杆件连接的节点。

(Ⅲ)抗震构造措施

11.2.15 屋盖钢杆件的长细比,宜符合表 11.2.15 的规定。

表 11.2.15 钢杆件的长细比限值

杆件类型	受拉	受压	压弯	拉弯
一般杆件	250	180	150	250
关键杆件	200	150(120)	150(120)	200

注:1 括号内数值用于 8 度。
2 表列数据不适用于拉索等柔性构件。

11.2.16 屋盖构件节点的抗震构造,应符合下列要求:

1 采用节点板连接各杆件时，节点板的厚度不宜小于连接杆件最大壁厚的1.2倍。

2 采用相贯节点时，应将内力较大方向的杆件直通。直通杆件的壁厚不应小于焊于其上各杆件的壁厚。

3 采用焊接球节点时，球体的壁厚不应小于相连杆件最大壁厚的1.3倍。

4 杆件宜相交于节点中心。

11.2.17 支座的抗震构造，应符合下列要求：

1 应具有足够的强度和刚度，在荷载作用下不应先于杆件和其他节点破坏，也不应产生不可忽略的变形。支座节点构造形式应传力可靠、连接简单，并符合计算假定。

2 对于水平可滑动的支座，应保证屋盖在罕遇地震下的滑移不超出支承面，并应采取限位措施。

3 8度时，多遇地震下只承受竖向压力的支座，宜采用拉压型构造。

12　非结构构件

12.1　一般规定

12.1.1　本章主要适用于非结构构件与建筑结构的连接。非结构构件包括持久性的建筑非结构构件和支承于建筑构件的附属机电设备。

12.1.2　非结构构件应根据所属建筑的抗震设防类别和非结构地震破坏的后果及其对整个建筑结构影响的范围，采取不同的抗震措施，达到相应的基于性能的抗震性能目标。建筑非结构构件和建筑附属机电设备实现基于性能的抗震性能目标的某些方法可按本标准附录 K 第 K.2 节执行。

12.1.3　当抗震要求不同的 2 个或多个非结构构件连接在一起时，应按较高的要求进行抗震设计。其中任何一个非结构构件连接损坏时，应不致引起其他结构构件及非结构构件失效。

12.2　基本计算要求

12.2.1　建筑结构抗震计算时，应按下列规定计入非结构构件的影响：

1　地震作用计算时，应计入支承于结构构件的建筑构件和建筑附属机电设备的重力。

2　对柔性连接的建筑构件，可不计入刚度；对嵌入抗侧力构件平面内的刚性建筑非结构构件，应计入其刚度影响，可采用周期调整等简化方法；一般情况下不应计入其抗震承载力，当有专门的构造措施时，尚可按有关规定计入其抗震承载力。

3 支承非结构构件的结构构件，应将非结构构件地震作用效应作为附加作用，并满足连接件的锚固要求。

12.2.2 非结构构件的地震作用计算方法，应符合下列要求：

1 各构件和部件的地震力应施加于其重心，水平地震力应沿任一水平方向。

2 一般情况下，非结构构件自身重力产生的地震作用可采用等效侧力法计算；对支承于不同楼层或防震缝两侧的非结构构件，除自身重力产生的地震作用外，尚应同时计及地震时支承点之间相对位移产生的作用效应。

3 建筑附属设备（含支架）的体系自振周期大于 0.1 s 且其重力超过所在楼层重力的 1%，或建筑附属设备的重力超过所在楼层重力的 10%时，宜进入整体结构模型的抗震设计，也可采用楼面反应谱方法计算。

12.2.3 采用等效侧力法时，水平地震作用标准值宜按下式计算：

$$F = \gamma \eta \zeta_1 \zeta_2 \alpha_{\max} G \tag{12.2.3}$$

式中：F——沿最不利方向施加于非结构构件重心处的水平地震作用标准值。

γ——非结构构件功能系数，由相关标准确定或按本标准附录 K 第 K.2 节执行。

η——非结构构件类别系数，由相关标准确定或按本标准附录 K 第 K.2 节执行。

ζ_1——状态系数，对预制建筑构件、悬臂类构件、支承点低于质心的任何设备和柔性体系宜取 2.0，其余情况可取 1.0。

ζ_2——位置系数，建筑的顶点宜取 2.0，底部宜取 1.0，沿高度线性分布；对本标准第 5 章要求采用时程分析法补充计算的结构，应按其计算结果调整。

α_{max}——地震影响系数最大值，可按本标准第5章要求关于多遇地震的规定采用。

G——非结构构件的重力，应包括运行时有关的人员、容器和管道中的介质及储物柜中物品的重力。

12.2.4 非结构构件因支承点相对位移产生的内力，可按该构件在位移方向的刚度乘以规定的支承点相对水平位移计算。

非结构构件在位移方向的刚度，应根据其端部的实际连接状态，分别采用刚接、铰接、弹性连接或滑动连接等简化的力学模型。

相邻结构楼层的相对水平位移，可按本标准规定的限值采用。

12.2.5 非结构构件的地震作用效应（包括自身重力产生的效应和支座相对位移产生的效应）和其他荷载效应的基本组合，按本标准结构构件的有关规定计算；幕墙应计算地震作用效应与风荷载效应的组合；容器类尚应计及设备运转时的温度、工作压力等产生的作用效应。

非结构构件抗震验算时，摩擦力不得作为抵抗地震作用的抗力；承载力抗震调整系数可采用1.0。

12.3 建筑非结构构件的基本抗震措施

12.3.1 建筑结构中，设置连接幕墙、围护墙、隔墙、女儿墙、雨篷、商标、广告牌、顶棚支架、大型储物架、较大的窗与天窗等非结构构件预埋件、锚固件的部位，应采取加强措施，以承受建筑非结构构件传给主体结构的地震作用。

12.3.2 非承重墙体的材料、选型和布置，应根据抗震设防烈度、房屋高度、建筑体型、结构层间变形、墙体自身抗侧力性能的利用等因素，经综合分析后确定，并应符合下列要求：

1 非承重墙体应优先采用轻质墙体材料；采用砌体墙时，应采取措施减少对主体结构的不利影响，并应设置拉结筋、水平系梁、圈梁、构造柱等与主体结构可靠拉结。

2 刚性非承重墙体的布置，应避免使结构形成刚度和强度分布上的突变；当围护墙非均匀对称布置时，应考虑质量和刚度的差异对主体结构抗震不利的影响。

3 墙体与主体结构应有可靠的拉结，应能适应主体结构不同方向的层间位移；8 度时应具有满足层间变位的变形能力，与悬挑构件相连接时，尚应具有满足节点转动引起的竖向变形的能力。

4 外墙板的连接件应具有足够的延性和适当的转动能力，宜满足在设防地震下主体结构层间变形的要求。

5 女儿墙在人流出入口和通道处应与主体结构可靠连接；非出入口无锚固的砌体女儿墙高度不宜超过 0.5 m。防震逢处女儿墙应留有足够的宽度，缝两侧的自由端应予以加强。

12.3.3 多层砌体结构中，非承重墙体等建筑非结构构件应符合下列要求：

1 后砌的非承重墙应沿墙高每隔 500 mm～600 mm 配置 2ϕ6 拉结钢筋与承重墙或柱拉结，每边伸入墙内不应少于 500 mm；8 度时，长度大于 5 m 的后砌隔墙，墙顶尚应与楼板或梁拉结，独立墙肢端部及大门洞边宜设置钢筋混凝土构造柱。

2 烟道、风道、垃圾道等不应削弱墙体。当墙体被削弱时，应对墙体采取加强措施；不宜采用无竖向配筋的附墙烟囱或出屋面烟囱。

3 不应采用无锚固的钢筋混凝土预制挑檐。

12.3.4 钢筋混凝土结构中的砌体填充墙，尚应符合下列要求：

1 填充墙在平面和竖向的布置，宜均匀对称，宜避免形成薄弱层或短柱。

2 砌体的砂浆强度等级不应低于 M5；实心块体的强度等级不应低于 MU2.5；空心块体的强度等级不应低于 MU3.5；墙顶应

与框架梁密切结合。

3 填充墙应沿框架柱全高每隔 500 mm～600 mm 设 2ϕ6 拉筋，拉筋伸入墙内的长度，6、7 度时宜沿墙全长贯通，8 度时应全长贯通。

4 墙长大于 5 m 时，墙顶与梁宜有拉结；墙长超过 8 m 或者层高 2 倍时，宜设置钢筋混凝土构造柱，构造柱的间距应不大于层高且不大于 4 m；墙高超过 4 m 时，墙体半高宜设置与柱连接且沿墙全长贯通的钢筋混凝土水平系梁。

5 楼梯间及人流通道的填充墙，尚应采用钢丝网砂浆面层加强。

12.3.5 单层钢筋混凝土柱厂房的围护墙和隔墙，尚应符合下列要求：

1 厂房的围护墙宜优先采用轻质墙板或钢筋混凝土大型墙板，砌体围护墙应采用外贴式并应设置拉结筋、水平系梁、圈梁、构造柱等与柱可靠拉结；外侧柱距为 12 m 时应采用轻质墙板或钢筋混凝土大型墙板。

2 刚性围护墙沿纵向宜均匀对称布置，不宜一侧为外贴式、另一侧为嵌砌式或开敞式；不宜一侧采用砌体墙、另一侧采用轻质墙板。

3 不等高厂房的高跨封墙和纵横向厂房交接处的悬墙宜采用轻质墙板，6、7 度采用砌体时不应直接砌在低跨屋面上。

4 砌体围护墙应沿墙高每隔 500 mm～600 mm 配置 2ϕ8 拉结钢筋与柱拉结，每边伸入墙内不应少于 1 000 mm；砌体围护墙在下列部位应设置现浇钢筋混凝土圈梁：

1） 梯形屋架端部上弦和柱顶的标高处各设 1 道，但屋架端部高度不大于 900 mm 时可合并设置。

2） 应按上密下稀的原则每隔 4 m 左右在窗顶增设 1 道圈梁，不等高厂房的高低跨封墙和纵墙跨交接处的悬墙，圈梁的竖向间距不应大于 3 m。

3）山墙沿屋面应设钢筋混凝土卧梁，并应与屋架端部上弦标高处的圈梁连接。

5 圈梁的构造应符合下列规定：

1）圈梁宜闭合，圈梁截面宽度宜与墙厚相同，截面高度不应小于 180 mm；圈梁的纵筋不应少于 $4\phi12$。

2）厂房转角处柱顶圈梁在端开间范围内的纵筋不宜小于 $4\phi14$；转角两侧各 1 m 范围内的箍筋直径不宜小于 $\phi8$，间距不宜大于 100 mm；圈梁转角处应增设不少于 3 根且直径与纵筋相同的水平斜筋。

3）圈梁应与柱或屋架牢固连接，山墙卧梁应与屋面板拉结；顶部圈梁与柱或屋架连接的锚拉钢筋不宜少于 $4\phi12$，且锚固长度不宜小于 35 倍钢筋直径，防震缝处圈梁与柱或屋架的拉结宜加强。

6 墙梁宜采用现浇。当预制时，梁底应与砖墙顶部可靠拉结，并与柱锚拉；厂房转角处相邻的墙梁，应相互可靠连接。

7 砌体隔墙与柱宜脱开或柔性连接，并应采取措施使墙体稳定，隔墙顶部应设现浇钢筋混凝土压顶梁。

8 砖墙的基础，8 度Ⅲ、Ⅳ类场地时，预制基础梁应采用现浇接头；当另设条形基础时，在柱基础顶部标高处应设置连续的现浇钢筋混凝土圈梁，其纵筋不应少于 $4\phi12$。

9 女儿墙应采取措施防止地震时倾倒、坠落。高度大于 1 m 的女儿墙不宜采用砌体。

12.3.6 钢结构厂房的围护墙和隔墙，应符合下列要求：

1 厂房的围护墙，应优先采用轻型板材，预制钢筋混凝土墙板宜与柱柔性连接。

2 单层厂房的砌体围护墙应贴砌并与柱拉结，拉结钢筋不小于 $2\phi8$，沿墙高每隔 500 mm～600 mm 配置，每边伸入墙内不应少于 1 000 mm。

3 应采取措施使墙体不妨碍厂房柱列沿纵向的水平位移。

8 度时不应采用嵌砌式。

12.3.7 各类顶棚的构件与楼板的连接件，应能承受顶棚、悬挂重物和有关机电设施的自重和地震附加作用；其锚固的承载力应大于连接件的承载力。

12.3.8 悬挑雨篷或一端由柱支承的雨篷，应与主体结构可靠连接。

12.3.9 玻璃幕墙、预制墙板、附属于楼屋面的悬臂构件和大型储物架的抗震构造，应符合相关专门标准的规定。

12.4 建筑附属机电设备支架的基本抗震措施

12.4.1 附属于建筑的电梯、照明和应急电源系统、烟火监测和消防系统、采暖和空气调节系统、通信系统、公用天线等与建筑结构的连接构件和部件的抗震措施，应根据设防烈度、建筑使用功能、房屋高度、结构类型和变形特征、附属设备所处的位置和运行要求等经综合分析后确定。

12.4.2 下列附属机电设备的支架可不考虑抗震设防要求：

1 重力不超过 1.8 kN 的设备。

2 内径小于 25 mm 的煤气管道和内径小于 60 mm 电气配管。

3 矩形截面面积小于 0.38 m^2 和圆形直径小于 0.70 m 的风管。

4 吊杆计算长度不超过 300 mm 的吊杆悬挂管道。

12.4.3 建筑附属设备不应设置在可能导致其使用功能发生障碍等二次灾害的部位；对于有隔振装置的设备，应注意其强烈振动对连接件的影响，并防止设备和建筑结构发生谐振现象。

建筑附属机电设备的支架应具有足够的刚度和强度；其与建筑结构应有可靠的连接和锚固，应使设备在遭遇设防烈度地震影响后能迅速恢复功能。

12.4.4 管道、电缆、通风管和设备的洞口设置，不应削弱主要承重结构构件；洞口的边缘应有补强措施。

管道和设备与建筑的连接，应能允许二者之间有一定的相对变位。

12.4.5 建筑附属机电设备的基座或连接件应能将设备承受的地震作用全部传递到建筑结构上。建筑结构中，用以固定建筑附属机电设备预埋件、锚固件的部位，应采取加强措施，以承受附属机电设备传给主体结构的地震作用。

12.4.6 建筑内的高位水箱应与所在的结构构件可靠连接，且应计及水箱及所含水重对建筑结构产生的地震作用效应。

12.4.7 在设防烈度地震下需要连续工作的附属设备，宜设置在建筑结构地震反应较小的部位，且可采取适当的防护措施；相关部位的结构构件应采取相应的加强措施。

13 地下建筑

13.1 一般规定

13.1.1 本章主要适用于地下车库、地下厂房、地下变电站和地下空间综合体等地下建筑，不包括地下铁道、公路隧道等。

13.1.2 甲、乙类地下建筑结构的抗震等级宜取为二级，丙类地下建筑结构的抗震等级宜取为三级。

13.1.3 地下建筑的选址宜避开不利地段。当地基为软弱黏性土、液化土、新近填土或严重不均匀土时，应分析其对结构抗震稳定性的影响，并采取相应措施。

13.1.4 地下建筑的结构体系应根据抗震设防类别、抗震设防烈度、使用功能、场地工程地质条件和施工方法等要求来确定。结构体系应具有明确、合理的地震作用传递途径；应具备必要的抗震承载力、良好的变形能力和耗能能力；应避免因部分结构或构件破坏而导致整个结构丧失抗震能力或重力荷载、侧向水土荷载的承载能力；对可能出现的薄弱部位，应采取措施提高抗震能力。

13.1.5 地下建筑的平面布置应力求简单、对称、规则、平顺；横剖面宜规则、对称；沿建筑纵向形状和构造不宜突变。

13.2 计算要点

13.2.1 地下建筑的地震作用分析，应符合下列要求：

1 符合平面应变假定的地下建筑，可仅计算横向的水平地震作用。

2 不规则的地下建筑，宜同时计算结构横向和纵向的水平地震作用，且两个水平向地震作用的设计基本地震加速度输入采用相同的数值。

3 在地下建筑的两个主轴方向分别计算水平地震作用并进行抗震验算时，各方向的水平地震作用应由该方向的抗侧力构件承担。

13.2.2 地下建筑的抗震计算模型，应根据结构实际情况确定并符合下列要求：

1 应能正确地反映周围挡土结构和内部各构件的实际受力状况；与周围挡土结构完全分离的内部结构，可采用与地上建筑同样的计算模型。

2 周围地层分布均匀、规则且具有对称轴的纵向较长的地下建筑，结构分析可选择平面应变分析模型并采用反应位移法或等效水平地震加速度法、等效侧力法计算。

3 长宽比和高宽比均小于3及本条第2款以外的地下建筑，宜采用空间结构分析计算模型并采用土层-结构时程分析法进行抗震计算。

4 体型规则的附建式地下建筑可将上部结构地震作用简化为荷载，计算模型与单建式相同。

13.2.3 地下建筑的抗震计算参数，应符合下列要求：

1 基岩处的地震作用可取地面的一半。地表、土层界面和基岩面较平坦时，地面至基岩的不同深度处地震作用可采用一维波动法确定；土层界面、基岩面或地表起伏较大时，宜采用二维或三维有限元法确定。

2 结构的重力荷载代表值应按照本标准第5.1节确定。

3 采用土层-结构时程分析法时，土体的动力特性参数可由试验确定。

13.2.4 地下建筑的抗震验算，除应符合本标准第5章的要求外，尚应符合下列规定：

1 应进行多遇地震作用下截面承载力和构件变形的抗震

验算。

2 对于不规则的地下建筑以及地下变电站和地下空间综合体等，尚应进行罕遇地震作用下的抗震变形验算；计算可采用本标准第 5.5 节的简化方法，混凝土结构弹塑性层间位移角限值$[\theta_p]$宜取 1/250。

3 液化地基中的地下建筑，应验算液化时的抗浮稳定性。

13.3 抗震构造措施和抗液化措施

13.3.1 钢筋混凝土地下建筑的抗震构造，应符合下列要求：

1 宜采用现浇结构。需要设置部分装配式构件时，应使其与周围构件有可靠的连接。

2 地下钢筋混凝土框架结构构件的最小尺寸应不低于同类地面结构构件的规定。

3 中柱的纵向钢筋最小总配筋率，应比本标准表 6.3.7-1 的规定增加 0.2%。中柱与梁或顶板、中间楼板及底板连接处的箍筋应加密，其范围和构造与地面框架结构的柱相同。

13.3.2 地下建筑的顶板、底板和楼板，应符合下列要求：

1 宜采用梁板结构。当采用板-柱-抗震墙结构时，无柱帽的平板应在柱上板带中设构造暗梁，其构造措施按本标准第 6.6.8 条第 1 款的规定采用。

2 对于地下连续墙与内衬叠合共同受力的结构，顶板、底板及各层楼板的负弯矩钢筋至少应有 50%锚入地下连续墙，锚入长度按受力计算确定；正弯矩钢筋应锚入内衬；且均应不小于规定的锚固长度。

3 楼板开孔时，孔洞宽度宜不大于该层楼板宽度的 30%；洞口的布置宜使结构质量和刚度的分布仍较均匀、对称，避免局部突变。孔洞周围应设置满足构造要求的边梁或暗梁。

13.3.3 地下建筑周围土体和地基存在液化土层时，应采取下列措施：

1 可对液化土层采取注浆加固等措施消除结构上浮的可能性，也可通过增设抗拔桩、配置压重等使其保持抗浮稳定。

2 存在液化土薄夹层，可按照本标准第4.2节和第4.3节进行地基抗液化处理和验算，但其承载力及抗浮稳定性验算应计入土层液化引起的土压力增加及摩阻力降低等因素的影响。

3 未采取措施消除液化可能性时，抗浮验算时尚应按本标准第4.3.8条考虑浮托力增加值。

附录 A　地震地面加速度时程曲线

地震地面运动加速度时程曲线及其谱值见图 A. 1～图 A. 14。

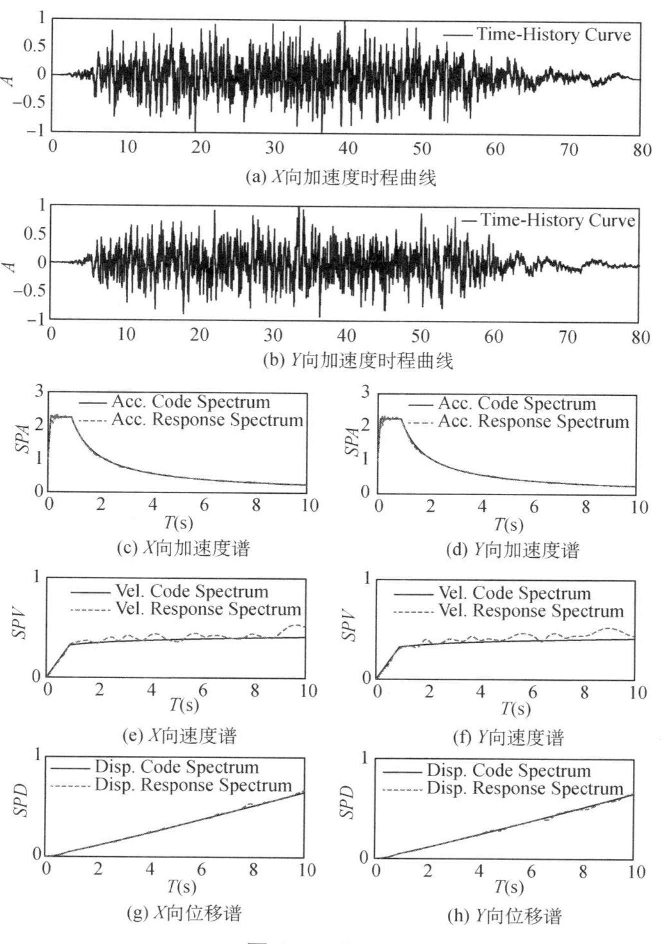

(a) X向加速度时程曲线

(b) Y向加速度时程曲线

(c) X向加速度谱　(d) Y向加速度谱

(e) X向速度谱　(f) Y向速度谱

(g) X向位移谱　(h) Y向位移谱

图 A. 1　SHW1

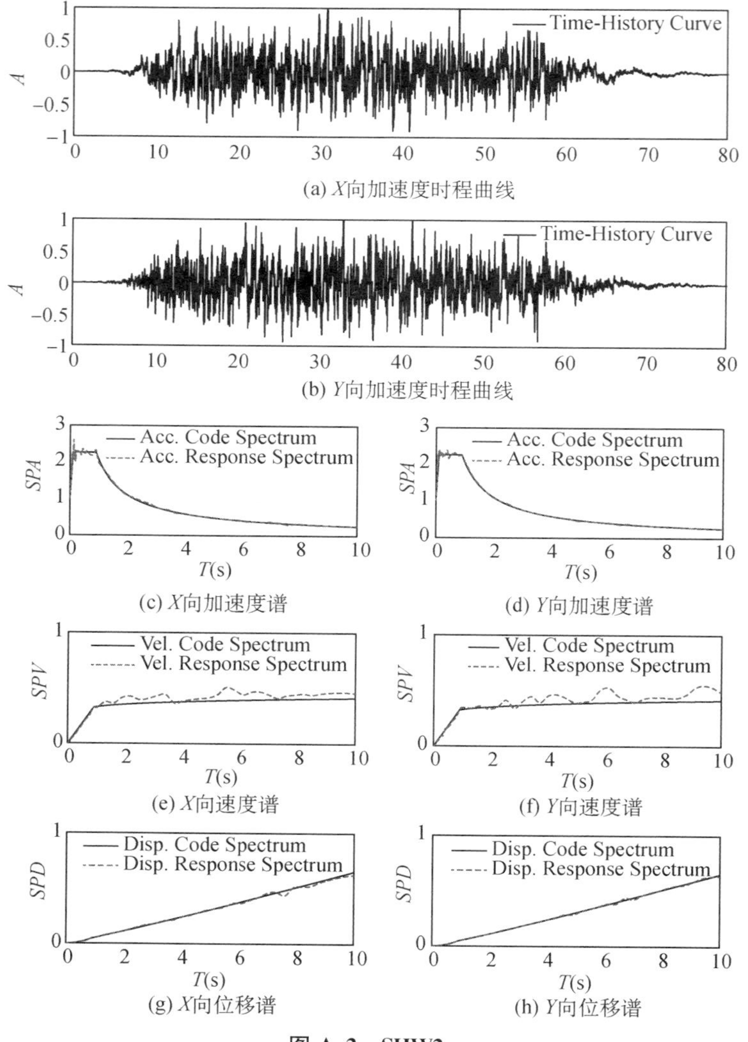

(a) *X*向加速度时程曲线

(b) *Y*向加速度时程曲线

(c) *X*向加速度谱

(d) *Y*向加速度谱

(e) *X*向速度谱

(f) *Y*向速度谱

(g) *X*向位移谱

(h) *Y*向位移谱

图 A. 2　SHW2

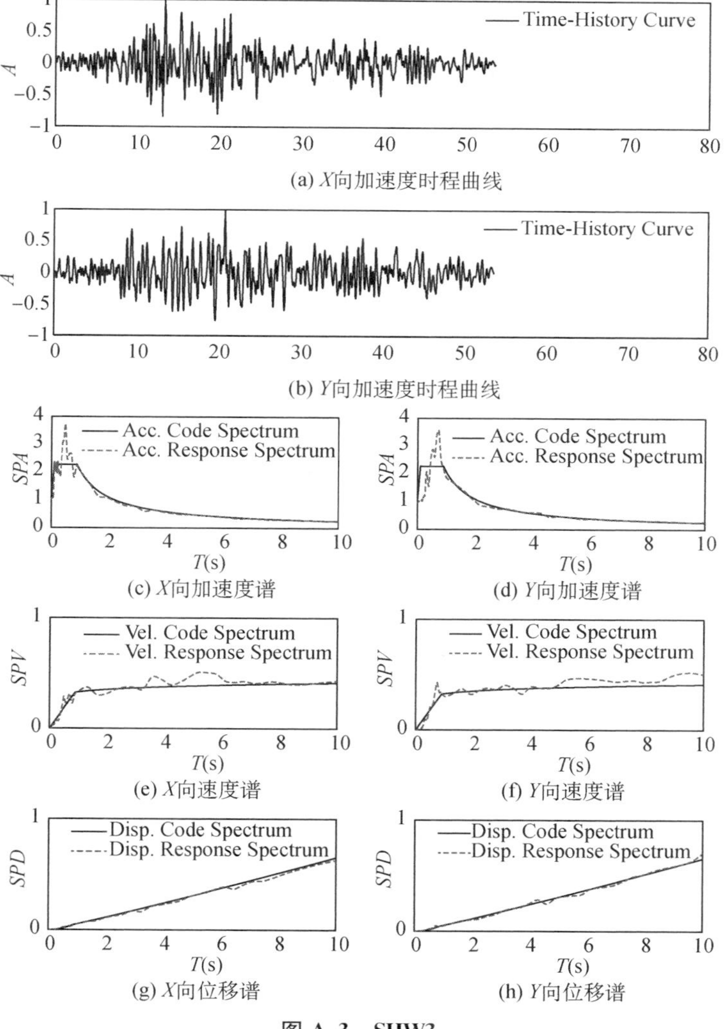

(a) X向加速度时程曲线

(b) Y向加速度时程曲线

(c) X向加速度谱

(d) Y向加速度谱

(e) X向速度谱

(f) Y向速度谱

(g) X向位移谱

(h) Y向位移谱

图 A.3 SHW3

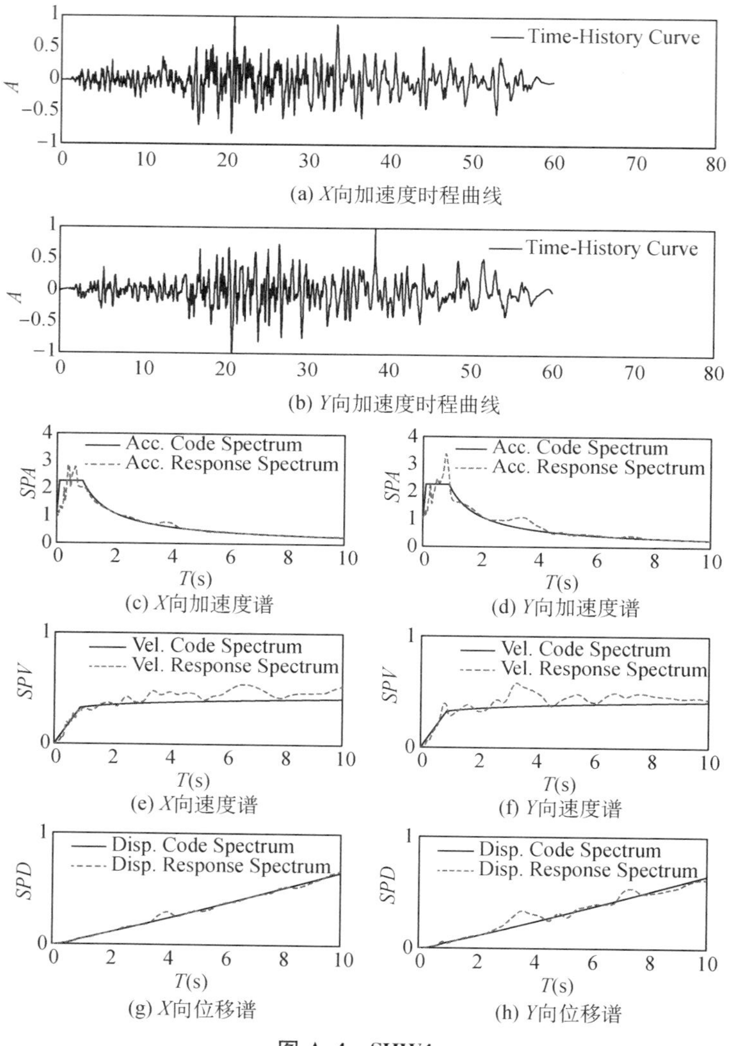

(a) X向加速度时程曲线

(b) Y向加速度时程曲线

(c) X向加速度谱

(d) Y向加速度谱

(e) X向速度谱

(f) Y向速度谱

(g) X向位移谱

(h) Y向位移谱

图 A.4　SHW4

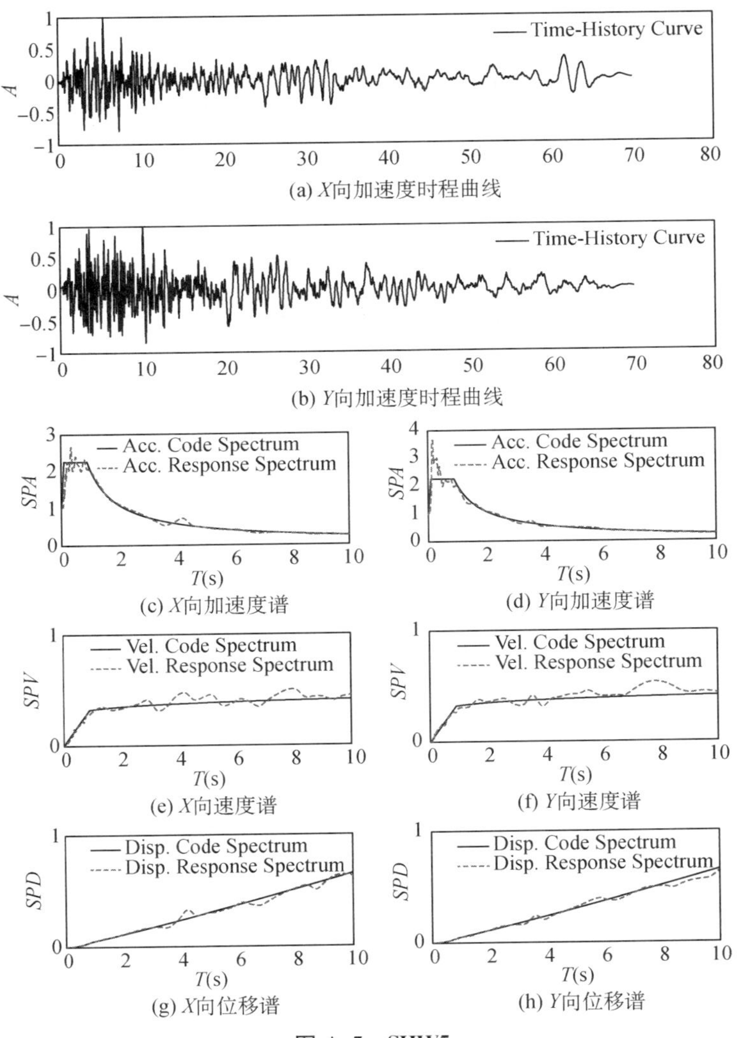
Time-History Curve
A
1
0.5
0
−0.5
−1
0
10
20
30
40
50
60
70
80
(a) X向加速度时程曲线
Time-History Curve
(b) Y向加速度时程曲线
Acc. Code Spectrum
Acc. Response Spectrum
SPA
T(s)
(c) X向加速度谱
(d) Y向加速度谱
Vel. Code Spectrum
Vel. Response Spectrum
SPV
(e) X向速度谱
(f) Y向速度谱
Disp. Code Spectrum
Disp. Response Spectrum
SPD
(g) X向位移谱
(h) Y向位移谱

图 A.5　SHW5

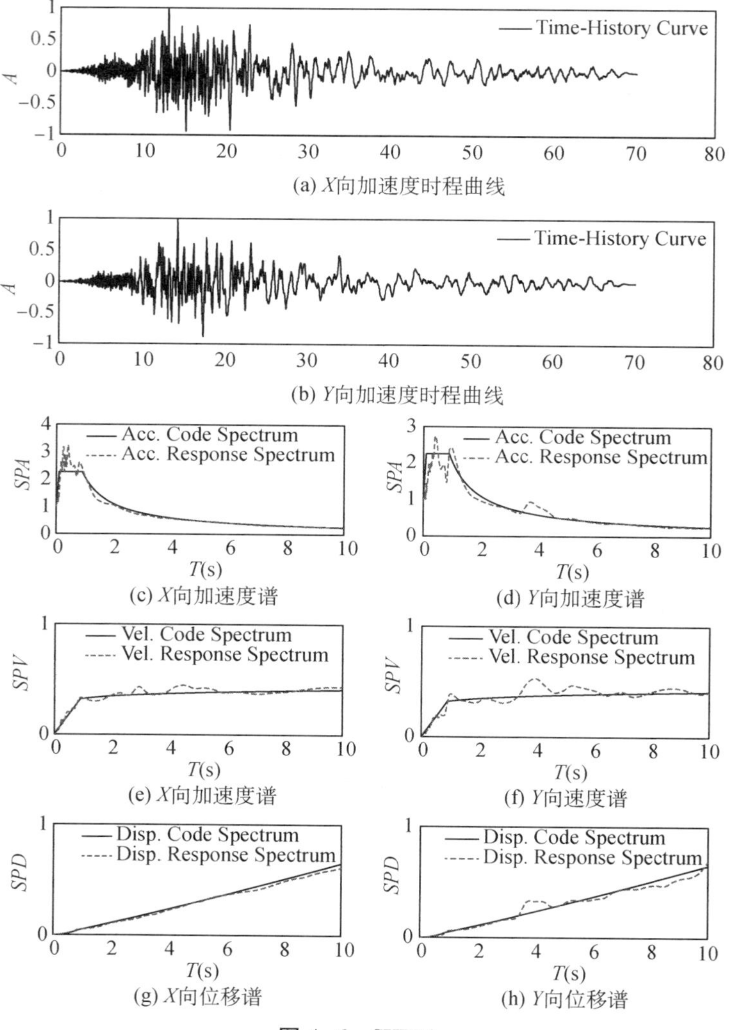

(a) X向加速度时程曲线

(b) Y向加速度时程曲线

(c) X向加速度谱

(d) Y向加速度谱

(e) X向加速度谱

(f) Y向速度谱

(g) X向位移谱

(h) Y向位移谱

图 A.6　SHW6

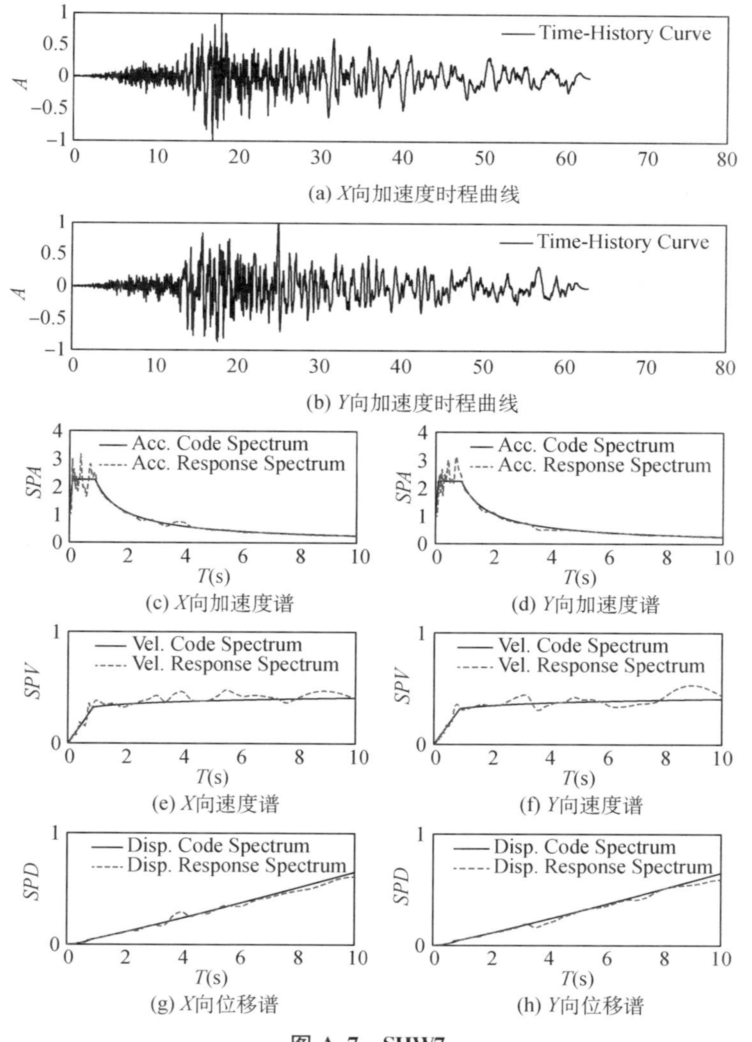

(a) X向加速度时程曲线

(b) Y向加速度时程曲线

(c) X向加速度谱

(d) Y向加速度谱

(e) X向速度谱

(f) Y向速度谱

(g) X向位移谱

(h) Y向位移谱

图 A.7　SHW7

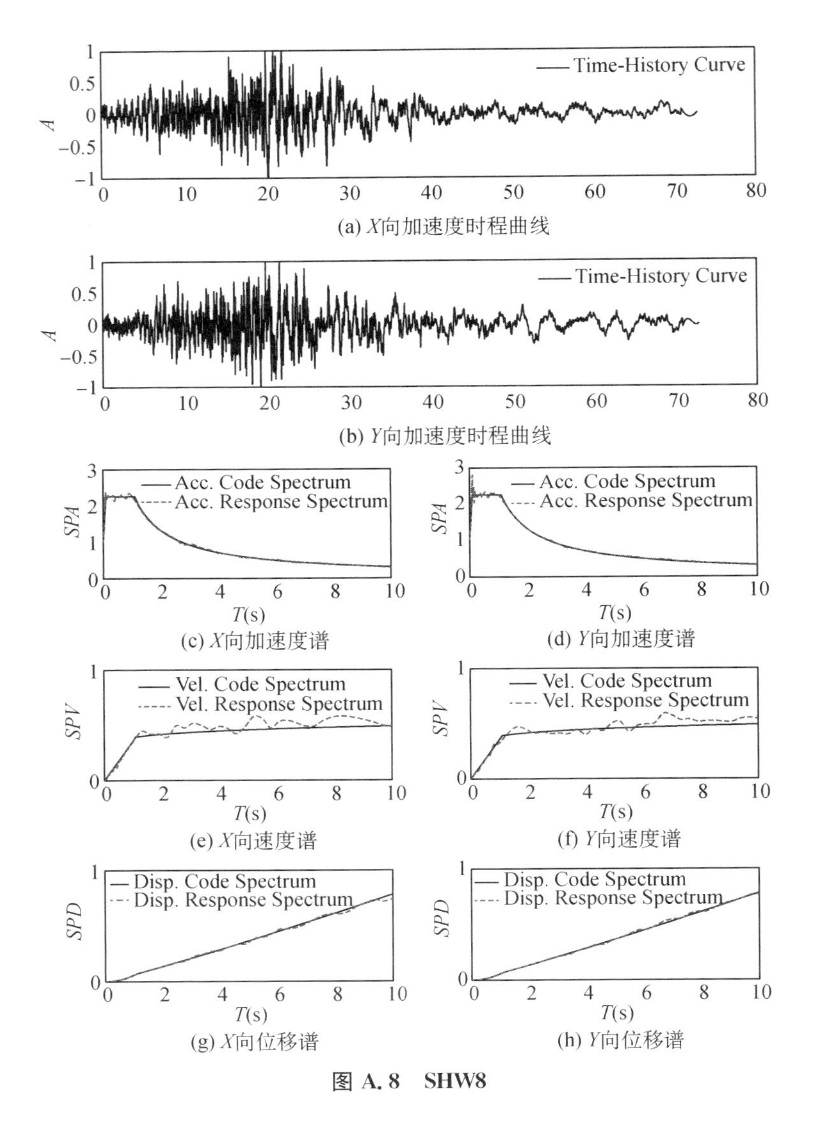

Time-History Curve
A
1
0.5
0
−0.5
−1
0
10
20
30
40
50
60
70
80
(a) X向加速度时程曲线
Time-History Curve
(b) Y向加速度时程曲线
Acc. Code Spectrum
Acc. Response Spectrum
SPA
T(s)
(c) X向加速度谱
(d) Y向加速度谱
Vel. Code Spectrum
Vel. Response Spectrum
SPV
(e) X向速度谱
(f) Y向速度谱
Disp. Code Spectrum
Disp. Response Spectrum
SPD
(g) X向位移谱
(h) Y向位移谱

图 A.8　SHW8

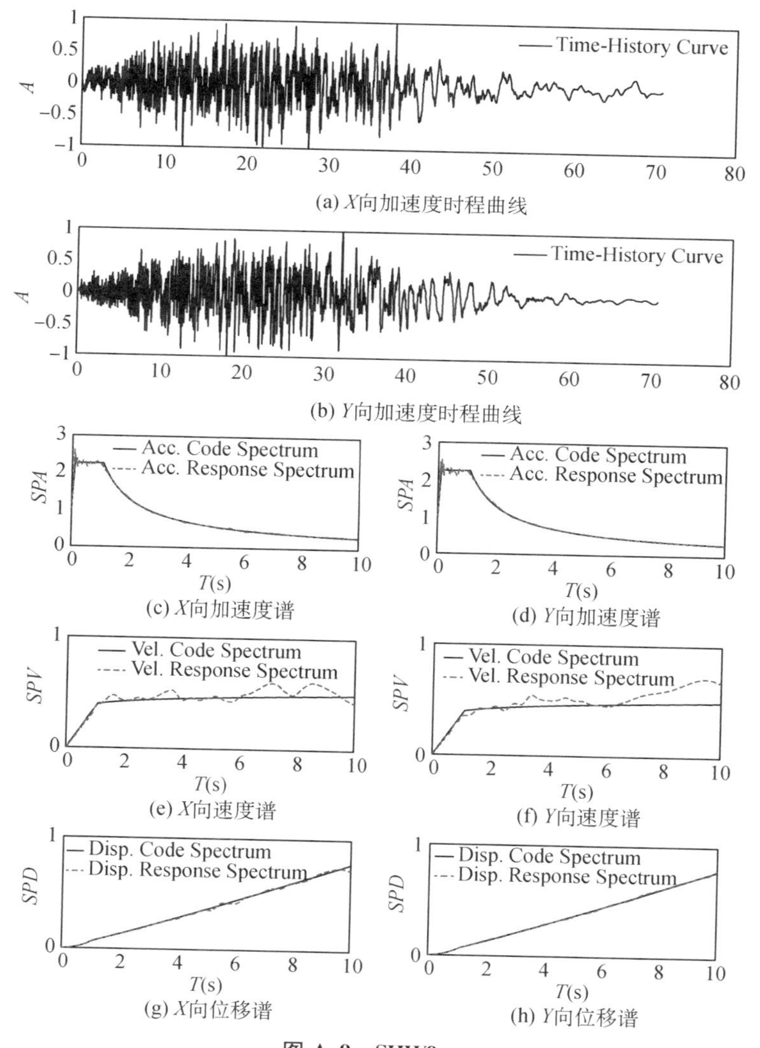

Time-History Curve
A
(a) X向加速度时程曲线
Time-History Curve
A
(b) Y向加速度时程曲线
Acc. Code Spectrum
Acc. Response Spectrum
SPA
T(s)
(c) X向加速度谱
Acc. Code Spectrum
Acc. Response Spectrum
SPA
T(s)
(d) Y向加速度谱
Vel. Code Spectrum
Vel. Response Spectrum
SPV
T(s)
(e) X向速度谱
Vel. Code Spectrum
Vel. Response Spectrum
SPV
T(s)
(f) Y向速度谱
Disp. Code Spectrum
Disp. Response Spectrum
SPD
T(s)
(g) X向位移谱
Disp. Code Spectrum
Disp. Response Spectrum
SPD
T(s)
(h) Y向位移谱

图 A.9　SHW9

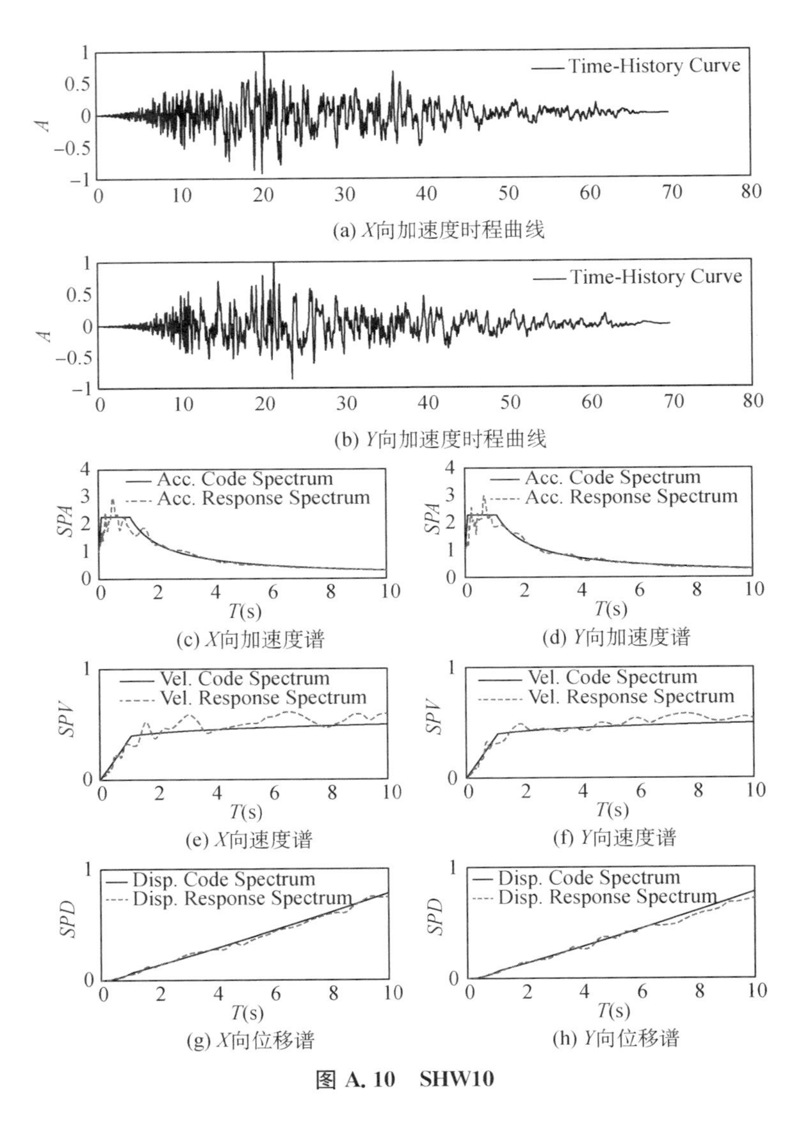

Time-History Curve
A
0
10
20
30
40
50
60
70
80
1
0.5
−0.5
−1
(a) X向加速度时程曲线
Time-History Curve
(b) Y向加速度时程曲线
Acc. Code Spectrum
Acc. Response Spectrum
SPA
T(s)
(c) X向加速度谱
(d) Y向加速度谱
Vel. Code Spectrum
Vel. Response Spectrum
SPV
(e) X向速度谱
(f) Y向速度谱
Disp. Code Spectrum
Disp. Response Spectrum
SPD
(g) X向位移谱
(h) Y向位移谱

图 A. 10　SHW10

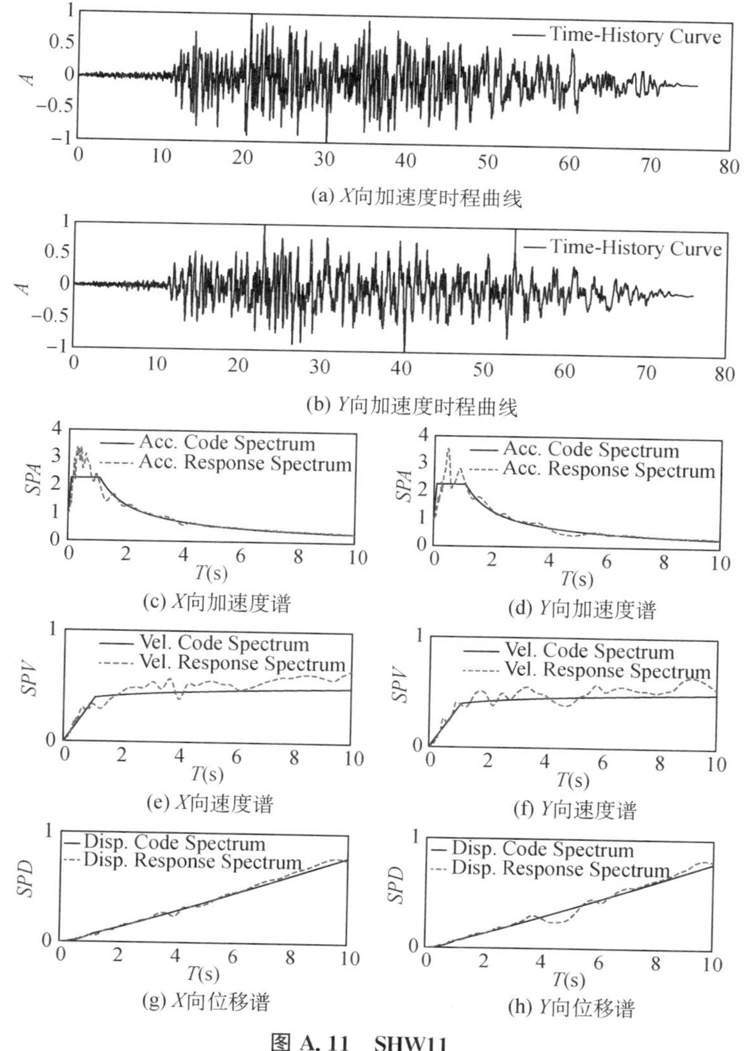

(a) X向加速度时程曲线

(b) Y向加速度时程曲线

(c) X向加速度谱

(d) Y向加速度谱

(e) X向速度谱

(f) Y向速度谱

(g) X向位移谱

(h) Y向位移谱

图 A. 11　SHW11

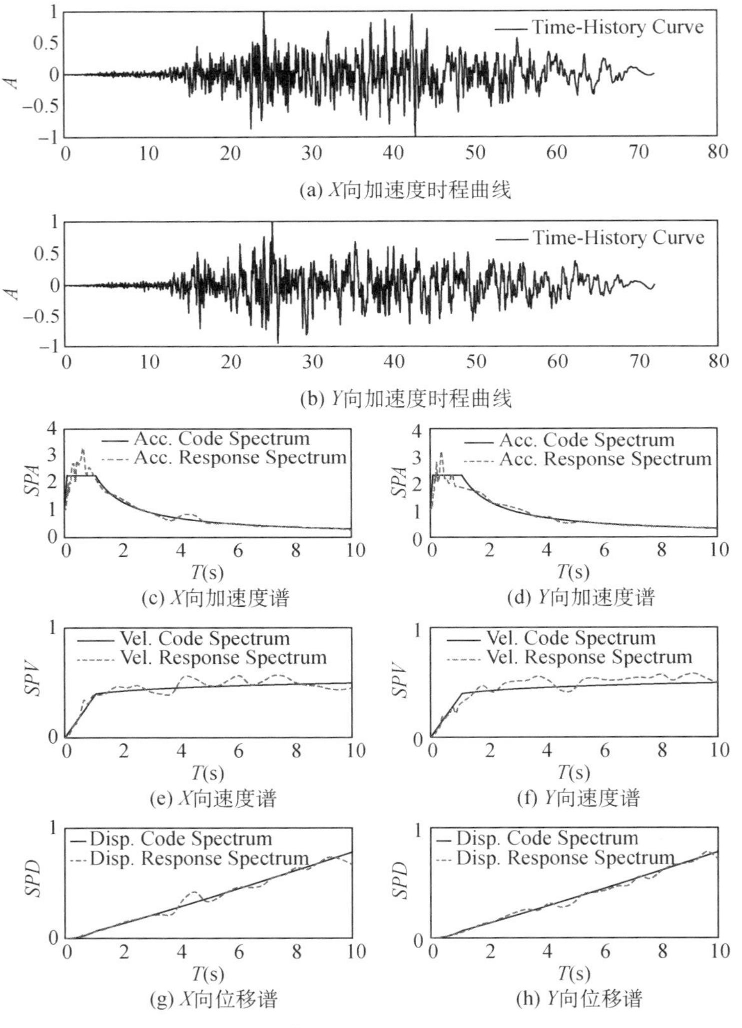

(a) X向加速度时程曲线

(b) Y向加速度时程曲线

(c) X向加速度谱　(d) Y向加速度谱

(e) X向速度谱　(f) Y向速度谱

(g) X向位移谱　(h) Y向位移谱

图 A.12　SHW12

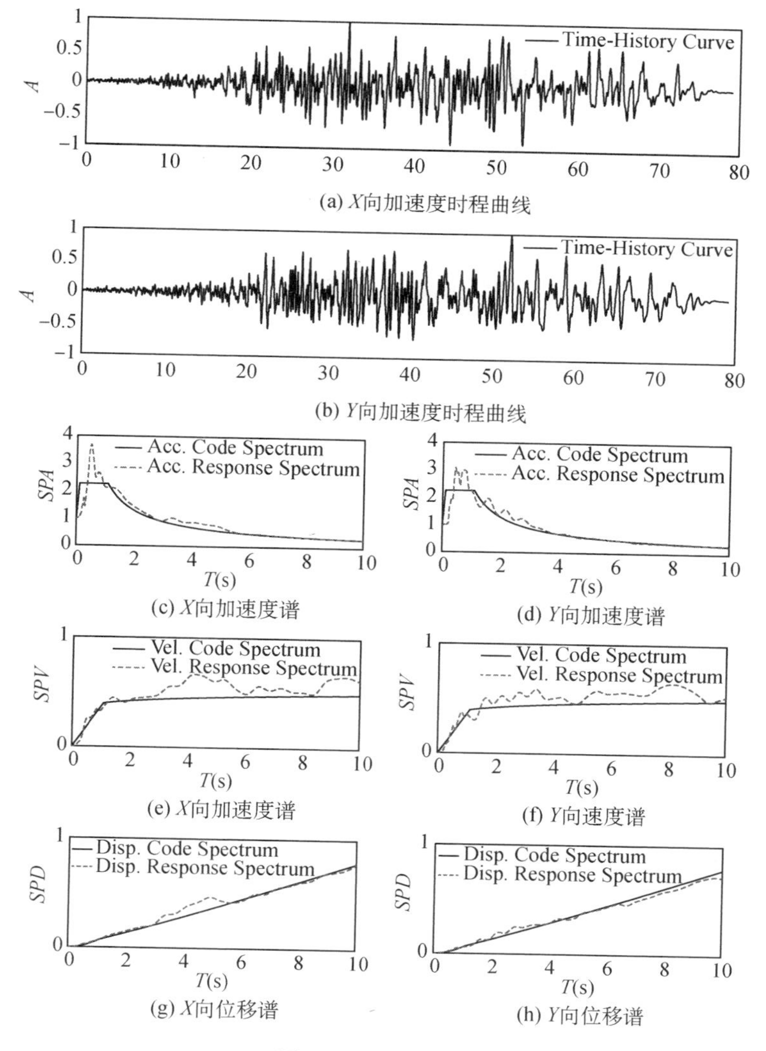
Time-History Curve
A
(a) X向加速度时程曲线
Time-History Curve
A
(b) Y向加速度时程曲线
Acc. Code Spectrum
Acc. Response Spectrum
SPA
T(s)
(c) X向加速度谱
Acc. Code Spectrum
Acc. Response Spectrum
SPA
T(s)
(d) Y向加速度谱
Vel. Code Spectrum
Vel. Response Spectrum
SPV
T(s)
(e) X向加速度谱
Vel. Code Spectrum
Vel. Response Spectrum
SPV
T(s)
(f) Y向速度谱
Disp. Code Spectrum
Disp. Response Spectrum
SPD
T(s)
(g) X向位移谱
Disp. Code Spectrum
Disp. Response Spectrum
SPD
T(s)
(h) Y向位移谱

图 A.13　SHW13

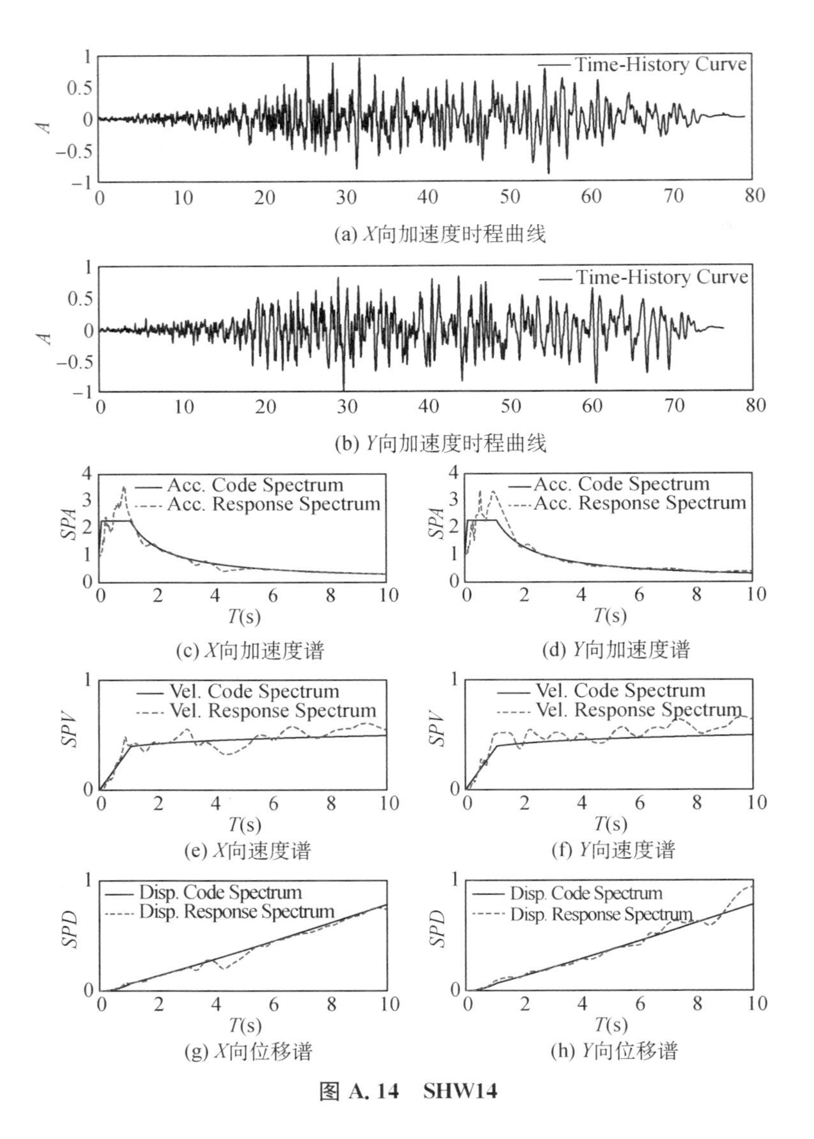

(a) X向加速度时程曲线

(b) Y向加速度时程曲线

(c) X向加速度谱

(d) Y向加速度谱

(e) X向速度谱

(f) Y向速度谱

(g) X向位移谱

(h) Y向位移谱

图 A.14　SHW14

附录B　高强混凝土结构抗震设计要求

B.0.1　高强混凝土结构所采用的混凝土强度等级应符合本标准第3.8.3条的规定；其抗震设计，除应符合普通混凝土结构抗震设计要求外，尚应符合本附录的规定。

B.0.2　结构构件的截面剪力设计值中含有混凝土轴心抗压强度设计值(f_c)的项应乘以混凝土强度的影响系数(β_c)。其值，混凝土强度等级为C50时取1.0，C80时取0.8，介于C50和C80之间时取其内插值。

结构构件受压区高度计算和承载力验算时，公式中含有混凝土轴心抗压强度设计值(f_c)的项也应按现行国家标准《混凝土结构设计规范》GB 50010的有关规定乘以相应的混凝土强度影响系数。

B.0.3　高强混凝土框架的抗震构造措施，应符合下列要求：

1　梁端纵向受拉钢筋的配筋率不宜大于2.6%(HRB400级钢筋)、2%(HRB500级钢筋)、1.5%(HRB600级钢筋)。梁端箍筋加密区的最小直径应比普通混凝土梁箍筋的最小直径增大2 mm。

2　柱的轴压比限值宜按下列规定采用：不超过C60混凝土的柱可与普通混凝土柱相同，C65～C70混凝土的柱宜比普通混凝土柱减小0.05，C75～C80混凝土的柱宜比普通混凝土柱减小0.1。

3　当混凝土强度等级大于C60时，柱纵向钢筋的最小总配筋率应比普通混凝土柱增大0.1%。

4　柱加密区的最小配箍特征值宜按下列规定采用：混凝土强度等级高于C60时，箍筋宜采用复合箍、复合螺旋箍或连续复合矩形螺旋箍。

1）轴压比不大于 0.6 时，宜比普通混凝土柱大 0.02；

2）轴压比大于 0.6 时，宜比普通混凝土柱大 0.03。

B.0.4 当抗震墙的混凝土强度等级大于 C80 时，应经过专门研究，采取加强措施。

附录C 预应力混凝土结构抗震设计要求

C.0.1 本附录适用于6、7、8度时先张法和后张有粘结预应力混凝土结构的抗震设计。

无粘结预应力混凝土结构的抗震设计，应采取措施防止罕遇地震下结构构件塑性铰区以外有效预加力松弛，并符合专门的规定。

C.0.2 抗震设计的预应力混凝土结构，应采取措施使其具有良好的变形和消耗地震能量的能力，达到延性结构的基本要求；应避免构件剪切破坏先于弯曲破坏、节点先于被连接构件破坏、预应力筋的锚固粘结先于构件破坏。

C.0.3 抗震设计时，后张预应力框架、门架、转换层的转换大梁，宜采用有粘结预应力筋。承重结构的受拉杆件和抗震等级为一级的框架，不得采用无粘结预应力筋。

C.0.4 抗震设计时，预应力混凝土结构的抗震等级及相应的地震组合内力调整，应按本标准第6章对钢筋混凝土结构的要求执行。

C.0.5 预应力混凝土结构的混凝土强度等级，框架和转换层的转换构件不宜低于C40。其他抗侧力的预应力混凝土构件，不应低于C30。

C.0.6 预应力混凝土结构的抗震计算，除应符合本标准第5章的规定外，尚应符合下列规定：

1 预应力混凝土结构自身的阻尼比可采用0.03，并可按钢筋混凝土结构部分和预应力混凝土结构部分在整个结构总变形能所占的比例折算为等效阻尼比。

2 预应力混凝土结构构件截面抗震验算时，本标准第5.4.1条地震作用效应基本组合中，应增加预应力作用效应项。其分项系数，一般情况应采用 1.0；当预应力作用效应对构件承载力不利时，应采用 1.2。

3 预应力筋穿过框架节点核芯区时，节点核芯区的截面抗震验算应计入总有效预加力以及预应力孔道削弱核芯区有效验算宽度的影响。

C.0.7 预应力混凝土结构的抗震构造，除下列规定外，应符合本标准第 6 章对钢筋混凝土结构的要求：

1 抗侧力的预应力混凝土构件，应采用预应力筋和非预应力筋混合配筋方式。二者的比例应依据抗震等级按有关规定控制，其预应力强度比不宜大于 0.75。

2 预应力混凝土框架梁端纵向受拉钢筋的最大配筋率、底面和顶面非预应力钢筋配筋量的比值，应按预应力强度比相应换算后符合钢筋混凝土框架梁的要求。

3 预应力混凝土框架柱可采用非对称配筋方式；其轴压比计算，应计入预应力筋的总有效预加力形成的轴向压力设计值，并符合钢筋混凝土结构中对应框架柱的要求；箍筋宜全高加密。

4 板-柱-抗震墙结构中，在柱截面范围内通过板底连续钢筋的要求，应计入预应力钢筋截面面积。

C.0.8 后张预应力筋的锚具不宜设置在梁柱节点核芯区。预应力筋-锚具组装件的锚固性能，应符合专门的规定。

附录D　框架梁柱节点核芯区截面抗震验算

D.1　一般框架梁柱节点

D.1.1　一、二级框架梁柱节点核芯区组合的剪力设计值，应按下列公式确定：

$$V_j = \frac{\eta_{jb}\sum M_b}{h_{b0} - a'_s}\left(1 - \frac{h_{b0} - a'_s}{H_c - h_b}\right) \tag{D.1.1-1}$$

一级框架结构可不按上式确定，但应符合下式：

$$V_j = \frac{1.15\sum M_{bua}}{h_{b0} - a'_s}\left(1 - \frac{h_{b0} - a'_s}{H_c - h_b}\right) \tag{D.1.1-2}$$

式中：V_j——梁柱节点核芯区组合的剪力设计值；

h_{b0}——梁截面的有效高度，节点两侧梁截面高度不等时可采用平均值；

a'_s——梁受压钢筋合力点至受压边缘的距离；

H_c——柱的计算高度，可采用节点上、下柱反弯点之间的距离；

h_b——梁的截面高度，节点两侧梁截面高度不等时可采用平均值；

η_{jb}——节点剪力增大系数，一级取1.35，二级取1.2；

$\sum M_b$——节点左右梁端反时针或顺时针方向组合弯矩设计值之和，一级框架节点在左右梁端均为负弯矩时，绝对值较小的弯矩应取零；

$\sum M_{bua}$——节点左右梁端反时针或顺时针方向实配的正弯矩承

载力所对应的弯矩值之和，根据实配钢筋面积(计入受压筋)和材料强度标准值确定。

D.1.2 核芯区截面有效验算宽度，应按下列规定采用：

1 核芯区截面有效验算宽度，当验算方向的梁截面宽度不小于该侧柱截面宽度的1/2时，可采用该侧柱截面宽度；当小于柱截面宽度的1/2时，可采用下列二者的较小值：

$$b_{j}=b_{b}+0.5h_{c} \tag{D.1.2-1}$$

$$b_{j}=b_{c} \tag{D.1.2-2}$$

式中：b_{j}——节点核芯区的截面有效验算宽度；

b_{b}——梁截面宽度；

h_{c}——验算方向的柱截面高度；

b_{c}——验算方向的柱截面宽度。

2 当梁、柱的中线不重合且偏心距不大于柱宽的1/4时，核芯区的截面有效验算宽度可采用上款和下式计算结果的较小值。

$$b_{j}=0.5(b_{b}+b_{c})+0.25h_{c}-e \tag{D.1.2-3}$$

式中：e——梁与柱中线偏心距。

D.1.3 节点核芯区组合的剪力设计值，应符合下列要求：

$$V_{j}\leqslant\frac{1}{\gamma_{RE}}(0.30\eta_{j}f_{c}b_{j}h_{j}) \tag{D.1.3}$$

式中：η_{j}——正交梁的约束影响系数，楼板为现浇，梁柱中线重合，四侧各梁截面宽度不小于该侧柱截面宽度的1/2，且正交方向梁高度不小于框架梁高度的3/4时，可采用1.5，其他情况均采用1.0；

h_{j}——节点核芯区的截面高度，可采用验算方向的柱截面高度；

γ_{RE}——承载力抗震调整系数，可采用0.85。

D.1.4 节点核芯区的截面受剪承载力，应采用下列公式验算：

$$V_j \leqslant \frac{1}{\gamma_{RE}}\left(1.1\eta_j f_t b_j h_j + 0.05\eta_j N \frac{b_j}{b_c} + f_{yv} A_{svj} \frac{h_{b0} - a'_s}{s}\right) \tag{D.1.4}$$

式中：N——对应于组合剪力设计值的上柱组合轴向压力较小值，其取值不应大于柱的截面面积和混凝土轴心抗压强度设计值的乘积的50%，当 N 为拉力时取 $N=0$；

f_{yv}——箍筋的屈服强度设计值；

f_t——混凝土抗拉强度设计值；

A_{svj}——核芯区有效验算宽度范围内同一截面验算方向各肢箍筋的总截面面积；

s——箍筋间距。

D.2 扁梁框架的梁柱节点

D.2.1 扁梁框架的梁大于柱宽时，梁柱节点应符合本节的规定。

D.2.2 扁梁框架的梁柱节点核芯区应根据梁纵筋在柱宽范围内、外的截面面积比例，对柱宽以内和柱宽以外的范围分别验算受剪承载力。

D.2.3 核芯区验算方法除应符合一般框架梁柱节点的要求外，尚应符合下列要求：

1 按本附录式(D.1.3)验算核芯区剪力限值时，核芯区有效宽度可取梁宽与柱宽之和的平均值。

2 四边有梁的约束影响系数，验算柱宽范围内核芯区的受剪承载力时可取1.5，验算柱宽范围外核芯区的受剪承载力时宜取1.0。

3 验算核芯区受剪承载力时，在柱宽范围内的核芯区，轴向力的取值可与一般梁柱节点相同；柱宽以外的核芯区，可不考虑轴力对受剪承载力的有利作用。

4 锚入柱内的梁上部钢筋应大于其全部截面面积的60%。

D.3 圆柱框架梁柱节点

D.3.1 梁中线与柱中线重合时，圆柱框架梁柱节点核芯区剪力设计值应符合下列要求：

$$V_j \leqslant \frac{1}{\gamma_{RE}}(0.30\eta_j f_c A_j) \qquad (D.3.1)$$

式中：η_j——正交梁的约束影响系数，按本附录D.1.3确定，其中柱截面宽度按柱直径采用；

A_j——节点核芯区有效截面面积，梁宽（b_b）不小于柱直径（D）之半时，取 $A_j=0.8D^2$，梁宽（b_b）小于柱直径（D）之半且不小于 $0.4D$ 时，取 $A_j=0.8D(b_b+D/2)$。

D.3.2 梁中线与柱中线重合时，圆柱框架梁柱节点核芯区截面抗震受剪承载力应采用下式验算：

$$V_j \leqslant \frac{1}{\gamma_{RE}}\left(1.5\eta_j f_t A_j + 0.05\eta_j \frac{N}{D^2}A_j + 1.57 f_{yv} A_{sh} \frac{h_{b0}-a'_s}{s} + f_{yv} A_{sv} \frac{h_{b0}-a'_s}{s}\right) \qquad (D.3.2)$$

式中：A_{sh}——单根圆形箍筋的截面面积；

A_{svj}——同一截面验算方向的拉筋和非圆形箍筋的总截面面积；

D——圆柱截面直径；

N——轴向力设计值，按一般梁柱节点的规定取值。

附录 E　转换层结构的抗震设计要求

E.1　矩形平面抗震墙结构框支层楼板设计要求

E.1.1　框支层应采用现浇楼板，厚度不宜小于 180 mm，混凝土强度等级不宜低于 C30，应采用双层双向配筋，且每层每个方向的配筋率不应小于 0.25%。

E.1.2　部分框支抗震墙结构的框支层楼板剪力设计值，应符合下式要求：

$$V_f \leqslant \frac{1}{\gamma_{RE}}(0.1 f_c b_f t_f) \tag{E.1.2}$$

式中：V_f——由不落地抗震墙传到落地抗震墙处按刚性楼板计算的框支层楼板组合的剪力设计值，8 度时应乘以增大系数 2，7 度时应乘以增大系数 1.5，验算落地抗震墙时不考虑此项增大系数；

b_f，t_f——分别为框支层楼板的宽度和厚度；

γ_{RE}——承载力抗震调整系数，可采用 0.85。

E.1.3　部分框支抗震墙结构的框支层楼板与落地抗震墙交接截面的受剪承载力，应按下式验算：

$$V_f \leqslant \frac{1}{\gamma_{RE}}(f_y A_s) \tag{E.1.3}$$

式中：A_s——穿过落地抗震墙的框支层楼盖（包括梁和板）的全部钢筋的截面面积。

E.1.4　框支层楼板的边缘和较大洞口周边应设置边梁，其宽度不宜小于板厚的 2 倍，纵向钢筋配筋率不应小于 1%，钢筋接头宜采用机械连接或焊接,楼板的钢筋应锚固在边梁内。

E.1.5 对建筑平面较长或不规则及各抗震墙内力相差较大的框支层,必要时可采用简化方法验算楼板平面内的受弯、受剪承载力。

E.2 筒体结构转换层结构抗震设计要求

E.2.1 转换层上下的结构质量中心宜接近重合(不包括裙房),转换层上下层的剪切刚度比不宜大于2。

E.2.2 转换层上部的竖向抗侧力构件(墙、柱)宜直接落在转换层的主结构上。

E.2.3 厚板转换层结构不宜用于7度及7度以上的高层建筑。

E.2.4 转换层楼盖不应有大洞口,在平面内宜接近刚性。

E.2.5 转换层楼盖与筒体、抗震墙应有可靠的连接,转换层楼板的抗震验算和构造宜符合本附录E.1对框支层楼板的有关规定。

E.2.6 8度时,转换层结构应考虑竖向地震作用。

附录F　钢支撑-混凝土框架和钢框架-钢筋混凝土核心筒结构房屋抗震设计要求

F.1　钢支撑-钢筋混凝土框架

F.1.1　钢支撑-钢筋混凝土框架结构适用的最大高度不宜超过钢筋混凝土框架结构和钢筋混凝土框架-剪力墙结构二者最大适用高度的平均值。

F.1.2　钢支撑-钢筋混凝土框架结构房屋应根据设防类别、烈度和房屋高度采用不同的抗震等级。丙类建筑的抗震等级，钢支撑框架部分的抗震等级应比无钢支撑框架部分提高一个等级，无钢支撑框架部分的抗震等级按钢筋混凝土框架结构的规定确定。

F.1.3　钢支撑-钢筋混凝土框架结构的结构布置，应符合下列要求：

1　钢支撑框架应在结构的两个主轴方向同时布置。

2　钢支撑宜自下而上连续布置。当受建筑方案影响无法连续布置时，宜在邻跨延续布置。

3　钢支撑可采用普通支撑或屈曲约束支撑。

4　钢支撑在结构平面上的布置应避免导致扭转效应；钢支撑之间无大洞口的楼、屋盖的长宽比，宜符合本标准对抗震墙间距的要求；楼梯间宜布置钢支撑。

5　底层的钢支撑框架按刚度分配的地震倾覆力矩应大于结构总地震倾覆力矩的50%。

F.1.4　钢支撑-钢筋混凝土框架结构的抗震计算，应符合下列要求：

1 结构的阻尼比不应大于0.045。

2 钢支撑框架部分的支撑斜杆,可按端部铰接杆计算。当支撑斜杆的轴线偏离混凝土柱轴线超过柱宽的1/4时,应考虑支撑对框架产生的附加弯矩。

3 当钢支撑为普通支撑时,混凝土框架部分承担的地震作用,应按框架结构和支撑框架结构两种模型计算,并宜取二者的较大值;当钢支撑为屈曲约束支撑时,混凝土框架部分承担的地震作用,应按支撑框架结构模型计算。

4 多遇地震和罕遇地震下钢支撑-钢筋混凝土框架结构的层间位移限值,可按钢筋混凝土框架结构确定。

F.1.5 钢支撑与钢筋混凝土框架的连接设计,应符合连接不先于支撑破坏的要求,可采用高强度螺栓连接(图F.1.5-1)或销轴连接(图F.1.5-2),亦可采用焊接连接(图F.1.5-3)。

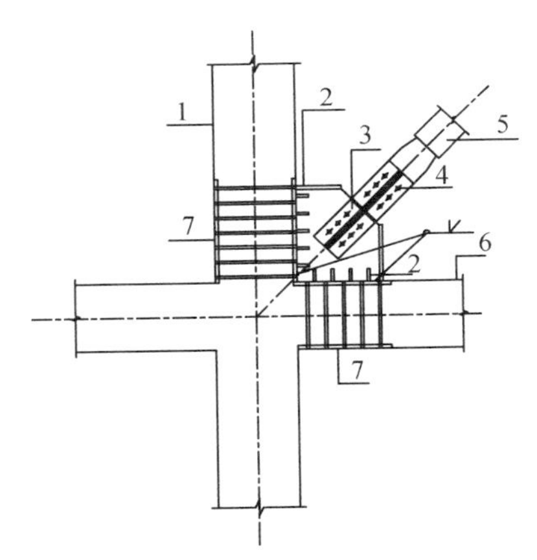

1—混凝土柱;2—加劲肋;3—连接板;4—高强螺栓;
5—钢支撑;6—混凝土梁;7—预埋件

图F.1.5-1 钢支撑与钢筋混凝土框架之间的高强螺栓连接

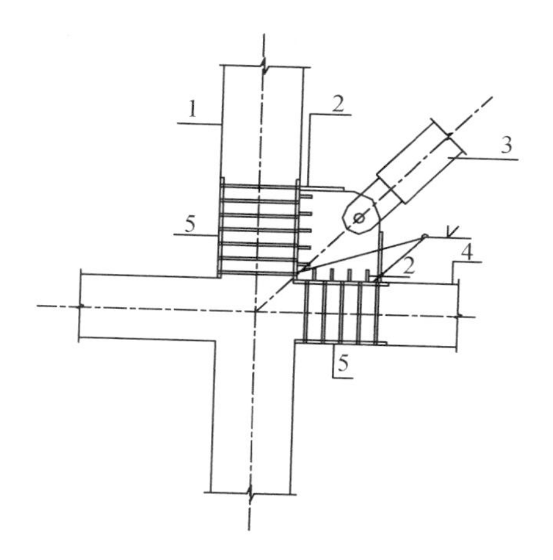

1—混凝土柱；2—加劲肋；3—钢支撑；4—混凝土梁；5—预埋件

图 F.1.5-2 钢支撑与钢筋混凝土框架之间的销轴连接

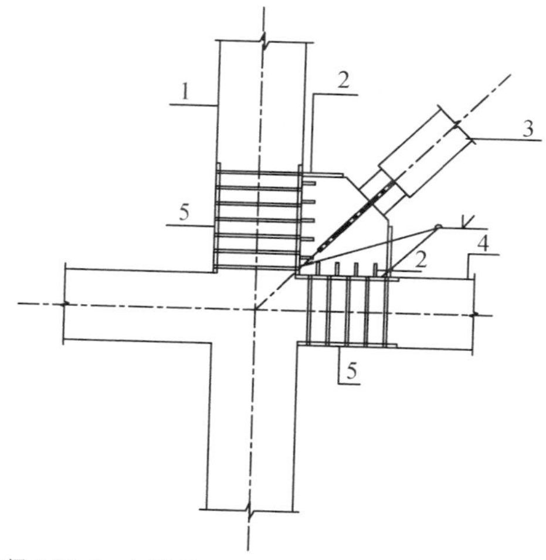

1—混凝土柱；2—加劲肋；3—钢支撑；4—混凝土梁；5—预埋件

图 F.1.5-3 钢支撑与钢筋混凝土框架之间的焊接

普通钢支撑与钢筋混凝土框架的连接承载力设计值应满足下式要求：

$$F_c \geqslant 1.2A_1 f \quad (F.1.5\text{-}1)$$

屈曲约束支撑与钢筋混凝土框架的连接承载力设计值应满足下式要求：

$$F_c \geqslant 1.2\omega\eta_y A_1 f_y \quad (F.1.5\text{-}2)$$

式中：F_c——承受钢支撑轴力的连接作用力设计值；

η_y——支撑芯材的超强系数，按表 9.1.20-2 取值；

ω——支撑芯材的应变强化调整系数，按表 9.1.20-3 取值；

A_1——普通钢支撑截面面积或屈曲约束支撑约束屈服段的钢材截面面积；

f_y——普通钢支撑或屈曲约束支撑芯板钢材的屈服强度设计值。

F.1.6 钢支撑-钢筋混凝土框架结构中，钢支撑部分和混凝土框架部分，尚应符合本标准和其他有关规范关于钢支撑和混凝土框架的设计要求。

F.2 钢框架-钢筋混凝土核心筒结构

F.2.1 抗震设防烈度为 6～8 度且房屋高度超过本标准第 6.1.2 条规定的混凝土框架-核心筒（抗震墙）结构最大适用高度时，可采用钢框架-混凝土核心筒（抗震墙）组成抗侧力体系的结构。

按本节要求进行抗震设计时，其适用的最大高度不宜超过本标准第 6.1.2 条钢筋混凝土框架-核心筒（抗震墙）结构最大适用高度和第 9.1.1 条钢框架-中心支撑结构最大适用高度二者的平均值。超过最大适用高度的房屋，应进行专门研究和论证，采取有效的加强措施。

F.2.2 钢框架-混凝土筒体(抗震墙)结构房屋应按照现行上海市工程建设规范《高层建筑钢-混凝土混合结构设计规程》DG/TJ 08—015 的规定,根据设防类别、烈度和房屋高度采用不同的抗震等级,并应符合相应的计算和构造措施要求。

F.2.3 钢框架-钢筋混凝土核心筒(抗震墙)结构房屋的结构布置,尚应符合下列要求:

1 钢框架-核心筒结构的钢外框架梁、柱的连接应采用刚接;楼面梁宜采用钢梁。混凝土墙体与钢梁刚接的部位宜设置连接用的构造型钢。

2 钢框架部分按刚度计算分配的最大楼层地震剪力,不宜小于结构总地震剪力的 10%。当小于 10%时,核心筒的墙体承担的地震作用应适当增大;墙体构造的抗震等级宜提高一级,一级时应适当提高。

3 钢框架-核心筒结构的楼盖应具有良好的刚度并确保罕遇地震作用下的整体性。楼盖应采用压型钢板组合楼盖或现浇钢筋混凝土楼板,并采取措施加强楼盖与钢梁的连接。当楼面有较大开口或属于转换层楼面时,应采用现浇实心楼盖等措施加强。

4 当钢框架柱下部采用型钢混凝土柱时,不同材料的框架柱连接处应设置过渡层,避免刚度和承载力突变。过渡层钢柱计入外包混凝土后,其截面刚度可按过渡层下部型钢混凝土柱和过渡层上部钢柱二者截面刚度的平均值设计。

F.2.4 钢框架-钢筋混凝土核心筒(抗震墙)结构的抗震计算,尚应符合下列要求:

1 结构的阻尼比不应大于 0.045,也可按钢筋混凝土筒体(墙体)部分和钢框架部分在结构总变形能所占的比例折算为等效阻尼比。

2 钢框架部分除伸臂加强层及相邻楼层外的任一楼层按计算分配的地震剪力应乘以增大系数,达到不小于结构底部地震剪力的20%和最大楼层地震剪力1.5倍二者的较小值，且不少于结构底部地震剪力的15%。由地震作用产生的该楼层框架各构件的剪力、弯矩计算值均应进行相应调整。

3 结构计算宜考虑钢框架柱和钢筋混凝土墙体轴向变形差异的影响。

4 结构层间位移限值，可采用钢筋混凝土结构的限值。

F.2.5 钢框架-钢筋混凝土核心筒（抗震墙）结构房屋中的钢结构、混凝土结构部分尚应按本标准第6章和第9章、现行国家标准《钢结构设计标准》GB 50017及现行有关行业标准的规定进行设计。

附录G　多层工业厂房抗震设计要求

G.1　钢筋混凝土框排架结构厂房

G.1.1　本节适用于由钢筋混凝土框架与排架侧向连接组成的侧向框排架结构厂房、下部为钢筋混凝土框架上部顶层为排架的竖向框排架结构厂房的抗震设计。当本节未作规定时，其抗震设计应按本标准第6章和第10章的有关规定执行。

G.1.2　框排架结构厂房的框架部分应根据烈度、结构类型和高度采用不同的抗震等级，并应符合相应的计算和构造措施要求。

不设置贮仓时，抗震等级可按本标准第6章确定；设置贮仓时，侧向框排架的抗震等级可按现行国家标准《构筑物抗震设计规范》GB 50191的规定采用，竖向框排架的抗震等级应按本标准第6章框架的高度分界降低4 m确定。

注：框架设置贮仓，但竖壁的跨高比大于2.5，仍按不设置贮仓的框架确定抗震等级。

G.1.3　厂房的结构布置，应符合下列要求：

1　厂房的平面宜为矩形，立面宜简单、对称。

2　在结构单元平面内，框架、柱间支撑等抗侧力构件宜对称均匀布置，避免抗侧力结构的侧向刚度和承载力产生突变。

3　质量大的设备不宜布置在结构单元的边缘楼层上，宜设置在距刚度中心较近的部位；当不可避免时，宜将设备平台与主体结构分开，或在满足工艺要求的条件下尽量低位布置。

G.1.4　竖向框排架厂房的结构布置，尚应符合下列要求：

1　屋盖宜采用无檩屋盖体系；当采用其他屋盖体系时，应加强屋盖支撑设置和构件之间的连接，保证屋盖具有足够的水平刚度。

2 纵向端部应设屋架、屋面梁或采用框架结构承重，不应采用山墙承重；排架跨内不应采用横墙和排架混合承重。

3 顶层的排架跨，尚应满足下列要求：

1）排架重心宜与下部结构刚度中心接近或重合，多跨排架宜等高等长；

2）楼盖应现浇，顶层排架嵌固楼层应避免开设大洞口，其楼板厚度不宜小于 150 mm；

3）排架柱应竖向连续延伸至底部；

4）顶层排架设置纵向柱间支撑处，楼盖不应设有楼梯间或开洞；柱间支撑斜杆中心线应与连接处的梁柱中心线汇交于一点。

G.1.5 竖向框排架厂房的地震作用计算，尚应符合下列要求：

1 地震作用的计算宜采用空间结构模型，质点宜设置在梁柱轴线交点、牛腿、柱顶、柱变截面处和柱上集中荷载处。

2 确定重力荷载代表值时，可变荷载应根据行业特点，对楼面活荷载取相应的组合值系数。贮料的荷载组合值系数可采用0.9。

3 楼层有贮仓和支承重心较高的设备时，支承构件和连接应计及料斗、贮仓和设备水平地震作用产生的附加弯矩。该水平地震作用可按下式计算：

$$F_{s}=\alpha_{max}(1.0+H_{x}/H_{n})G_{eq} \tag{G.1.5}$$

式中：F_{s}——设备或料斗重心处的水平地震作用标准值；

α_{max}——水平地震影响系数最大值；

G_{eq}——设备或料斗的重力荷载代表值；

H_{x}——设备或料斗重心至室外地坪的距离；

H_{n}——厂房高度。

G.1.6 竖向框排架厂房的地震作用效应调整和抗震验算，应符合下列规定：

1 一、二、三、四级支承贮仓竖壁的框架柱，按本标准第 6.2.4、6.2.5、6.2.7 条调整后的组合弯矩设计值、剪力设计值尚应乘以增大系数，增大系数不应小于 1.1。

2 竖向框排架结构与排架柱相连的顶层框架节点处，柱端组合的弯矩设计值应按本标准第 6.2.4 条进行调整，其他顶层框架节点处的梁端、柱端弯矩设计值可不调整。

3 顶层排架设置纵向柱间支撑时，与柱间支撑相连排架柱的下部框架柱，一、二级框架柱由地震引起的附加轴力应分别乘以调整系数 1.5、1.2；计算轴压比时，附加轴力可不乘以调整系数。

4 框排架厂房的抗震验算，尚应符合下列要求：

1） 8 度时，框排架结构的排架柱及伸出框架跨屋顶支承排架跨屋盖的单柱，应进行弹塑性变形验算，弹塑性位移角限值可取 1/30；

2） 当一、二级框架梁柱节点两侧梁截面高度差大于较高梁截面高度的 25% 或 500 mm 时，尚应按下式验算节点下柱抗震受剪承载力：

$$\frac{\eta_{jb} M_{b1}}{h_{01} - a'_s} - V_{col} \leqslant V_{RE} \tag{G.1.6}$$

式中：η_{jb} ——节点剪力增大系数，一级取 1.35，二级取 1.2；

M_{b1} ——较高梁端梁底组合弯矩设计值；

h_{01} ——较高梁截面的有效高度；

a'_s ——较高梁端梁底受拉时，受压钢筋合力点至受压边缘的距离；

V_{col} ——节点下柱计算剪力设计值；

V_{RE} ——节点下柱抗震受剪承载力设计值。

G.1.7 竖向框排架厂房的基本抗震构造措施尚应符合下列

要求：

1 支承贮仓的框架柱轴压比不宜超过本标准表 6.3.6 中框架结构的规定数值减少 0.05。

2 支承贮仓的框架柱纵向钢筋最小总配筋率应不小于本标准表 6.3.7-1 中对角柱的要求。

3 竖向框排架结构的顶层排架设置纵向柱间支撑时，与柱间支撑相连排架柱的下部框架柱，纵向钢筋配筋率、箍筋的配置应满足本标准第 6.3.7 条中对于框支柱的要求；箍筋加密区取柱全高。

4 框架柱的剪跨比不大于 1.5 时，应符合下列规定：

1) 箍筋应按提高一级抗震等级配置，一级时应适当提高箍筋的要求。

2) 框架柱每个方向应配置两根对角斜筋(图 G.1.7)，对角斜筋的直径，一、二级框架不应小于 20 mm 和 18 mm，三、四级框架不应小于 16 mm；对角斜筋的锚固长度，不应小于 40 倍斜筋直径。

5 框架柱段内设置牛腿时，牛腿及上下各 500 mm 范围内的框架柱箍筋应加密；牛腿的上下柱段净高与柱截面高度之比大于 4 时，柱箍筋应全高加密。

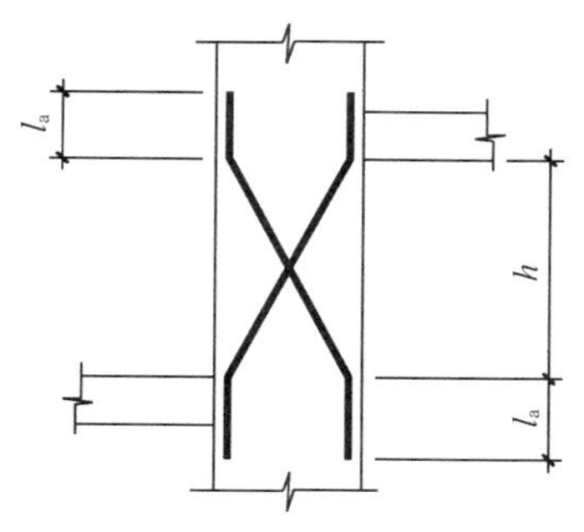

图 G.1.7 框架柱对角斜筋

G.1.8 侧向框排架结构的结构布置、地震作用效应调整和抗震验算，以及无檩屋盖和有檩屋盖的支撑布置，应分别符合现行国家标准《构筑物抗震设计规范》GB 50191 的有关规定。

G.2 多层钢结构厂房

G.2.1 本节适用于钢结构的框架、支撑框架、框排架等结构体系的多层厂房。本节未作规定时，多层部分可按本标准第 9.1 节的有关规定执行，单层部分可按本标准第 9.2 节的规定执行。

G.2.2 多层钢结构厂房的布置，除应符合本标准第 9 章的有关要求外，尚应符合下列规定：

1 平面形状复杂、各部分构架高度差异大或楼层荷载相差悬殊时，应设防震缝或采取其他措施。当设置防震缝时，缝宽不应小于相应混凝土结构房屋的 1.5 倍。

2 重型设备宜低位布置。

3 当设备重量直接由基础承受，且设备竖向需要穿过楼层时，厂房楼层应与设备分开。设备与楼层之间的缝宽，不得小于防震缝的宽度。

4 楼层上的设备不应跨越防震缝布置；当运输机、管线等长条设备必须穿越防震缝布置时，设备应具有适应地震时结构变形的能力或防止断裂的措施。

5 厂房内的工作平台结构与厂房框架结构宜采用防震缝脱开布置。当与厂房结构连接成整体时，平台结构的标高宜与厂房框架的相应楼层标高一致。

G.2.3 多层钢结构厂房的支撑布置，应符合下列要求：

1 柱间支撑宜布置在荷载较大的柱间，且在同一柱间上下贯通；当条件限制必须错开布置时，应在紧邻柱间连续布置，并宜适当增加相近楼层或屋面的水平支撑或柱间支撑搭接一层，确保支撑承担的水平地震作用可靠传递至基础。

2 有抽柱的结构,应适当增加相近楼层、屋面的水平支撑,并在相邻柱间设置竖向支撑。

3 当各榀框架侧向刚度相差较大、柱间支撑布置又不规则时,采用钢铺板的楼盖,应设置楼盖水平支撑。

4 各柱列的纵向刚度宜相等或接近。

G.2.4 厂房楼盖宜采用现浇混凝土的组合楼板,亦可采用装配整体式楼盖或钢铺板,尚应符合下列要求:

1 混凝土楼盖应与钢梁有可靠的连接。

2 当楼板开设孔洞时,应有可靠的措施保证楼板传递地震作用。

G.2.5 框排架结构应设置完整的屋盖支撑,尚应符合下列要求:

1 排架的屋盖横梁与多层框架的连接支座的标高,宜与多层框架相应楼层标高一致,并应沿单层与多层相连柱列全长设置屋盖纵向水平支撑。

2 高跨和低跨宜按各自的标高组成相对独立的封闭支撑体系。

G.2.6 多层钢结构厂房的地震作用计算,尚应符合下列规定:

1 一般情况下,宜采用空间结构模型分析;当结构布置规则,质量分布均匀时,亦可分别沿结构横向和纵向进行验算。现浇钢筋混凝土楼板,当板面开孔较小且用抗剪连接件与钢梁连接成为整体时,可视为刚性楼盖。

2 在多遇地震下,结构阻尼比可采用0.03～0.04;在罕遇地震下,阻尼比可采用0.05。

3 确定重力荷载代表值时,可变荷载应根据行业的特点,对楼面检修荷载、成品或原料堆积楼面荷载、设备和料斗及管道内的物料等,采用相应的组合值系数。

4 直接支承设备、料斗的构件及其连接,应计入设备等产生的地震作用。设备对支承构件及其连接产生的水平地震作用,可按本附录第G.1.5条的规定计算;该水平地震作用对支承构件产生的弯矩、扭矩，取设备重心至支承构件形心距离计算。

G.2.7 多层钢结构厂房构件和节点的抗震承载力验算，尚应符合下列规定：

1 下列情况可不满足本标准式(9.1.23)的要求：

1) 单层框架的柱顶或多层框架顶层的柱顶；

2) 不满足本标准式(9.1.23)的框架柱沿验算方向的受剪承载力总和小于该楼层框架受剪承载力的20%；且该楼层每一柱列不满足本标准式(9.1.23)的框架柱的受剪承载力总和小于本柱列全部框架柱受剪承载力总和的33%。

2 柱间支撑杆件设计内力与其承载力设计值之比不宜大于0.8；当柱间支撑承担不小于70%的楼层剪力时，不宜大于0.65。

G.2.8 多层钢结构厂房的基本抗震构造措施，尚应符合下列规定：

1 框架柱的长细比不宜大于150；当轴压比大于0.2时，不宜大于$125(1-0.8N/Af)\sqrt{235/f_{y}}$。

2 厂房框架柱、梁的板件宽厚比，应符合下列要求：

1) 单层部分和总高度不大于40 m的多层部分，可按本标准第9.2节规定执行；

2) 多层部分总高度大于40 m时，可按本标准第9.1节规定执行。

3 框架梁、柱的最大应力区，不得突然改变翼缘截面，其上下翼缘均应设置侧向支承，此支承点与相邻支承点之间距应符合现行《钢结构设计标准》GB 50017中塑性设计的有关要求。

4 柱间支撑构件宜符合下列要求：

1) 多层框架部分的柱间支撑，宜与框架横梁组成X形或其他有利于抗震的形式，其长细比不宜大于150；

2) 支撑杆件的板件宽厚比应符合本标准第9.2节的要求。

5 框架梁采用高强度螺栓摩擦型拼接时，其位置宜避开最大应力区(1/10 梁净跨和 1.5 倍梁高的较大值)。梁翼缘拼接时,在平行于内力方向的高强度螺栓不宜少于 3 排,拼接板的截面模量应大于被拼接截面模量的 1.1 倍。

6 厂房柱脚应能保证传递柱的承载力,宜采用埋入式、插入式或外包式柱脚,并按本标准第 9.2 节的规定执行。

附录H 单层厂房横向平面排架地震作用效应的调整

H.1 基本自振周期的调整

H.1.1 按平面排架计算厂房的横向地震作用时，排架的基本自振周期应考虑纵墙及屋架与柱连接的固结作用，可按下列规定进行调整：

由钢筋混凝土屋架或钢屋架与钢筋混凝土柱组成的排架，有纵墙时取周期计算值的80%，无纵墙时取90%。

H.2 排架柱地震剪力和弯矩的调整系数

H.2.1 钢筋混凝土屋盖的单层钢筋混凝土柱厂房，按本附录第H.1.1条确定基本自振周期且按平面排架计算的排架柱地震剪力和弯矩。当符合下列要求时，可考虑空间工作和扭转影响，并按本附录第H.2.2条的规定调整：

1 厂房单元屋盖长度与总跨度之比小于8或厂房总跨度大于12 m。

2 山墙的厚度不小于240 mm，开洞所占的水平截面积不超过总面积50%，并与屋盖系统有良好的连接。

3 柱顶高度不大于15 m。

注：1 屋盖长度指山墙到山墙的间距，仅一端有山墙时，应取所考虑排架至山墙的距离。

2 高低跨相差较大的不等高厂房，总跨度可不包括低跨。

H.2.2 排架柱的剪力和弯矩应分别乘以相应的调整系数，除高低跨交接处上柱以外的钢筋混凝土柱，其值可按表H.2.2采用。

表 H.2.2 钢筋混凝土柱(除高低跨交接处上柱外)考虑空间工作和扭转影响的效应调整系数

屋盖	山墙		屋盖长度(m)											
			≤30	36	42	48	54	60	66	72	78	84	90	96
钢筋混凝土无檩屋盖	两端山墙	等高厂房	—	—	0.75	0.75	0.75	0.80	0.80	0.80	0.85	0.85	0.85	0.90
		不等高厂房	—	—	0.85	0.85	0.85	0.90	0.90	0.90	0.95	0.95	0.95	1.00
	一端山墙		1.05	1.15	1.20	1.25	1.30	1.30	1.30	1.30	1.35	1.35	1.35	1.35
钢筋混凝土有檩屋盖	两端山墙	等高厂房	—	—	0.80	0.85	0.90	0.95	0.95	1.00	1.00	1.05	1.05	1.10
		不等高厂房	—	—	0.85	0.90	0.95	1.00	1.00	1.05	1.05	1.10	1.10	1.15
	一端山墙		1.00	1.05	1.10	1.10	1.15	1.15	1.15	1.20	1.20	1.20	1.25	1.25

H.2.3 高低跨交接处的钢筋混凝土柱的支承低跨屋盖牛腿以上各截面,按底部剪力法求得的地震剪力和弯矩应乘以增大系数,其值可按下式采用:

$$\eta=\zeta\left(1+1.7\frac{n_{h}}{n_{0}}\cdot\frac{G_{EL}}{G_{Eh}}\right) \tag{H.2.3}$$

式中:η——地震剪力和弯矩的增大系数;

ζ——不等高厂房高低跨交接处的空间工作影响系数,可按表 H.2.3 采用;

n_{h}——高跨的跨数;

n_{0}——计算跨数,仅一侧有低跨时应取总跨数,两侧均有低跨时应取总跨数与高跨跨数之和;

G_{EL}——集中于交接处一侧各低跨屋盖标高处的总重力荷载代表值;

G_{Eh}——集中于高跨柱顶标高处的总重力荷载代表值。

表 H.2.3 高低跨交接处钢筋混凝土上柱空间工作影响系数

屋盖	山墙	屋盖长度(m)										
		≤36	42	48	54	60	66	72	78	84	90	96
钢筋混凝土无檩屋盖	两端山墙	—	0.70	0.76	0.82	0.88	0.94	1.00	1.06	1.06	1.06	1.06
	一端山墙	1.25										
钢筋混凝土有檩屋盖	两端山墙	—	0.90	1.00	1.05	1.10	1.10	1.15	1.15	1.15	1.20	1.20
	一端山墙	1.05										

H.2.4 钢筋混凝土柱单层厂房的吊车梁顶标高处的上柱截面，由起重机桥架引起的地震剪力和弯矩应乘以增大系数，当按底部剪力法等简化计算方法计算时，其值可按表 H.2.4 采用。

表 H.2.4 桥架引起的地震剪力和弯矩增大系数

屋盖类型	山墙	边柱	高低跨柱	其他中柱
钢筋混凝土无檩屋盖	两端山墙	2.0	2.5	3.0
	一端山墙	1.5	2.0	2.5
钢筋混凝土有檩屋盖	两端山墙	1.5	2.0	2.5
	一端山墙	1.5	2.0	2.0

附录J　单层钢筋混凝土柱厂房纵向抗震验算

J.1　厂房纵向抗震计算的修正刚度法

J.1.1　纵向基本自振周期的计算

按本附录计算单跨或等高多跨的钢筋混凝土柱厂房纵向地震作用,在柱顶标高不大于 15 m 且平均跨度不大于 30 m 时,纵向基本周期可按下列公式确定:

1　砖围护墙厂房,可按下式计算:

$$T_1 = 0.23 + 0.00025\psi_1 l\sqrt{H^3} \qquad (J.1.1\text{-}1)$$

式中:ψ_1——屋盖类型系数,大型屋面板钢筋混凝土屋架可采用 1.0,钢屋架采用 0.85;

l——厂房跨度(m),多跨厂房可取各跨的平均值;

H——基础顶面至柱顶的高度(m)。

2　敞开、半敞开或墙板与柱子柔性连接的厂房,可按本条式(J.1.1-1)进行计算,并乘以下列围护墙影响系数:

$$\psi_2 = 2.6 - 0.002l\sqrt{H^3} \qquad (J.1.1\text{-}2)$$

式中:ψ_2——围护墙影响系数,小于 1.0 时应采用 1.0。

J.1.2　柱列地震作用的计算

1　等高多跨钢筋混凝土屋盖的厂房,各纵向柱列的柱顶标高处的地震作用标准值,可按下列公式确定:

$$F_i = \alpha_i G_{eq} \frac{K_{ai}}{\sum K_{ai}} \qquad (J.1.2\text{-}1)$$

$$K_{ai}=\psi_3\psi_4K_i \quad (J.1.2-2)$$

式中：F_i——i 柱列柱顶标高处的纵向地震作用标准值；

α_i——相应于厂房纵向基本自振周期的水平地震影响系数，应按本标准第 5.1.5 条确定；

G_{eq}——厂房单元柱列总等效重力荷载代表值，应包括按本标准第 5.1.3 条确定的屋盖重力荷载代表值、70% 纵墙自重、50% 横墙与山墙自重及折算的柱自重（有吊车时采用 10% 柱自重，无吊车时采用 50% 柱自重）；

K_i——i 柱列柱顶的总侧移刚度，应包括 i 柱列内柱子和上、下柱间支撑的侧移刚度及纵墙的折减侧移刚度的总和，贴砌的砖围护墙侧移刚度的折减系数，可根据柱列侧移值的大小，采用 0.2～0.6；

K_{ai}——i 柱列柱顶的调整侧移刚度；

ψ_3——柱列侧移刚度的围护墙影响系数，可按表 J.1.2-1 采用；有纵向砖围护墙的四跨或五跨厂房，由边柱列数起的第三柱列，可按表内相应数值的 1.15 倍采用；

ψ_4——柱列侧移刚度的柱间支撑影响系数，纵向为砖围护墙时，边柱列可采用 1.0，中柱列可按表 J.1.2-2 采用。

表 J.1.2-1 围护墙影响系数

围护墙类别和抗震设防烈度	柱列和屋盖类别				
	边柱列	中柱列			
		无檩屋盖		有檩屋盖	
		边跨无天窗	边跨有天窗	边跨无天窗	边跨有天窗
370 砖墙、7 度	0.85	1.7	1.8	1.8	1.9
370 砖墙、8 度	0.85	1.5	1.6	1.6	1.7

续表J.1.2-1

围护墙类别和抗震设防烈度	柱列和屋盖类别				
	边柱列	中柱列			
		无檩屋盖		有檩屋盖	
		边跨无天窗	边跨有天窗	边跨无天窗	边跨有天窗
240 砖墙、7 度	0.85	1.5	1.6	1.6	1.7
240 砖墙、8 度	0.85	1.3	1.4	1.4	1.5
无墙、石棉瓦或挂板	0.90	1.1	1.1	1.2	1.2

表 J.1.2-2　纵向采用砖围护墙的中柱列柱间支撑影响系数

厂房单元内设置下柱支撑的柱间数	中柱列下柱支撑斜杆的长细比					中柱列无支撑
	≤40	41～80	81～120	121～150	>150	
一柱间	0.9	0.95	1.0	1.1	1.25	1.4
二柱间	—	—	0.9	0.95	1.0	

2　等高多跨钢筋混凝土屋盖厂房，柱列各吊车梁顶标高处的纵向地震作用标准值，可按下式确定：

$$F_{ci}=\alpha_i G_{ci}\frac{H_{ci}}{H_i} \tag{J.1.2-3}$$

式中：F_{ci}——i 柱列在吊车梁顶标高处的纵向地震作用标准值；

G_{ci}——集中于 i 柱列吊车梁顶标高处的等效重力荷载代表值，应包括按本标准第 5.1.3 条确定的吊车梁与悬吊物的重力荷载代表值和 40%柱子自重；

H_{ci}——i 柱列吊车梁顶高度；

H_i——i 柱列柱顶高度。

J.2　柱间支撑地震作用效应及验算

J.2.1　斜杆长细比不大于 200 的柱间支撑在单位侧力作用下的

水平位移，可按下式确定：

$$u=\sum \frac{1}{1+\varphi_i}u_{ti} \qquad (J.2.1)$$

式中：u——单位侧力作用点的位移；

φ_i——i 节间斜杆轴心受压稳定系数，应按现行国家标准《钢结构设计标准》GB 50017 采用；

u_{ti}——单位侧力作用下 i 节间仅考虑拉杆受力的相对位移。

J.2.2 长细比不大于 200 的斜杆截面可仅按抗拉验算，但应考虑压杆的卸载影响，其拉力可按下式确定：

$$N_i=\frac{l_i}{(1+\psi_c\varphi_i)S_c}V_{bi} \qquad (J.2.2)$$

式中：N_i——i 节间支撑斜杆抗拉验算时的轴向拉力设计值；

l_i——i 节间斜杆的全长；

ψ_c——压杆卸载系数，压杆长细比为 60、100 和 200 时，可分别采用 0.7、0.6 和 0.5；

V_{bi}——i 节间支撑承受的地震剪力设计值；

S_c——支撑所在柱间的净距。

J.2.3 无贴砌墙的纵向柱列，上柱支撑与同列下柱支撑宜等强设计。

J.3 厂房柱间支撑端节点预埋件的截面抗震验算

J.3.1 柱间支撑与柱连接节点预埋件的锚件采用锚筋时，其截面抗震承载力宜按下列公式验算：

$$N\leqslant \frac{0.8f_yA_s}{\gamma_{RE}\left(\frac{\cos\theta}{0.8\zeta_m\psi}+\frac{\sin\theta}{\zeta_r\zeta_v}\right)} \qquad (J.3.1\text{-}1)$$

$$\psi = \frac{1}{1 + \frac{0.6e_0}{\zeta_r S}} \quad \text{(J.3.1-2)}$$

$$\zeta_m = 0.6 + 0.25t/d \quad \text{(J.3.1-3)}$$

$$\zeta_v = (4 - 0.08d)\sqrt{f_c/f_y} \quad \text{(J.3.1-4)}$$

式中：A_s——锚筋总截面面积；

γ_{RE}——承载力抗震调整系数，可采用1.0；

N——预埋板的斜向拉力，可采用全截面屈服点强度计算的支撑斜杆轴向力的1.05倍；

e_0——斜向拉力对锚筋合力作用线的偏心距(mm)，应小于外排锚筋之间距离的20%；

θ——斜向拉力与其水平投影的夹角；

ψ——偏心影响系数；

S——外排锚筋之间的距离(mm)；

ζ_m——预埋板弯曲变形影响系数；

t——预埋板厚度(mm)；

d——锚筋直径(mm)；

ζ_r——验算方向锚筋排数的影响系数，二、三和四排可分别采用1.0、0.9和0.85。

ζ_v——锚筋的受剪影响系数，大于0.7时应采用0.7。

J.3.2 柱间支撑与柱连接节点预埋件的锚件采用角钢加端板时，其截面抗震承载力宜按下列公式验算：

$$N \leqslant \frac{0.7}{\gamma_{RE}\left(\frac{\cos\theta}{\psi N_{u0}} + \frac{\sin\theta}{V_{u0}}\right)} \quad \text{(J.3.2-1)}$$

$$V_{u0} = 3n\zeta_r\sqrt{W_{min} b f_a f_c} \quad \text{(J.3.2-2)}$$

$$N_{u0} = 0.8nf_a A_s \quad \text{(J.3.2-3)}$$

式中：n——角钢根数；

b——角钢肢宽；

W_{min}——与剪力方向垂直的角钢最小截面模量；

A_s——一根角钢的截面面积；

f_a——角钢抗拉强度设计值。

附录K　实施基于性能的抗震设计的参考方法

K.1　结构构件基于性能的抗震设计方法

K.1.1　建筑结构的抗震性能水准可根据表K.1.1进行划分。

表K.1.1　建筑结构的抗震性能水准划分

结构抗震性能水准	可继续使用功能的受影响程度	结构构件的损伤等级		
		关键构件	主要构件	次要构件
第1水准（完全可使用）	建筑功能完整，不需修理即可使用	完好	完好	完好
第2水准（可使用）	建筑功能基本完整，稍作修理可继续使用	完好	基本完好	轻微损坏
第3水准（基本可使用）	建筑功能受扰，一般修理后可继续使用	基本完好	轻微损坏	中等损坏
第4水准（修复后使用）	功能受到较小影响，花费合理的费用经修理后可继续使用	轻微损坏	中等损坏	部分严重损坏
第5水准（生命安全）	功能受到较大影响，短期内无法恢复，人员安全	中等损坏	部分严重损坏	严重损坏

注：1　“关键构件”是指对结构的抗震安全性至关重要的主要抗侧力构件，包括关键部位（抗震薄弱部位）的主要构件，其失效可能会引起结构的连续破坏或危及生命的严重破坏；“主要构件”是指除“关键构件”以外的对结构的安全比较重要的构件，如普通的竖向构件、伸臂桁架等；“次要构件”是指除上述两类构件以外的结构构件（含耗能构件），如普通框架梁、剪力墙连梁、耗能支撑等。

2　“部分”是指同类构件数量的百分比小于30%。

3　当三类构件中至少一类构件的损伤等级达到某抗震性能水准的标准时，可判定结构处于该抗震性能水准。

K.1.2　在确定建筑结构的抗震性能目标时，可按表K.1.2选择针对整个结构的抗震性能目标，也可以采用在不同水准地震作用下针对结构的局部部位、以构件的损伤等级表述的性能目标。

表 K.1.2 建筑结构的抗震性能目标

抗震性能目标类别	抗震性能水准		
	多遇地震	设防烈度地震	罕遇地震
Ⅰ	第 1 水准(完全可使用)	第 1 水准(完全可使用)	第 2 水准(可使用)
Ⅱ	第 1 水准(完全可使用)	第 2 水准(可使用)	第 3 水准(基本可使用)
Ⅲ	第 1 水准(完全可使用)	第 3 水准(基本可使用)	第 4 水准(修复后使用)
Ⅳ	第 1 水准(完全可使用)	第 4 水准(修复后使用)	第 5 水准(生命安全)

K.1.3 进行建筑基于性能的抗震设计时应先确定结构的抗震性能目标，接着进行多遇地震下的弹性设计，再按照本节条文对结构在中震和大震作用下的承载力和变形进行验算，并采取合理的抗震构造措施。

K.1.4 对处于各个抗震性能水准的构件，设计和验算可采用表 K.1.4 规定的方法。

表 K.1.4 构件设计和验算方法

性能水准＼构件类别	关键构件	主要构件	次要构件
1	弹性设计	弹性设计	弹性设计
2	弹性设计	正截面不屈服设计、斜截面弹性设计(变形检验)	正截面极限承载力设计、斜截面不屈服设计(变形检验)
3	正截面不屈服设计、斜截面弹性设计(变形检验)	正截面极限承载力设计、斜截面不屈服设计(变形检验)	正截面变形检验、斜截面极限承载力设计(变形检验)
4	正截面极限承载力设计、斜截面不屈服设计(变形检验)	正截面变形检验、斜截面极限承载力设计(变形检验)	变形检验

续表K. 1. 4

构件类别 性能水准	关键构件	主要构件	次要构件
5	正截面变形检验、斜截面极限承载力设计(变形检验)	正截面变形检验、斜截面最小截面设计(变形检验)	变形检验

K. 1. 5 在进行多遇地震作用下各类构件的弹性设计时,应采用本标准相关章节规定的方法。

K. 1. 6 在进行设防烈度地震或罕遇地震作用下各类构件的弹性设计时,应不考虑抗震等级的地震效应调整系数,不计入风荷载效应的地震作用效应组合,按下式验算抗震承载力:

$$\gamma_G S_{GE} + \gamma_E S_{Ek}(I, \xi_1) \leqslant R/\gamma_{RE} \quad (K. 1. 6)$$

式中: γ_G ——重力荷载分项系数;

γ_E ——地震作用分项系数;

$S_{Ek}(I, \xi_1)$ ——对应于设防烈度地震或罕遇地震(隔震结构包含水平向减震影响)I、考虑附加阻尼比(部分构件进入塑性、消能减震结构)ξ_1 影响的地震作用标准值效应。

K. 1. 7 在进行设防烈度地震或罕遇地震作用下各类构件的不屈服设计时,应采用不计风荷载效应的地震作用标准组合,按下式验算抗震承载力:

$$S_{GE} + S_{Ek}(I, \xi_1) \leqslant R_k \quad (K. 1. 7)$$

K. 1. 8 在进行设防烈度地震或罕遇地震作用下各类构件的极限承载力设计时,应采用不计风荷载效应的地震作用标准组合,按下式验算极限承载力:

$$S_{GE} + S_{Ek}(I, \xi_1) \leqslant R_u \quad (K. 1. 8)$$

式中:R_u——按材料最小极限强度值计算的承载力,钢筋强度可取屈服强度的 1.25 倍，混凝土强度可取立方强度的 0.88 倍。

K.1.9 在进行设防烈度地震或罕遇地震作用下各类构件的斜截面最小截面设计时，对于钢筋混凝土竖向构件，其受剪截面应符合下式要求：

$$V_{GE}+V_{Ek}(I,\xi_1)\leqslant 0.15f_{ck}bh_0 \tag{K.1.9}$$

式中：$V_{Ek}(I,\xi_1)$——对应于设防烈度地震或罕遇地震（隔震结构包含水平向减震影响）I、考虑附加阻尼比（部分构件进入塑性、消能减震结构）ξ_1 影响、不考虑抗震等级的地震效应调整系数的地震作用标准值的构件剪力。

K.1.10 应按照本标准表 5.5.1 和表 5.5.5 的限值对结构在多遇地震和罕遇地震作用下的楼层最大层间位移角进行验算。

K.2 建筑构件和建筑附属设备支座基于性能的抗震设计方法

K.2.1 当非结构的建筑构件和附属机电设备按使用功能的专门要求进行基于性能的抗震设计时，在遭遇设防烈度地震影响下的性能水准可按表 K.2.1 选用。

表 K.2.1 建筑构件和附属机电设备的参考性能水准

性能水准	功能描述	变形指标
第 1 水准（完全可使用）	外观可能损坏，不影响使用和防火能力，安全玻璃开裂；使用、应急系统可照常运行	可经受相连结构构件出现 1.4 倍的建筑构件、设备支架设计挠度
第 2 水准（基本可使用）	可基本正常使用或很快恢复，耐火时间减少 1/4，强化玻璃破碎；使用系统检修后运行，应急系统可照常运行	可经受相连结构构件出现 1.0 倍的建筑构件、设备支架设计挠度

续表K.2.1

性能水准	功能描述	变形指标
第3水准（修复后使用）	耐火时间明显减少，玻璃掉落，出口受碎片阻碍；使用系统明显损坏，需修理才能恢复功能，应急系统受损仍可基本运行	只能经受相连结构构件出现0.6倍的建筑构件、设备支架设计挠度

K.2.2 建筑围护墙、附属构件及固定储物柜等进行基于性能的抗震设计时，其地震作用的构件类别系数和性能系数可参考表K.2.2确定。

表K.2.2 建筑非结构构件的类别系数和功能系数

构件、部件名称	构件类别系数	性能系数	
		乙类	丙类
非承重外墙：			
围护墙	0.9	1.4	1.0
玻璃幕墙等	0.9	1.4	1.4
连接：			
墙体连接件	1.0	1.4	1.0
饰面连接件	1.0	1.0	0.6
防火顶棚连接件非	0.9	1.0	1.0
防火顶棚连接件	0.6	1.0	0.6
附属构件：			
标志或广告牌等	1.2	1.0	1.0
高于2.4 m储物柜支架：			
货架（柜）文件柜	0.6	1.0	0.6
文物柜	1.0	1.4	1.0

K.2.3 建筑附属设备的支座及连接件进行基于性能的抗震设计时，其地震作用的构件类别系数和性能系数可参考表K.2.3确定。

表 K.2.3 建筑附属设备构件的类别系数和功能系数

构件、部件所属系统	类别系数	功能系数	
		乙类	丙类
应急电源的主控系统、发电机、冷冻机等	1.0	1.4	1.4
电梯的支承结构、导轨、支架、轿厢导向构件等	1.0	1.0	1.0
悬挂式或摇摆式灯具	0.9	1.0	0.6
其他灯具	0.6	1.0	0.6
柜式设备支座	0.6	1.0	0.6
水箱、冷却塔支座	1.2	1.0	1.0
锅炉、压力容器支座	1.0	1.0	1.0
公用天线支座	1.2	1.0	1.0

K.3 建筑构件和建筑附属设备抗震计算的楼面谱方法

K.3.1 非结构构件的楼面谱，应反映支承非结构构件的具体结构自身动力特性、非结构构件所在楼层位置，以及结构和非结构阻尼特性对结构所在地点的地面地震运动的放大作用。

计算楼面谱时，一般情况，非结构构件可采用单质点模型；对支座间有相对位移的非结构构件，宜采用多支点体系计算。

K.3.2 采用楼面反应谱法时，非结构构件的水平地震作用标准值可按下式计算：

$$F=\gamma\eta\beta_{s}G \tag{K.3.2}$$

式中：β_s ——非结构构件的楼面反应谱值，取决于设防烈度、场地条件、非结构构件与结构体系之间的周期比、质量比和阻尼，以及非结构构件在结构中的支承位置、数量和连接性质；

γ——非结构构件功能系数，取决于建筑抗震设防类别和使用要求，一般分为 1.4、1.0、0.6 三档；

η——非结构构件类别系数，取决于构件材料性能等因素，一般在 0.6～1.2 范围内取值；

G——非结构构件的重力。

附录L　多层混凝土模卡砌块房屋抗震设计要求

L.0.1　本附录适用于混凝土模卡砌块（包括混凝土普通模卡砌块和混凝土保温模卡砌块）砌体承重的多层房屋。当本附录未作规定时，其抗震设计应按本标准第8章的有关规定执行。

注：1　本附录的混凝土模卡砌块的材料性能和砌体力学性能应符合现行上海市工程建设规范《混凝土模卡砌块应用技术标准》DG/TJ 08—2087 的有关规定。

2　本附录中的"混凝土模卡砌块"简称"模卡砌块"。

L.0.2　多层模卡砌块房屋的层数和总高度不应超过表L.0.2的规定。

表L.0.2　房屋的层数和总高度限值(m)

房屋类别	最小抗震墙厚度(mm)	抗震设防烈度和设计基本地震加速度					
		6(0.05g)		7(0.10g)		8(0.20g)	
		高度	层数	高度	层数	高度	层数
多层模卡砌块房屋	200	21	7	21	7	18	6

注：房屋总高度、室内外高差、乙类设防及横墙较少的多层砌体房屋的规定同本标准第8.1.2条。

L.0.3　多层模卡砌块房屋可采用底部剪力法进行抗震计算。墙体的截面抗震受剪承载力验算应按本标准第8.2.6～8.2.8条小砌块砌体的相关公式计算。

L.0.4　多层模卡砌块砌体房屋应按本标准第8.3.1条的有关要求设置构造柱。保温模卡砌块用作砌体外墙时，在外墙转角或内外纵横墙交接处应设构造柱，普通模卡砌块砌体可设置芯柱替代构造柱，芯柱的设置应符合本标准第8.4.1条和第8.4.2条的有关要求。

L.0.5 多层模卡砌块砌体房屋的构造柱尚应符合下列构造要求：

1 构造柱最小截面可采用200 mm×200 mm，纵向钢筋宜采用4ϕ12，箍筋直径不小于ϕ6，间距不宜大于250 mm，且在柱上下端应适当加密；6、7度时超过六层，8度时超过五层时，构造柱纵向钢筋宜采用4ϕ14，箍筋间距不应大于200 mm；房屋四角的构造柱应适当加大截面及配筋。构造柱混凝土强度等级不小于C20。

2 构造柱与模卡砌块墙连接处，构造柱要嵌入砌块墙内，并应沿墙高每隔450 mm设2ϕ6水平钢筋和ϕ4分布短筋平面内点焊组成的拉结网片或ϕ4点焊钢筋网片，每边伸入墙内不宜小于1 m。6、7度时底部1/3楼层，8度时底部1/2楼层，上述拉结钢筋网片应沿墙体水平通长设置。

3 构造柱与圈梁连接处，构造柱的纵筋应在圈梁纵筋内侧穿过，保证构造柱纵筋上下贯通。

4 构造柱可不单独设置基础，但应伸入室外地面下500 mm，或与埋深小于500 mm的基础圈梁相连。

5 房屋高度和层数接近本附录表L.0.2的限值时，纵、横墙内构造柱间距尚应符合下列要求：

1）横墙内的构造柱间距不宜大于层高的2倍；下部1/3楼层的构造柱间距适当减小；

2）当外纵墙开间大于3.9 m时，应另设加强措施。内纵墙的构造柱间距不宜大于4.2 m。

L.0.6 多层模卡砌块砌体房屋的现浇钢筋混凝土圈梁的设置应按本标准第8.3.3条多层砖砌体房屋圈梁的要求执行，圈梁应嵌入模卡砌块凹口内，嵌入深度不小于40 mm，与墙体连成整体。圈梁宽度不应小于200 mm，配筋不应少于4ϕ12，箍筋间距不应大于200 mm。

L.0.7 多层模卡砌块砌体房屋的其他抗震构造措施，尚应符合本标准第8.3.3～8.3.14条的有关要求。

本标准用词说明

1 为了便于在执行本标准条文时区别对待，对要求严格程度不同的用词说明如下：

1） 表示很严格，非这样做不可的用词：
正面词采用“必须”；
反面词采用“严禁”。

2） 表示严格，在正常情况下均应这样做的用词：
正面词采用“应”；
反面词采用“不应”或“不得”。

3） 表示允许稍有选择，在条件许可时首先这样做的用词：
正面词采用“宜”；
反面词采用“不宜”。

4） 表示有选择，在一定条件下可以这样做的用词，采用“可”。

2 条文中指明应按其他有关标准、规范执行时，写法为“应符合……的规定”或“应按……执行”。

引用标准名录

1 《钢筋混凝土用钢　第2部分:热轧带肋钢筋》GB/T 1499.2
2 《厚度方向性能钢板》GB/T 5313
3 《橡胶支座　第3部分:建筑隔震橡胶支座》GB 20688.3
4 《建筑地基基础设计规范》GB 50007
5 《建筑结构荷载规范》GB 50009
6 《混凝土结构设计规范》GB 50010
7 《建筑抗震设计规范》GB 50011
8 《钢结构设计标准》GB 50017
9 《构筑物抗震设计规范》GB 50191
10 《混凝土结构工程施工质量验收规范》GB 50204
11 《建筑工程抗震设防分类标准》GB 50223
12 《建筑边坡工程技术规范》GB 50330
13 《砌体结构设计规范》GB 50003
14 《混凝土结构工程施工规范》GB 50666
15 《装配式混凝土建筑技术标准》GB/T 51231
16 《装配式混凝土结构技术规程》JGJ 1
17 《高层建筑混凝土结构技术规程》JGJ 3
18 《组合结构设计规范》JGJ 138
19 《地基基础设计标准》DGJ 08—11
20 《高层建筑钢-混凝土混合结构设计规程》DG/TJ 08—015
21 《装配整体式混凝土居住建筑设计规程》DG/TJ 08—2071
22 《混凝土模卡砌块应用技术标准》DG/TJ 08—2087
23 《高层建筑钢结构设计规程》DG/TJ 08—32
24 《装配整体式混凝土公共建筑设计规程》DGJ 08—2154

上海市工程建设规范

建筑抗震设计标准

DG/TJ 08—9—2023

J 10284—2023

条 文 说 明

2023 上海

目　次

Contents

1　总　则

本章条文参照现行国家标准《建筑抗震设计规范》GB 50011 中的第 1 章，并结合本市的实际情况进行了部分调整和补充。

1.0.2　本标准适用于Ⅲ和Ⅳ类场地的建筑抗震设计，对于基岩露头及覆盖层很薄区域的建筑，可参照现行国家标准《建筑抗震设计规范》GB 50011 执行。

1.0.3　本标准抗震设防的基本思想和原则与原上海市工程建设规范《建筑抗震设计规程》DGJ 08—9—2003 保持一致，对于一般建筑，仍采用“小震不坏、中震可修、大震不倒”三水准的抗震设防目标。对于某些使用功能或其他方面有特殊要求的建筑，可采用更高的抗震设防目标，可应用基于性能的抗震设计方法，本标准在第 3.9 节和附录 K 中增加了有关基于性能的抗震设计的基本原则和方法，可供采用。附录 K 中列出的建筑结构的四个类别的性能目标均比基本抗震设防目标要高。

1.0.4　当本标准与现行国家标准《建筑抗震设计规范》GB 50011 不一致时，以本标准为准。

1.0.5　本条强调了抗震概念设计的重要性，建筑形体设计要注重抗震理念，提倡基于规则形体的建筑设计，以达到美观与安全的统一。

2 术语和符号

本章条文参照现行国家标准《建筑抗震设计规范》GB 50011 中的第 2 章，并根据本标准补充的内容增加了术语“抗震性能水准”“抗震性能目标”“基于性能的抗震设计”“装配整体式混凝土结构”“钢筋混凝土预制叠合抗震墙”“钢筋混凝土预制叠合抗震墙结构”“配筋小砌块砌体抗震墙”“延性墙板”“无屈曲波纹钢板墙”“偏心支撑框架”的术语说明。

抗震构造措施只是抗震措施的一个组成部分，如对地基基础的处理、房屋的最大适用高度和最大高宽比的限制、地震作用效应（内力和变形）调整、房屋的抗震等级等不属于抗震构造措施但属于抗震措施。

3 抗震设计的基本要求

3.1 建筑抗震设防分类和设防标准

本节条文参照现行国家标准《建筑抗震设计规范》GB 50011 中的第 3.1 节。根据现行国家标准《中国地震动参数区划图》GB 18306，本市各区的抗震设防烈度均取为 7 度，但场地地震动参数不采用该标准附录 E 和附录 F 的方法确定。对于不同抗震设防类别的包括学校和医院在内的各类建筑，其抗震措施和地震作用应依据现行国家标准《建筑工程抗震设防分类标准》GB 50223 确定。

第 3.1.3 条为新增条文，按《建设工程抗震管理条例》第十二条要求，对位于高烈度设防地区、地震重点监视防御区的重大建设工程、地震时可能发生严重次生灾害的建设工程、地震时使用功能不能中断或者需要尽快恢复的建设工程，应按规定编制抗震设防专篇，并将其作为设计文件的有机组成部分。一般情况下，应在初步设计阶段编制抗震设防专篇。对于没有安排初步设计阶段的建设工程，可根据实际情况，在施工图设计之前的报建审批方案或可行性研究等阶段完成抗震设防专篇编制工作。一般情况下，建筑工程的抗震设防专篇应包括工程基本情况、设防依据和标准、场地与地基基础的地震影响评价、建筑方案和构配件的设防对策与措施、结构抗震设计概要、附属机电工程的设防对策与措施、施工与安装的特殊要求、使用与维护的专门要求等基本内容。

3.2 地震影响

本节条文参照现行国家标准《建筑抗震设计规范》GB 50011 中

的第3.2节，并根据本市的抗震设防标准，取消了9度时的规定。本市各区域的设计基本地震加速度取值与现行国家标准《中国地震动参数区划图》GB 18306一致。本市的绝大部分场地的类别属于Ⅳ类，个别场地的类别属于Ⅲ类。在多遇地震和罕遇地震时的设计特征周期取值与现行国家标准《建筑抗震设计规范》GB 50011有所不同，是根据本市的场地条件确定的，设防烈度地震时的设计特征周期取值与多遇地震相同。

根据现行国家标准《中国地震动参数区划图》GB 18306，本市设计地震动分组应属于第二组，即影响本市地震烈度的是中距离地震。根据本市的地震危险性分析，影响本市地震烈度的是近震，在本标准中Ⅳ类场地的反应谱特征周期取0.9 s，主要是依据本市的场地条件而定的。自上海市工程建设规范《建筑抗震设计规程》DBJ 08—9—92颁布以来，经过一些学者的进一步深入研究，如用波动理论分析和采用长周期速度仪进行上海地脉动测试，证明上海大部分场地的地运动卓越周期为2.0 s～2.4 s，而根据土层地震反应分析，小震时反应谱曲线的特征周期取0.9 s。当有些场地的土层剪切波速小于500 m/s的覆盖层深度小于80 m时，应该按现行国家标准《建筑抗震设计规范》GB 50011的有关规定，重新划分场地类别，这时对于Ⅲ类场地特征周期取0.65 s。根据本市的场地地震反应分析结果，罕遇地震时由于土层的强烈非线性反应，地表处反应谱的特征周期比小震时伸长较多，一般情况下在1.0 s～1.2 s范围内，本标准中反应谱的特征周期取为1.1 s。

对已进行过场地地震安全性评价（以下简称为安评）的工程项目，可按下列规定的地震动参数确定：

1 对于多遇地震，应通过各个主轴方向的主要振型所对应的底部剪力的对比分析，按安评结果和规范结果二者的较大值采用，且计算结果应满足规范最小剪力系数的要求。

2 对于设防烈度地震和罕遇地震，地震作用的取值一般可按规范参数采用，也可根据经济条件取大于规范值的安评参数。

3.3　场地和地基

本节条文参照现行国家标准《建筑抗震设计规范》GB 50011 中的第 3.3 节，并根据本市的建筑场地类别和抗震设防标准，取消了有关Ⅰ类场地及设计基本地震加速度为 0.15g 及 0.30g 时的规定。对于主楼和裙房之间不设缝、连为一体的高层建筑，为了避免过大的沉降差，裙房与主楼的基础设置可不满足第 3.3.2 条第 1 款的要求。

就本市而言，绝大部分区域属于软弱土地基，虽为不利地段，但采取措施后可以作为建筑场地。有避开要求的不利地段主要指下列地段：河岸和边坡边缘，故河道，暗埋的塘、浜、沟、谷，半填半挖地段以及由松散砂土、新近沉积黏性土和新填土构成的地段。

3.4　建筑形体及其构件布置的规则性

3.4.1　本条参照现行国家标准《建筑抗震设计规范》GB 50011 中的第 3.4.1 条。这里，不规则指的是超过表 3.4.3-1 和表 3.4.3-2 中一项及以上的不规则指标；特别不规则是指：具有较明显的抗震薄弱部位，将会引起不良后果者。对于高层建筑，其界定可以参考住房和城乡建设部批准发布的《超限高层建筑工程抗震设防专项审查技术要点》和上海市住房和城乡建设管理委员会批准发布的《上海市超限高层建筑抗震设防管理实施细则》中关于规则性超限的规定；对于低层、多层建筑，当同时具有本标准表 3.4.3 所列的 6 个主要不规则类型的 3 个或 3 个以上，或某一项不规则指标超过第 3.4.4 条上限值时可界定为特别不规则。严重不规则，是指体型复杂，各项不规则指标超过第 3.4.4 条上限值或某一项大大超过规定值，具有现有技术和经济条件不能克服的严重的抗震薄弱环节，将会导致地震破坏的严重后果者。

3.4.2 本条参照现行国家标准《建筑抗震设计规范》GB 50011 中的第 3.4.2 条。

3.4.3 本条参照现行国家标准《建筑抗震设计规范》GB 50011 中的第 3.4.3 条。高层建筑的不规则类型及判别方法不限于表 3.4.3-1 和表 3.4.3-2，可参照与高层建筑相关的技术标准。对于较大的楼层错层，明确为错层大于楼盖梁的截面高度或大于 0.6 m，只要满足其中一个条件即可定义为较大的楼层错层。嵌固端及其以下的转换构件，不宜计入竖向抗侧力构件不连续的不规则。对于高层建筑的扭转不规则，还可以依据楼层质量中心和刚度中心的距离采用偏心率来进行判断，偏心率的计算可参考现行行业标准《高层民用建筑钢结构技术规程》JGJ 99，当偏心率大于 0.15 时也属于扭转不规则。

图 1～图 6 为典型示例，以便理解表 3.4.3 中所列的不规则类型。对于平面外凸部分，判断是否不规则，本标准提出采用双控指标，即同时用外凸长度和外凸部分宽度两个条件来控制，两个条件同时满足时才属于凸角不规则，与国家标准有所区别。不规则平面凹口的深度宜计算到有竖向抗侧力构件的部位。对于有连续内凹的情况，则应累计计算凹口深度，但需注意区别内凹和外凸，外凸与内凹连续出现时，不属于连续内凹。

对于带有较大裙房的高层建筑（裙房与主楼结构相连），当裙房高度不大于建筑总高度的 20%、裙房楼层的最大层间位移角不大于本标准第 5.5.1 条规定的限值的 40%时（对于层间位移角限值为 1/2 000 或 1/2 500 的嵌固端上一层，最大层间位移角不大于小震层间位移角限值的 60%时），判别扭转不规则的位移比限值可以适当放松到 1.3。

参照现行国家标准《建筑抗震设计规范》GB 50011，对表 3.4.3-1 中扭转位移比的计算方法进行了修改；对表 3.4.3-1 中的楼板局部不连续补充了“高差大于楼面梁截面高度的降板按开洞对待”的说明。

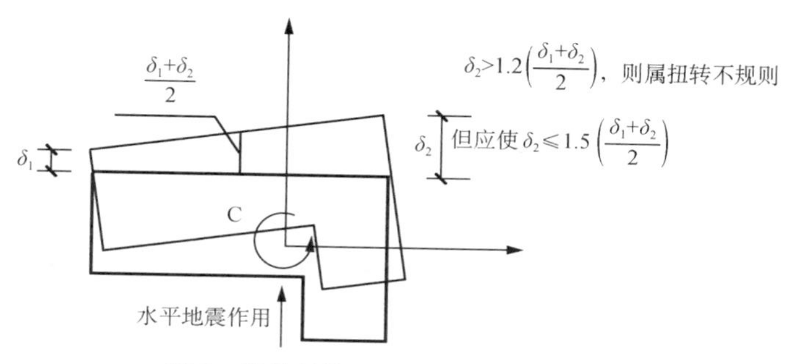

图 1　建筑结构平面的扭转不规则示例

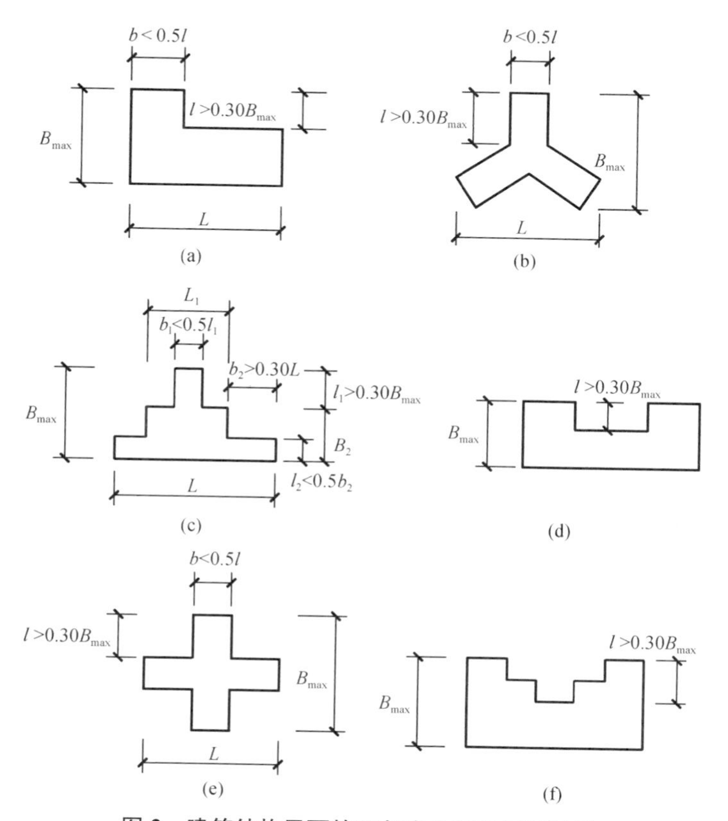

图 2　建筑结构平面的凹角或凸角不规则示例

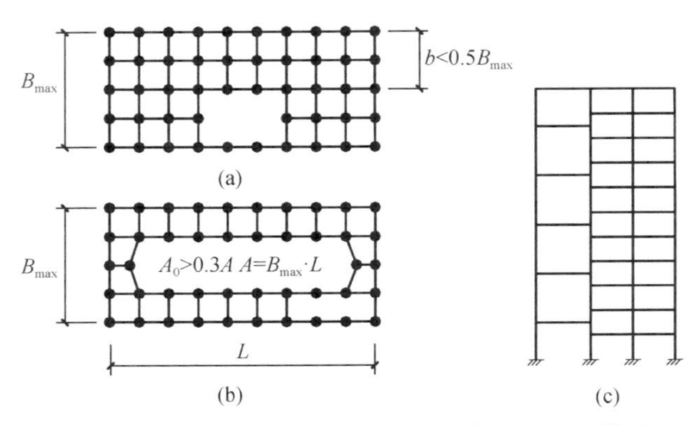

图3　建筑结构平面的局部不连续示例(大开洞及错层)

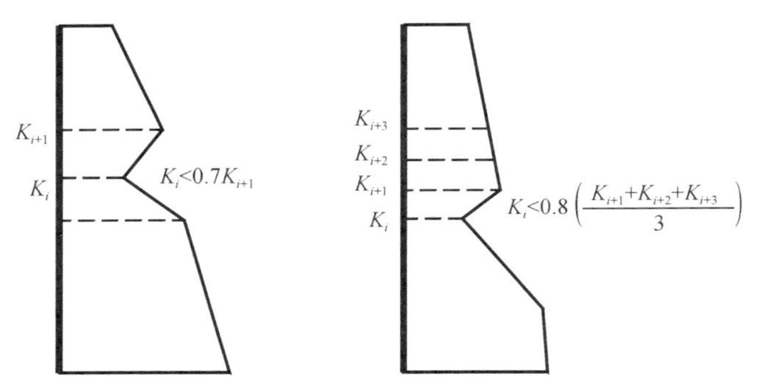

图4　沿竖向的侧向刚度不规则示例(有软弱层)

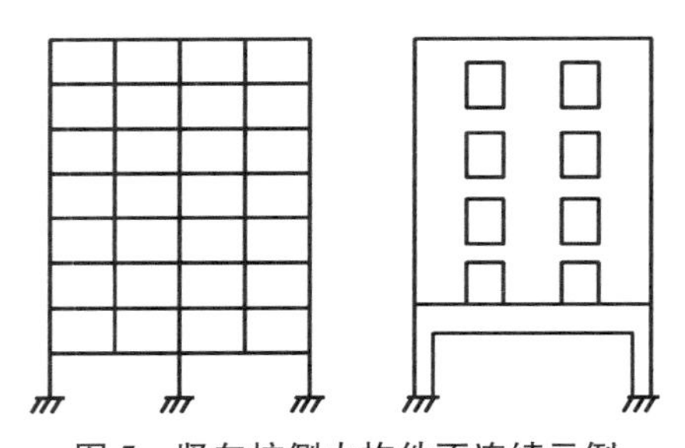

图5　竖向抗侧力构件不连续示例

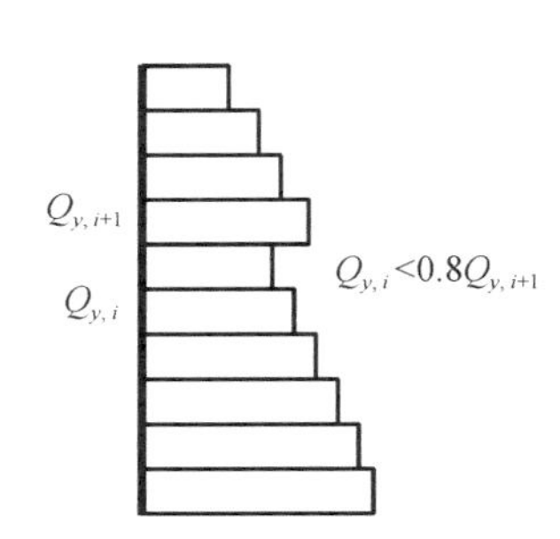

图6　竖向抗侧力结构屈服抗剪强度非均匀化示例(有薄弱层)

结构侧向刚度从下往上减小过快，也会对结构的抗震造成不利影响。除顶层或出屋面的小建筑外，上层与相邻下层的侧向刚度比不宜小于 50%。

对于侧向刚度比的计算，采用不同的刚度计算方法有时会得到相差较大的结果。目前计算侧向刚度的方法主要有以下 4 种。

（1）等效剪切刚度

第 i 层的等效剪切刚度 K_i 根据下式计算：

$$K_i = \frac{G_i A_i}{h_i} \tag{1}$$

$$A_i = A_{wi} + \sum_{j=1}^{n} C_{i,j} A_{ci,j} \tag{2}$$

$$C_{i,j} = 2.5\left(\frac{h_{ci,j}}{h_i}\right)^2 \tag{3}$$

式中：G_i ——第 i 层的混凝土剪切变形模量；

A_i ——第 i 层的折算抗剪截面面积；

A_{wi} ——第 i 层全部抗震墙在计算方向的有效截面面积（不包括翼缘面积）；

$A_{ci,j}$ ——第 i 层第 j 根柱的截面面积；

h_i——第 i 层的层高；

$h_{ci,j}$ ——第 i 层第 j 根柱沿计算方向的截面高度；

$C_{i,j}$ ——第 i 层第 j 根柱截面面积折算系数，当计算值大于 1 时取为 1。

（2）楼层剪力与层间位移之比

第 i 层的侧向刚度 K_i 根据下式计算：

$$K_i = \frac{V_i}{\Delta_i} \tag{4}$$

式中：V_i ——第 i 层的楼层剪力；

Δ_i ——第 i 层的层间位移。

(3) 楼层剪力与层间位移角之比

第 i 层的侧向刚度 K_i 根据下式计算：

$$K_i = \frac{V_i h_i}{\Delta_i} \tag{5}$$

(4) 剪弯刚度

剪弯刚度为单位力与楼层层间位移角之比，第 i 层的侧向刚度 K_i 根据下式计算：

$$K_i = \frac{h_i}{\delta_i} \tag{6}$$

式中：δ_i ——第 i 层的底部固定，结构顶部作用单位力后在该楼层中产生的层间位移(见图 7)。

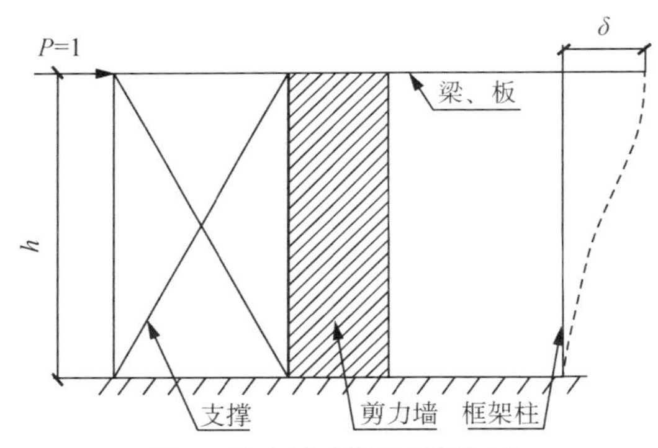

图 7　剪弯刚度计算模型示意

采用楼层剪力与层间位移之比或楼层剪力与层间位移角之比计算侧向刚度时，对于整体变形为弯曲型的结构体系(如抗震墙结构)，由于无害位移(下部楼层整体转动引起的位移)随着楼层位置的上升而增加，即使对于一个结构布置和构件截面尺寸完全相同的结构，上下层的侧向刚度比也会远小于 1，得到不合理的刚度比计算结果。

为统一起见并便于计算，本标准建议：对于框架结构以及底层框架部分承受的地震倾覆力矩大于结构总地震倾覆力矩的80%的框架-抗震墙结构，可采用等效剪切刚度计算；对于带有支撑的结构，可采用剪弯刚度计算；对于其他类型的结构，可采用剪弯刚度或等效剪切刚度计算。

3.4.4 本条参照现行国家标准《建筑抗震设计规范》GB 50011 中的第 3.4.4 条。关于楼层竖向构件最大的弹性水平位移和层间位移与楼层两端弹性水平位移和层间位移平均值之比的限值问题(以下简称位移比限值)，根据本市多年来的工程实践，当层间位移很小时，要满足上述位移比限值可能会将造成结构设计的不合理，特别是对于带有较大裙房的高层建筑(裙房与主楼结构相连)。当裙房高度不大于建筑总高度的 20%、裙房楼层的最大层间位移角不大于本标准第 5.5.1 条规定的限值的 40%时(对于层间位移角限值为 1/2000 或 1/2500 的嵌固端上一层，最大层间位移角不大于小震层间位移角限值的 60%时)，位移比限值可以适当放松到 1.6。

对于平面弱连接结构，不能保证整层楼板为刚性楼板，宜采用分块计算扭转位移比，同时加强弱连接处楼层的受力分析和抗震构造。含跃层柱、空梁的楼层，跃层柱的节点位移不应计入本层位移比(见图 8)。对于楼板局部不连续的结构，宜验算楼板薄弱部位的混凝土应力。

当楼板开洞面积大于楼面面积的 60%时，宜不考虑开洞楼板的水平分隔作用，按扩层补充计算，宜根据结构体系类型确定扩层后侧移刚度的计算方法。

参照现行国家标准《建筑抗震设计规范》GB 50011，对扭转位移比的计算方法进行了修改。偶然偏心的取值，可采用该方向最大平面尺寸的 5%，也可考虑平面形状、抗侧力构件的布置及质量分布的特性确定(如超长结构等)。

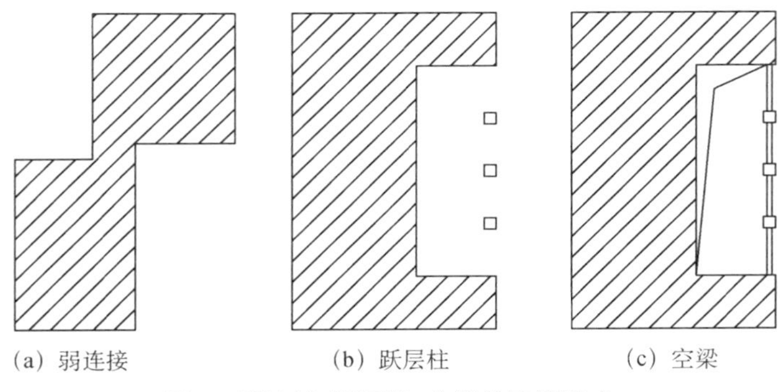

图 8　弱连接、跃层柱、空梁的连接形式

3.4.5　本条参照现行国家标准《建筑抗震设计规范》GB 50011 中的第 3.4.5 条。

3.5　结构体系

本节条文参照现行国家标准《建筑抗震设计规范》GB 50011 中的第 3.5 节。第 3.5.3 条要求结构在两个主轴方向的动力特性宜相近，两个主轴方向的第一平动自振周期的比值不宜小于 0.8，前两阶振型不宜出现扭转振型。

3.6　结构分析

本节条文参照现行国家标准《建筑抗震设计规范》GB 50011 中的第 3.6 节。

3.6.2　为了保证大震不倒的设防目标，对于不规则且具有明显薄弱部位、可能导致重大地震破坏的建筑，应采用静力弹塑性分析（静力推覆分析）或动力弹塑性分析（弹塑性时程分析）方法对结构在罕遇地震作用下的性能进行分析。弹塑性时程分析方法的理论基础严格，可以反映地震过程中每一时刻结构的受力和变形状况，从而可以直观有效地判断结构的屈服机制、薄弱部位，预测结构的破坏模式。但由于受目前科学技术水平的限制，该方法还存在一些不足：计算工作量大，所消耗的时间和资源巨大，所需的数值分析技术要求高；由于地震的不确定性，选择合适的地震波输入有一定难度，而不同的地震输入，计算结果有较大的差异；分析所需要的恢复力模型还不十分成熟，而采用不同的恢复力模型会得到差异较大的计算结果。因此，该方法需要有较好的结构分析软件和很好的工程经验判断才能得到可靠有用的结果，应用的难度较大，目前在我国工程界的应用还比较有限。

静力推覆分析是一种简化的弹塑性分析方法，不需要输入地震波和使用恢复力模型，计算量小，操作简单，目前在我国已得到了较为广泛的应用。在静力推覆分析方法的应用中，最大的难点之一在于如何选择合适的水平加载模式，而该选择将直接影响计算结果。因此，选择合适的水平加载模式是得到合理的分析结果的前提。从理论上讲，水平加载模式应能代表在设计地震作用下结构各楼层惯性力的分布。显然，惯性力的分布随着地震动的强度不同而不同，而且随地震的不同时刻、结构进入非线性程度的不同而不同。迄今为止，研究人员已提出了多种不同的水平加载模式，根据是否考虑地震过程中楼层惯性力的重分布，可将水平加载模式分为固定模式和自适应模式两大类。固定模式是指在整个加载过程中，侧向力分布保持不变。对于受高阶振型影响较小，在不变荷载分布模式作用下可产生唯一屈服机制且能被这种模式检测出来的结构，一般可以采用固定分布模式。目前常用的固定模式可分为均匀模式和模态模式两类。模态模式主要可分为振型组合模式和第一振型模式。振型组合模式是指：根据振型分解反应谱法求得各阶振型的反应谱值，再通过平方和开方(SRSS)振型组合法得到结构各层的层间剪力，据此求得各楼层上作用的侧向力大小。自适应模式是指在整个加载过程中，侧向力分布随结构动力特性的变化而不断调整。

由于没有单一的荷载分布模式可以捕捉到设计地震下结构可能产生的局部地震反应需求的变化，因此本标准提倡至少采用两种水平加载模式，一种为模态模式，另一种可为均匀模式或自适应模式，以便尽可能地包络设计地震作用下结构惯性力的分布。鉴于静力推覆分析的局限性，在应用该方法时应谨慎，应用者需要用工程经验和抗震知识作判断，特别是对于复杂的不规则结构，有必要同时运用几种不同的分析方法作比较。本标准建议，对于高度在 100 m 以下、第一自振周期小于 3 s、比较规则的建筑结构，可以采用静力推覆分析方法。超过该范围的建筑，不宜采用静力推覆分析方法。

3.6.6 对于楼梯构件，可根据具体的结构受力特点，分析其对整体结构受力影响的大小，确定是否在建立整体结构计算模型时考虑其影响。如若将梯板设计为滑动的结构，其整体内力分析的计算模型可不考虑楼梯构件的影响。

3.7 非结构构件

本节条文参照现行国家标准《建筑抗震设计规范》GB 50011 中的第 3.7 节。建筑非结构构件及其与结构主体连接的抗震设计应由建筑和结构设计人员负责，建筑附属机电设备自身的抗震问题应由设备专业人员负责。

3.8 结构材料与施工

本节条文参照现行国家标准《建筑抗震设计规范》GB 50011 中的第 3.9 节，并根据本市的抗震设防标准，取消了 9 度时的规定。

3.8.2 本次修订，根据现行国家标准《建筑与市政工程抗震通用规范》GB 55002、《混凝土结构通用规范》GB 55008 的相关规定，补充了抗震等级二级的框架梁、柱、节点核芯区混凝土强度等级要求，提高了砌体结构中构造柱、芯柱、圈梁及其他各类构件的混凝土强度等级下限值。对于一、二、三级抗震等级的剪力墙连梁、一端与框架柱相连及另一端与剪力墙相连的梁，考虑其梁端可能产生塑性铰，为保证其塑性铰有足够的转动能力，其纵筋可采用类似的要求。符合本条抗震性能指标要求的钢筋为带编号“E”的钢筋。

3.8.3 本标准允许采用强度等级不低于 C70 的高强混凝土，但考虑到高强混凝土的脆性，要求采取措施改善构件的延性。为落实国务院节能减排工作重大战略部署，全面贯彻落实《住房和城乡建设部、工业和信息化部关于加快应用高强钢筋的指导意见》建标〔2012〕1 号文，淘汰 335 MPa 级的螺纹钢筋，建筑结构中纵向受力钢筋应采用 400 MPa 级及以上螺纹钢筋，推广采用 500 MPa 级螺纹钢筋；纵筋用于轴心受压构件时，其抗拉强度受到限制，不宜采用强度高于 400 MPa 级的钢筋；箍筋推广采用 400 MPa 级及以上螺纹钢筋，箍筋用于抗剪、抗扭及抗冲切设计时，其抗拉强度受到限制，不宜采用强度高于 400 MPa 级的钢筋，当用于约束混凝土的间接配筋时，其高强度可以得到充分发挥，采用 500 MPa 和 600 MPa 级的钢筋具有一定的经济效益。现行国家标准《钢筋混凝土用钢　第 2 部分：热轧带肋钢筋》GB/T 1499.2 已取消了 HRB335 钢筋，增加了 600 MPa 级钢筋。

3.9　建筑基于性能的抗震设计

为了保证建筑在未来可能的地震作用下具有预期（可预测）的抗震性能，更加有效地控制其地震损伤程度，减少经济损失和人员伤亡，可采用基于性能的抗震设计方法（或简称为抗震性能化设计方法）。一般对于特别重要的、特别不规则的或对建筑的抗震性能有特殊要求的建筑（如要求在设防烈度地震下需满足正常使用要求的建筑），建议采用该设计方法。对于普通建筑，也可以采用该方法。本次修订，补充了在设防烈度地震下需满足正常使用要求的建筑的抗震性能要求。

本节条文参照现行国家标准《建筑抗震设计规范》GB 50011 中的第 3.10 节。在第 3.9.6 条中增加了对复杂结构进行施工模拟的要求，复杂结构主要包括大跨空间结构、高度超过 200 m 的混合结构、静载下构件竖向压缩变形差异较大的结构，以及同时具有转换层、加强层、错层、连体和多塔 3 种复杂类型的高层结构等，对这类结构进行弹塑性分析时，宜以施工全过程完成后的静载内力状态为初始状态，当施工方案与施工模拟计算不同时，应重新调整相应的计算。

抗震性能目标的实现需要通过控制具体的性能设计指标来实现，本标准采用的设计指标为各个地震水准下构件的承载力、变形及抗震构造要求。总体而言，本标准提出的性能目标的实现主要是通过提高结构的承载力、推迟结构进入塑性及减小进入塑性的程度来实现的。对于重要性程度不同的结构构件，损坏状态及承载力的要求有所区别。基于性能的抗震设计基本步骤如下：

1 分析建筑的基本信息（抗震设防类别、设防烈度、场地条件等）和结构的具体条件（不规则性的情况及程度、可能的薄弱部位、构件的类别等），选择合理的抗震性能目标。

2 确定各结构构件的抗震等级、承载力和构造要求，完成常规的抗震设计。

3 进行结构在不同水准地震作用下的弹性和弹塑性地震反应计算分析（必要时进行构件、节点或整体结构模型的抗震性能试验），检验性能目标。

4 若性能目标不满足，调整设计参数，回到第 2 步。若能达到性能目标，到此结束。

3.10 建筑物地震反应观测系统

本节条文参照现行国家标准《建筑抗震设计规范》GB 50011 中的第 3.11 节，要求设置地震反应观测系统的建筑的高度比国家标准规定的高度增加了 40 m，并根据本市的抗震设防标准，取消了 9 度时的规定。

4 场地、地基和基础

4.1 场 地

4.1.1 本条参照现行上海市工程建设规范《地基基础设计标准》DGJ 08—11 中的第 8.1.1 条，根据上海市大量的勘察资料，增加了湖沼平原区浅部有硬土层分布区宜按波速和覆盖层厚度判定场地类别的规定。

4.1.2 宏观震害资料表明，地震引起的地基失效的主要表现形式为地表断裂、滑坡、过大变形、砂土液化和软土震陷等。

地基失效一旦出现，则无法恢复原状。地基失效引起的结构破坏或损坏多数无法由提高设计标准来解决，一般应通过场地选择或地基处理来避免。

4.1.3 一般情况下，工程地质勘察报告只需提供关于场地稳定性及地基是否液化的评价，无须提供土的动力特性参数，因为根据场地分类和抗震设防烈度可以得到设计所需的地震反应谱，但设计反应谱只对振型分解法有用。进行时程分析时，有时需要进行结构与土层整体反应分析或以自由场地震反应的输出作为结构物的基底输入。为此，工程地质勘察报告应提供各土层的动剪切模量（或剪切波速）和阻尼比。对于某些重要工程，有时还需要提供场地反应谱或场地地震输入时程曲线等特殊要求。

4.2 地基液化的判别和处理

4.2.1 根据对邢台、海城、唐山等地震液化现场资料的研究，发现液化的发生与土层的地质年代、地貌单元、黏粒含量、地下水位深度和上覆非液化土层厚度密切相关。利用这些调查结果得到的经验关系，形成了现行国家标准《建筑抗震设计规范》GB 50011 的“初步判别”方法。如经初步判别定为不可能液化土层或不考虑液化影响的场地，可不作进一步的判别。

对于天然地基的建筑，国家抗震规范针对地下水位深度较深或上覆非液化土层较厚的情况给出了可初步判别不液化或不考虑液化影响的公式：

$$d_u > d_o + d_b - 2 \tag{7}$$

$$d_w > d_o + d_b - 3 \tag{8}$$

$$d_u + d_w > 1.5d_o + 2d_b - 4.5 \tag{9}$$

式中：d_w——地下水位深度(m)；

d_u——上覆盖非液化土层厚度(m)，计算时宜将淤泥和淤泥质土层扣除；

d_b——基础埋置深度(m)，不超过 2 m 时采用 2 m；

d_o——液化土特征深度(m)，当为饱和粉土时取 6 m，当为饱和砂土时取 7 m。

考虑到本市的具体条件，地下水位深度大于 5 m 和上覆非液化土层(不计淤泥质土层)厚度大于 6 m 的情况极少出现，所以上述有关这两方面的判别条件在条文中就不予列入。

本条规定“当建筑物地基范围内存在饱和砂土或饱和砂质粉土时，应通过工程勘察判定该土层地震液化的可能性”，实际上也隐含着将饱和的黏质粉土(黏粒含量百分率大于 10)初步判别为不液化土，不需再进一步判别液化的可能性。

4.2.2 本条推荐采用两种试验方法判别砂土液化，与现行上海市工程建设规范《地基基础设计标准》DGJ 08—11 的有关条文一致，对公式中的系数 β、p_{s0}、q_{c0} 进行了调整。上海市的设计地震分组属第二组，β 取为 0.95。

4.2.3 本条参照现行上海市工程建设规范《地基基础设计标准》

DGJ 08—11 中的第 8.2.4 条。

4.2.4 本条直接采用现行上海市工程建设规范《地基基础设计标准》DGJ 08—11 中的第 8.2.5 条。

4.2.5 本条直接采用现行上海市工程建设规范《地基基础设计标准》DGJ 08—11 中的第 8.2.6 条。加密法可采用沉管碎石桩、沉管砂桩、强夯等方法。

4.2.6 本条直接采用现行上海市工程建设规范《地基基础设计标准》DGJ 08—11 中的第 8.2.7 条。

4.3 地基和基础的抗震强度验算

4.3.1 本条参照现行上海市工程建设规范《地基基础设计标准》DGJ 08—11 中的第 8.3.1 条，提高了对位于边坡上或边坡附近的建筑物抗震强度验算要求，考虑到目前不超过 8 层的民用房屋有可能采用框架-抗震墙结构和抗震墙结构，为简化基础的抗震验算，增加了这类结构可不进行地基和基础的抗震承载力验算的条件。

4.3.2 目前，地基基础的抗震验算一般还是将上部结构传至基础顶面的动力作用与原来的静荷载迭加，进行地基基础的拟静力强度验算。基础的截面抗震验算表达式和承载力抗震调整系数与上部结构一样。地基承载力的抗震验算式是在静力验算式的基础上增加承载力抗震调整系数 γ_{RE}。

在天然地基抗震验算中，对地基土承载力设计值调整系数的规定，主要参考国内外资料和相关规范的规定，考虑了地基土在有限次循环动力作用下强度一般较静强度高和在地震作用下结构可靠度容许有一定程度的降低这两个因素。

在地震作用时，地基承载能力高于静力作用下的地基承载能力。现行国家标准《建筑抗震设计规范》GB 50011 中将静力作用下的地基承载能力乘以一个大于 1 的调整系数，成为地震作用时地基动承载能力；而现行上海市工程建设规范《地基基础设计标准》DGJ 08—11 则是将静地基承载力除以一个小于 1 的调整系数，二者的结果是一致的，只是表达形式不同。本条文采用与现行上海市工程建设规范《地基基础设计标准》DGJ 08—11 相同的表示形式，即取小于 1 的承载力抗震调整系数 γ_{RE}，并置于分母。这样就能与上部结构抗震验算相应公式一致。由于本标准采用概率极限状态的设计方法，取消了地基容许承载力的概念，地基静承载力设计值 f_d 按《地基基础设计标准》DGJ 08—11 的有关规定取用。

对于沉降控制复合桩基，当需要进行抗震强度验算时，原则上可对承台以下地基土承载力和桩的承载力分别参照天然地基和桩基承载力的抗震调整方法予以提高。

4.3.3 地坪和地基土对基础有较好的嵌固作用，增加地基基础水平承载力。刚性地坪的水平抗力不容忽视；基础正侧面土的水平抗力、箱式基础边侧面土的摩擦力也对抗水平地震力有利。本条文主要针对独立基础，而箱基和筏基可根据情况参照执行。

4.3.4 依据现行国家标准《建筑抗震设计规范》GB 50011 的总体原则和有关规定，取消了原条文关于部分情况下桩基也可不进行水平抗震验算的规定，强调除本标准第 4.3.1 条有明确规定外，桩基均应进行竖向和水平地震作用的抗震验算。现行上海市工程建设规范《地基基础设计标准》DGJ 08—11 已作了相应修改，并进行了 20 例试设计，可作为分析参考。本条直接采用该标准的第 8.4.2 条。

4.3.5 本条直接采用现行上海市工程建设规范《地基基础设计标准》DGJ 08—11 中的第 8.4.3 条，承台或地下室外侧回填土夯实至干密度不小于现行国家标准《建筑地基基础设计规范》GB 50007 对填土的要求时，可以认为承台或地下室外侧土体抗力发挥有保证。

4.3.6 本条参考现行上海市工程建设规范《地基基础设计标准》

DGJ 08—11 中的第 8.4.4 条，对于桩周液化土有不同的土层的情况，条文明确了应根据各土层的液化强度比分别采用相应的液化影响折减系数。

4.3.7 抗震设防类别为甲、乙类建筑物的地下或半地下结构中的外墙，地震时宜按静止土压力计算。基本思路是地震时静态的静止土压力保持不变，再加上动态的静止土压力作用。非液化土层的动态静止土压力系数假设与静态时一样，但动态时孔隙水与土骨架一起作用，故土体自重采用饱和重度，动态水压力不再另行计算。

当墙后存在可液化土层时，液化土层的静态静止土压力等于升高后的孔隙水压力，其数值等于计算点以上总的自重应力，即全部上覆土层的水土重量(地下水位以上用天然重度计算，地下水位以下用饱和重度计算)，静水压力已经包括在内。

动水压力强度沿液化土层高度不变，即按矩形分布。墙后液化土层的上覆或下卧非液化土层，地震时静止土压力强度的计算，不受液化土层影响，仍按本条第 1 款所述方法进行。

4.3.8 在地震作用下，埋设于可液化土层的重要的地下管线、电缆沟、油罐、窨井和其他空腔式地下或半地下结构，有可能丧失抗浮的稳定性。这是由于砂土液化后，地下结构侧壁的摩阻力可能完全消失，底板受到向上的超静孔隙水压力的作用，使原来抗浮系数大于 1 的结构物也可能会上浮，因此作本条规定。在抗浮验算时，不考虑侧壁摩阻力对抗浮的有利影响，并采用地下水位上升到地表面的假定，以加大水浮力数值，保证了抗浮安全性。同时，在进行地下结构底板的强度验算中，要考虑因超静孔隙水压力的瞬时作用，增大了对底板的向上压力。

考虑到经济，只提抗震类别为甲、乙类的重要建筑物宜采用本条规定计算，实际上对于上浮敏感的丙类建筑物，必要时也可参照本条规定进行计算。

4.4 抗震措施

4.4.1,4.4.2 加强抗震构造措施是抗震概念设计的关键,尤其对于地基基础的抗震设计。条文列举了各种抗震构造措施,其具体的做法如下。

采用桩基或其他深基础、挖除或加固处理软土层,挖除或处理范围应达到基础底下一定深度(基础宽度的1倍~2倍)和一定宽度(基础宽度的2倍~3倍)。对于可能发生震陷的地基,加强基础及上部结构的构造也很有效,包括:选择合适的基础埋置深度;减轻荷载,采用轻质材料,减少基础上的回填土重量等;调整基础底面积,减少基础荷载偏心;加强基础整体性和刚性;加强上部结构整体性和刚性;合理设置沉降缝等。当天然地基抗震验算难以满足时,应根据地基情况、工程要求和其他客观条件考虑采用人工地基加固处理方案。较常用的有换土垫层法,适用于软弱土层,该方法造价低、施工简便,但当荷载较大、要求较高时则不宜采用。松散填土或杂填土地基宜用重锤夯实法处理,但该方法加固深度有限,存在软弱下卧层时,效果不一定好。对于大面积松散软弱土层,只要场地容许,采用强夯法加固,往往是有效、快速而经济的。振冲或挤密砂桩方法适宜于加固松散粉土地基,能有效地提高土的密度。对于饱和软黏土层的加固,可采用砂井预压法,经济有效,但所需时间较长,并要具备一定的加荷条件。

对于可能在地震时产生滑动的地基土,应采取地基加固或抗滑桩等抗震措施。

场地条件对结构物的震害和结构的地震反应都有重要的影响。因此,场地的选择、处理和地基与上部结构动力相互作用的考虑等都是概念设计的重要方面。原则上,应选择对抗震有利的场地,避开对抗震不利的场地;当无法避开时,应采取适当的抗震措施。海城地震和唐山地震中发生过多起桥梁由于桥墩移动而落梁坍塌或桥轴线弯曲的严重破坏，其原因多数是因为河道岸边存在可液化土层，地震液化造成土体向河心滑动。本市有许多可液化土层分布在苏州河、黄浦江沿岸。一般认为，当液化土层下界面存在大于2%的坡度时，即有发生流动的可能性。若存在流动的可能，应尽量予以避开。

4.4.3 唐山震害调查中屡屡发现柱子在稍高于地坪处发生断裂，说明地坪和地基土对基础有相当好的嵌固作用，刚性地坪的水平抗力不容忽视。另外，基础正侧面土的水平抗力、箱式基础边侧面土的摩擦力的作用也应予以适当考虑。因此，本条列出一些提高抵抗水平地震力的构造措施。加强基础附近的刚性地坪一般可以采用加厚刚性地坪和加大刚性地坪范围的方法。加强基础周围的回填土一般可以采用提高回填土的压密系数的方法。

4.4.4 本条参照现行国家标准《建筑抗震设计规范》GB 50011 中的第4.4.4条。

4.4.5 本条参照现行国家标准《建筑抗震设计规范》GB 50011 中的第4.4.5条。本条的要点在于保证液化土层附近桩身的抗弯和抗剪能力。本市一般不考虑软土震陷问题。

4.4.6 本条参照现行上海市工程建设规范《地基基础设计标准》DGJ 08—11 中的第8.4.7条。本次修订，取消了“房屋高度超过28 m的建筑物应设置地下室”的要求，对于十层及十层以上的建筑物，由“应设置地下室”改为“宜设置地下室”。对于房屋高度超过28 m的低层或多层工业厂房、仓储建筑，从建筑使用功能角度不需要设置地下室，宜采用本条第2～9款的加强措施，并宜考虑采取以下措施：

1 结构高宽比不超过3，单跨结构的结构高宽比不超过2。

2 桩基承台的埋置深度不小于房屋高度的1/15。

3 基础桩型采用预应力管桩时，管桩混凝土灌芯长度不小于5倍桩身直径且不小于3 m、灌芯混凝土强度不低于C30。

加强桩顶与承台的连接构造，宜采用加大桩顶伸入承台长度或加大主筋锚入承台长度、加长预应力空心桩桩顶灌芯长度至水平力较小部位并设置钢筋等措施。为保证承台与地下室外侧周边土体的约束抗力，宜采用填土分层夯实压密、混凝土原坑浇筑、加强基础与围护结构可靠连接等措施。

5 地震作用和结构抗震验算

5.1 一般规定

5.1.1 本条参照现行国家标准《建筑抗震设计规范》GB 50011 中的第 5.1.1 条。根据本市抗震设防标准，取消了 9 度时的规定。双向地震作用下的扭转效应，可以按下列两种情况考虑：①采用振型分解反应谱法计算时，应按本标准第 5.2.3 条第 2 款处理；②采用时程分析法时，应采用第①种情况的计算模型，在两个水平方向输入地震波，并按两个方向地震加速度最大值之比为 1：0.85 的关系，计算地震作用效应。

5.1.2 本条参照现行国家标准《建筑抗震设计规范》GB 50011 中的第 5.1.2 条。根据本市抗震设防标准及本市场地地震反应分析结果，罕遇地震时的时程分析所用地震加速度时程的最大值取现行国家标准《建筑抗震设计规范》GB 50011 相应值的 90%，这是根据上海市地震局和同济大学十多年来关于本市地震危险性分析与土层地震反应分析结果而确定的，反映了本市厚软土层的地质特点。本标准附录 A 中列出了 14 组地震波，其中前面 7 组波(5 组为天然波，2 组为人工波)的特征周期为 0.9 s，可用于多遇地震和设防烈度地震时的时程分析，后面 7 组波(5 组为天然波，2 组为人工波)的特征周期为 1.1 s，可用于罕遇地震时的时程分析。SHW1、SHW2、SHW8、SHW9 均为人工波，其余地震波为根据实际强震记录调整后的加速度时程，可作为天然波使用。

平面投影尺寸很大的空间结构，指跨度大于 120 m 或长度大于 300 m 或悬臂大于 40 m 的结构。

5.1.3 本条参照现行国家标准《建筑抗震设计规范》GB 50011 中

的第5.1.3条。

5.1.4 根据本市的软弱场地在大震下的较强非线性响应特征，加速度反应谱的特征周期比小震时伸长较多，但反应谱平台高度降低了。这是由于土层作为一种传递地运动的体系进入了弹塑性变形，耗散了部分输入的能量，使得地表加速度响应减小，同时其等效刚度也减小了，使得响应周期延长了。因此，本标准在罕遇地震时的地震影响系数取现行国家标准《建筑抗震设计规范》GB 50011相应值的90%。

5.1.5 建筑结构对应于多遇地震、设防烈度地震和罕遇地震的地震影响系数曲线的形状参数有所不同，不同水准地震的设计特征周期应根据本标准第3.2.2条取值。

近年来，本市出现了一些基本自振周期超过6 s的超高层建筑。为了计算作用在这些结构上的地震作用大小，有必要提供周期大于6 s的加速度反应谱，本标准将国家标准的反应谱从6 s延伸至10 s。对于长周期结构，地面运动的速度和位移可能比加速度对结构的破坏具有更大的影响。反应谱形状在下降段0.9 s～10 s之间取了统一指数的形式，没有采纳现行国家标准《建筑抗震设计规范》GB 50011中的分段模式。理由如下：

1 现行国家标准《建筑隔震设计标准》GB/T 51408已经修改了特征周期至6 s区间反应谱下降段谱值调整公式，采用了统一的指数衰减模式，本标准与此标准相协调。

2 本市绝大多数场地的反应谱适用特征周期不小于0.9 s，特征周期值很大，阻尼比5%一致指数衰减谱周期6 s处谱值与现行国家标准《建筑抗震设计规范》GB 50011分段谱值之比为0.181∶0.205(约为0.88)。若把分段反应谱延推至10 s，二者比值约为0.115∶0.125(约为0.92)。二者比值接近于1.0。

3 现行国家标准《建筑抗震设计规范》GB 50011分段谱在6 s～10 s段对于不同的阻尼比，其谱形状发生交叉，即出现了大阻尼比谱值大于小阻尼比谱值的奇异现象。

4 如果反应谱在 6 s～10 s 之间取 6 s 处的常数，则以此谱生成的地面运动时程的速度、位移值会出现偏离常识的大值，因为本市的影响地震分组属于第二组，即不是近断层地震，采用含有超出常规速度和位移成分的地面运动输入是不合适的。

5 按一致指数衰减反应谱计算的多遇地震下的楼层剪力能满足本标准第 5.2.5 条的最小楼层剪力要求。

5.1.6 本条参照现行国家标准《建筑抗震设计规范》GB 50011 中的第 5.1.6 条。

5.1.7 本条参照现行国家标准《建筑抗震设计规范》GB 50011 中的第 5.1.7 条。

5.2 水平地震作用计算

本节参照现行国家标准《建筑抗震设计规范》GB 50011 中的第 5.2 节，根据本市抗震设防标准，取消了 9 度时的规定。当结构剪重比较小不满足要求时，应对结构方案进行分析。当某楼层地震剪力系数偏小，可仅对该楼层放大剪力。当结构底部的总地震剪力系数(剪重比)偏小，应直接对全楼放大地震作用。按放大后的地震作用，进行结构变形验算和构件设计。若结构方案不合理，则应对结构方案进行调整。

5.3 竖向地震作用计算

本节参照现行国家标准《建筑抗震设计规范》GB 50011 中的第 5.3 节，根据本市抗震设防标准，取消了 9 度时的规定。本市绝大部分地区的场地都是Ⅳ类，但也有极少部分的地区是Ⅲ类场地，故在表 5.3.1 中仅列出了Ⅲ、Ⅳ类的场地类别。

5.4 截面抗震验算

本节参照现行国家标准《建筑抗震设计规范》GB 50011 中的第 5.4 节。根据现行国家标准《建筑结构可靠性设计统一标准》GB 50068、《建筑与市政工程抗震通用规范》GB 55002，对第 5.4.1 条中的重力荷载分项系数、风荷载分项系数、地震作用分项系数进行了修改。

5.5 抗震变形验算

本节参照现行国家标准《建筑抗震设计规范》GB 50011 中的第 5.5 节，根据本市抗震设防标准，取消了 9 度时的规定。

表 5.5.1 中的钢筋混凝土框架-抗震墙结构，当底层框架部分所承受的地震倾覆力矩大于结构总地震倾覆力矩的 50%时，其位移角限值可适当放松。在钢筋混凝土框架-抗震墙结构中，在规定的水平力作用下，当底层框架承受的地震倾覆力矩（M_{F1}）大于结构总地震倾覆力矩（M_{o1}）的 50%时，框架结构的变形对层间位移的贡献就会增多，这种结构体系中的层间位移角限值就可以在 1/800 的基础上适当放大。为便于在工程实际中操作，可以用下式近似地估算这种结构体系中的层间位移角限值：$[\theta_e]=\theta_{efw}+2(\theta_{ef}-\theta_{efw})(M_{F1}/M_{o1}-0.5)$，式中 θ_{ef} 为框架结构的层间位移角限值（1/550），θ_{efw} 为一般框架-抗震墙结构的层间位移角限值（1/800）。在这种结构体系中，框架结构的抗震等级尚应符合本标准第 6 章的有关规定。

钢筋混凝土框支层（嵌固端上一层）的层间位移角限值的提出是根据现行国家标准《建筑抗震设计规范》GB 50011 的修订背景材料和本市的工程实践经验确定的。根据修订背景材料提供的数据，单层抗震墙开裂时的层间位移角，试验值的范围为

1/3330～1/1110，计算分析值的范围为 1/4000～1/2500。钢筋混凝土框支层（嵌固端上一层）抗震墙，层间位移角主要是以剪切变形为主，弯曲变形占的成分很少，类似于单层抗震墙的变形。另外，根据本市多年的工程实践经验，为了防止框支抗震墙结构中嵌固端上一层的抗震墙过早开裂，限制其层间位移角为 1/2500 是合理可行的，只要结构方案布置合理，一般情况下可以满足此要求。钢筋混凝土抗震墙结构和筒中筒结构中嵌固端上一层的抗震墙，也有类似于单层抗震墙的变形特点，也限制其层间位移角为 1/2500。根据本市这几年的工程实践，这些限值绝大多数情况下是可以满足的。对于无地下室的结构，嵌固端上一层一般指底层；对于带有地下室的结构，当地下室顶板可作为上部结构的嵌固部位时，嵌固端上一层即为底层。当地下室顶板作为上部结构嵌固端时，应按不带地下室的计算模型对底层位移角进行验算。

与国家标准相比，本标准还增加了单层钢筋混凝土柱排架的弹性层间位移角限值。对于钢筋混凝土框排架结构，可根据其具体的组成采用相应的弹性层间位移角限值。对于由钢筋混凝土框架与排架侧向连接组成的侧向框排架结构，弹性层间位移角限值可取为与钢筋混凝土框架相同，即 1/550；对于下部为钢筋混凝土框架上部顶层为排架的竖向框排架结构，下部的钢筋混凝土框架部分的弹性层间位移角限值可取为 1/550，上部的排架部分可取为与单层钢筋混凝土柱排架相同，即为 1/300。

在多遇地震时，若在计算地震作用时为了反映隔墙等非结构构件造成结构实际刚度增大而采用了周期折减系数，则在计算层间位移角时可以考虑周期折减系数的修正，且填充墙应采用合理的构造措施与主体结构可靠拉结，对于采用柔性连接的填充墙或轻质砌体填充墙，不能考虑此修正。

6 多层和高层现浇钢筋混凝土结构房屋

6.1 一般规定

6.1.1，6.1.2 此两条参照现行国家标准《建筑抗震设计规范》GB 50011 中的第 6.1.1 条。对采用钢筋混凝土材料的高层建筑，从安全和经济诸方面综合考虑，其适用高度应有限制。考虑到与现行国家标准《建筑抗震设计规范》GB 50011 及现行行业标准《高层建筑混凝土结构技术规程》JGJ 3 协调，将最大适用高度分为 A、B 两级。A 级高度钢筋混凝土建筑的最大适用高度参照现行国家标准《建筑抗震设计规范》GB 50011 中的第 6.1.1 条的有关规定，B 级高度钢筋混凝土建筑的最大适用高度参照现行行业标准《高层建筑混凝土结构技术规程》JGJ 3 中的有关规定。对于房屋高度超过 A 级高度的建筑，应按有关规定进行超限高层建筑的抗震设防专项审查。筒体结构包括框架-核心筒和筒中筒结构，在高层建筑中应用较多。框架-核心筒存在抗扭不利及加强层刚度突变问题，其适用高度略低于筒中筒。板-柱体系有利于节约建筑空间及平面布置的灵活性，但板-柱节点较弱，不利于抗震。1988 年墨西哥地震充分说明了板-柱结构的弱点。本标准对板-柱结构的应用范围限于板-柱-抗震墙体系，对节点构造有较严格的要求。框架-核心筒体结构中带有一部分承受竖向荷载的无梁楼盖时，不作为板-柱-抗震墙结构。

对于平面和竖向均不规则的结构，其最大适用高度一般可以降低 20%左右。

本次修订增加了坡度不大于 45°的坡屋面房屋高度的计算方法，补充了突出主屋面的塔楼高度计入房屋高度的条件。

对于非钢筋混凝土柱厂房的单层钢筋混凝土房屋，可参照本章规定的原则进行抗震设计。对于房屋高度不超过 6 m 的非钢筋混凝土柱厂房的单层钢筋混凝土房屋，抗震设防要求可适当降低，可按设防烈度进行抗震计算，按设防烈度降低 1 度（已是 6 度的按 6 度）采取抗震构造措施。

6.1.3 抗震等级的划分也按 A、B 级适用高度分别考虑。

6.1.4 本条参照现行国家标准《建筑抗震设计规范》GB 50011 中的第 6.1.3 条及现行行业标准《高层建筑混凝土结构技术规程》JGJ 3 中的第 3.9.5～3.9.7 条。底层框架部分所承担的地震倾覆力矩应在建筑物的两个主轴方向分别计算，若其在任一方向大于结构总地震倾覆力矩的 50%，结构框架部分的抗震等级即应按框架结构确定，抗震墙的抗震等级可与其框架的抗震等级相同。

对于上部采用钢结构体系、地下室采用混凝土结构体系的房屋，当地下室顶板作为上部结构的嵌固部位时，地下一层相关范围的抗震等级宜取与上部结构等高的混凝土结构的抗震等级。

裙房与主楼相连的相关范围，一般可从主楼周边外延 3 跨且不小于 20 m，相关范围以外的区域可按裙房自身的结构类型确定其抗震等级。裙房偏置时，其端部有较大的扭转效应，也需要适当加强。地下一层的相关范围，一般指主楼周边外延 1～2 跨的地下室范围。

6.1.5 震害表明，本条规定的防震缝宽度，在强烈地震下相邻结构仍可能局部碰撞而损坏，但宽度过大会给立面处理造成困难。因此，建筑宜选用合理的建筑结构方案而不设防震缝，同时采用合适的计算方法和有效的措施，以消除不设防震缝带来的不利影响。

防震缝可以结合沉降缝要求贯通到地基，当无沉降问题时也可以从基础或地下室以上贯通。当有多层地下室形成大底盘，上部结构为带裙房的单塔或多塔结构时，可将裙房用防震缝自地下室以上分隔，地下室顶板应有良好的整体性和刚度，能将上部结构地震作用分布到地下室结构。根据本市多年的工程实践情况，当防震缝两侧的结构可能产生较大差异沉降时，防震缝宽度可根据沉降差的情况适当放大。

6.1.6 B级高度的钢筋混凝土房屋的最大适用高度已有所放松，因此，对其建筑形体及其构件布置的规则性应更加严格。

6.1.7 本条参照现行国家标准《建筑抗震设计规范》GB 50011 中的第6.1.5条。单跨框架主要指整幢建筑或绝大部分采用单跨框架的结构，某个主轴方向均为单跨也属于单跨框架。震害调查表明，单跨框架因为冗余度低震害较严重。对图9所示的框架结构，当连廊的长宽比 H/B 不超过表1的规定时，可在其连廊部分采用局部的单跨框架结构。目前，对于部分学校、医院中的乙类建筑，连廊往往采用独立的单跨框架，为降低震害，应根据本标准附录K采用基于性能的抗震设计方法进行设计，且结构的性能目标不低于Ⅲ类目标；另外，也可采用增设支撑等方式增加结构的冗余度。

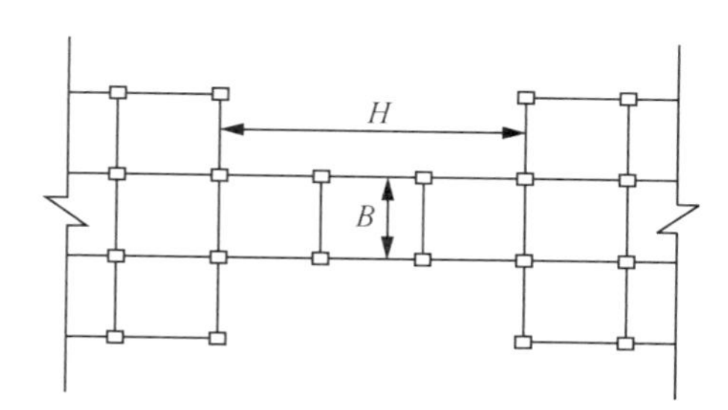

图9 局部带连廊的框架结构

表1 连廊的长宽比

楼、屋盖类型	抗震设防烈度		
	6度	7度	8度
现浇或叠合楼、屋盖	4	4	3
装配整体式楼、屋盖	3	3	2.5

6.1.8～6.1.11 此四条参照现行国家标准《建筑抗震设计规范》GB 50011 中的第 6.1.6～6.1.10 条。

6.1.12 本条明确加强部位的高度一律从地下室顶板算起，故第 2 款中的墙体总高度为地下室顶板以上的墙体总高度。当计算嵌固端位于地面以下时，加强部位需向下延伸至嵌固端。

在地下室大底盘高层建筑中，当主楼地下室顶板开大洞等情况使得嵌固端改至地下一层，若主楼计算采取与裙楼分开计算的方式，地下一层只能考虑主楼及其周围的抗侧力构件的贡献，主楼周围的范围可以在两个水平方向分别取地下室层高的 2 倍左右。

无地下室时，结构嵌固端通常在－2 m 以下的基础顶面，事实上由于±0.000 刚性地坪对底层柱的嵌固作用，造成计算时底层柱计算所得内力和配筋偏小，计算时需适当考虑刚性地坪的约束作用。此外，若在刚性地坪处加设框架梁，还应考虑框架梁的约束影响。

6.1.13 本条参照现行行业标准《高层建筑混凝土结构技术规程》JGJ 3 中的第 7.1.8 条，考虑到 B 级高度高层建筑对抗震的不利，提出较严的要求。

6.1.14～6.1.16 此三条参照现行国家标准《建筑抗震设计规范》GB 50011 中的第 6.1.11～6.1.13 条。

6.1.17 本条参照现行国家标准《建筑抗震设计规范》GB 50011 中的第 6.1.14 条。当地下室顶板作为上部结构的嵌固部位时，应能将上部结构的地震剪力传递到全部地下室结构。地下室结构应能承受上部结构屈服超强及地下室本身的地震作用，为此近似考虑地下室结构的侧向刚度与上部结构侧向刚度之比不宜小于一定的限值，地下室柱截面每一侧纵向钢筋面积，除满足计算要求外，不应小于地上一层对应柱每侧纵筋面积的 1.1 倍；当进行初步设计时，侧向刚度比可用等效剪切刚度估计，并作为计算刚度比的控制指标。

如果上部结构在地下室顶板处转换，当上部结构上下不连续贯通的竖向抗侧力构件的侧向刚度超过该层侧向刚度的10%时，虽然地下一层与地上一层的刚度比可以满足限值的要求，但此时地下室顶板不宜作为嵌固端。

考虑到本市设有地下室的建筑一般采用桩基，对于地下室层数不超过两层的建筑，刚度比限值采用1.5，当地下室层数超过两层时，刚度比限值采用2。

如遇到较大面积的地下室而上部塔楼面积较小的情况，在计算地下室结构的侧向刚度时，只能考虑塔楼及其周围的抗侧力构件的贡献，塔楼周围的范围可以在两个水平方向分别取地下室层高的2倍左右。此时还应使地下室该范围内的刚心与质心的偏差尽可能小，保证塔楼的全面嵌固。

作为上部结构嵌固端的地下室顶板，一般洞口面积不宜大于顶板面积的30%，且洞口边缘与主体结构的距离不宜太近；当不满足该要求时，应详细分析顶板应力，并采取合适的加强措施后才可将顶板作为上部结构的嵌固端。

6.1.18 对于框架结构，当楼梯构件与主体结构整浇时，楼梯构件对主体结构的抗震性能有较大的影响，应根据其受力特点建立合适的计算模型参与整体计算。当设计人员在计算分析后有足够依据时可采用简化计算方法考虑楼梯构件的作用。

本条根据上海市住建委发布的《关于本市建设工程钢筋混凝土结构楼梯间抗震设计的指导意见》(沪建建管〔2012〕16号)进行了补充。楼梯间的布置应有利于人员疏散，尽量减少其造成的结构平面特别不规则。对钢筋混凝土结构，宜在其楼梯间周边设置抗震墙。对于设置抗震墙可能导致结构平面特别不规则的框架结构，楼梯间也可根据国家相关技术规范要求，将梯板设计为滑动，支撑于平台梁(板)上，减小楼梯构件对结构刚度的影响，并应采用有效措施防止梯板在强震时从支座脱落。对于楼梯间设置刚度足够大的抗震墙的结构或将梯板设计为滑动的结构，楼梯构件对结构刚度的影响较小，其整体内力分析的计算模型可不考虑楼梯构件的影响；否则其整体内力分析的计算模型应考虑楼梯构件的影响，并宜与不计楼梯构件影响的计算模型进行比较，按最不利内力进行配筋。

6.1.19～6.1.21 此三条参照现行国家标准《建筑抗震设计规范》GB 50011 中的第 6.1.15～6.1.18 条。

6.1.22 本条参照现行行业标准《高层建筑混凝土结构技术规程》JGJ 3 中的第 3.10.1～3.10.5 条。

6.2 计算要点

6.2.1 体型复杂、结构布置复杂或 B 级高度的高层建筑都属抗震不利的结构，对其提出用两个不同力学模型的结构分析软件进行计算是为了互相校核，保证计算结果的可靠性。

6.2.2 带加强层的结构、带转换层的结构、错层结构、连体结构、竖向体型收进、悬挑结构（如多塔楼结构）、B 级高度的高层建筑结构都属抗震不利的结构，故对其提出一些更高的计算要求。

6.2.3～6.2.17 这些条文参照现行国家标准《建筑抗震设计规范》GB 50011 中的第 6.2.1～6.2.14 条和现行行业标准《高层建筑混凝土结构技术规程》JGJ 3 中的第 10.2.17～10.2.18 条。本标准第 6.2.16 条中，对于框架柱数量沿竖向有较大变化的情况，框架部分承担剪力的调整可分段进行，可取每段底层结构对应的总地震剪力及每段各层框架承担的地震剪力的最大值用于计算调整。这里所指的框架部分承担的剪力值即是框架部分的抗剪承载力。

6.3 框架结构的基本抗震构造措施

6.3.1～6.3.5 此五条参照现行国家标准《建筑抗震设计规范》GB 50011 中的第 6.3.1～6.3.5 条。

6.3.6 本条的前面部分参照现行国家标准《建筑抗震设计规范》GB 50011 中的第 6.3.6 条编写，后面增加了新内容。当柱轴压比不能满足要求，又不允许增加截面尺寸时，可采用型钢混凝土组合结构或钢管与混凝土双重组合柱的办法来解决轴压比的限制问题，同济大学、华东建筑设计研究院等单位进行过试验研究和工程设计。

6.3.7，6.3.8 此两条参照现行国家标准《建筑抗震设计规范》GB 50011 中的第 6.3.7～6.3.8 条。

6.3.9 本条参照现行国家标准《建筑抗震设计规范》GB 50011 中的第 6.3.9 条，但明确了体积配筋率计算中应扣除重叠部分的箍筋体积。

6.3.10 本条参照现行国家标准《建筑抗震设计规范》GB 50011 中的第 6.3.10 条。

6.4 抗震墙结构的基本抗震构造措施

本节条文参照现行国家标准《建筑抗震设计规范》GB 50011 中的第 6.4 节。

6.4.2 本条参考现行行业标准《高层建筑混凝土结构技术规程》JGJ 3 第 7.2.2 条的规定，增加了短肢墙的轴压比限值。

6.4.5 本次修订，对有集中荷载作用的约束边缘构件端柱，进一步明确了构造要求。

6.4.6 与现行国家标准《混凝土结构设计规范》GB 50010 及现行行业标准《高层建筑混凝土结构技术规程》JGJ 3 一致，提出墙肢长度不大于墙厚 4 倍的抗震墙按柱的要求设计的规定，但其轴压比仍需满足第 6.4.2 条的要求。对于 L 形、T 形等截面形式的抗震墙，若某一肢的截面长厚比不大于 4，该肢的纵向钢筋应按全截面分布计算确定。

6.5 框架-抗震墙结构的基本抗震构造措施

本节条文参照现行国家标准《建筑抗震设计规范》GB 50011 中的第 6.5 节。

6.6 板-柱-抗震墙结构抗震设计要求

6.6.1 本条参照现行国家标准《建筑抗震设计规范》GB 50011 中的第 6.6.1 条。

6.6.2 本条参照现行国家标准《建筑抗震设计规范》GB 50011 中的第 6.6.1 条。对于地下一层顶板的结构形式，明确其作为上部结构的嵌固端时宜采用梁板结构。

6.6.3 本条参照现行国家标准《建筑抗震设计规范》GB 50011 中的第 6.6.3 条第 1 款。

6.6.4～6.6.6 此三条根据同济大学及国内外的试验研究成果编写，与现行上海市工程建设规范《现有建筑抗震鉴定与加固标准》DGJ 08—81 中的计算分析方法相同。

6.6.7 本条参照现行国家标准《建筑抗震设计规范》GB 50011 中的第 6.5.1～6.5.4 条。

6.6.8 本条参照现行国家标准《建筑抗震设计规范》GB 50011 中的第 6.6.4 条。

6.7 筒体结构抗震设计要求

本节条文参照现行国家标准《建筑抗震设计规范》GB 50011 中的第 6.7 节。

6.7.1 框架-核心筒结构为双重抗侧力结构，为保证框架发挥第二道防线的作用，对框架应规定一最小承受的地震剪力值，防止框架过弱。较多工程经验表明，超高层建筑外围框架柱承担的地震剪力比例常小于10%，增大外围框架刚度对提高整体结构第二道防线的受力性能效果并不明显，且经济性差，满足第2款有很大难度。因此，在第3款中提出了不同的设计方法，降低了对外围框架柱承担的地震剪力比例的要求，提高了核心筒的要求。核心筒自身宜具有双重抗震体系特性，连梁屈服后能够消耗地震输入的能量，并提高了对核心筒承载力的要求：对结构在大震下的弹塑性性能进行分析，大震下核心筒的极限承载力满足要求[验算可参照本标准附录K中的式(K.1.8)]。对于框架，在验算其小震阶段的承载力时，可仍要求其承担不少于10%的结构底部总地震剪力。调整框架部分承担的地震剪力时，可仅调整框架柱的剪力和弯矩，不调整框架梁的内力。

7 装配整体式混凝土结构房屋

7.1 一般规定

7.1.1 装配式混凝土结构是建筑行业发展的重要方向，国内经过近10多年的研究、应用及发展，装配式混凝土结构取得了一些新的研究及应用成果，国家、行业及地方相关规范及标准，如国家标准《装配式混凝土建筑技术标准》GB/T 51231、行业标准《装配式混凝土结构技术规程》JGJ 1等亦相继颁布实施，本章节编制的依据主要为上述标准以及本标准编制组所开展的相关研究工作。对装配式混凝土结构的抗震性能及抗震设计有较大影响的条款，本章在后续单独逐条列出，以提醒重点关注，其内容主要参考上述标准。本标准鼓励提倡采用新技术、新理论、新方法进行装配式混凝土结构的抗震设计。

7.1.2 装配整体式结构的适用高度参照现行国家标准《装配式混凝土建筑技术标准》GB/T 51231及现行行业标准《装配式混凝土结构技术规程》JGJ 1、《高层建筑混凝土结构技术规程》JGJ 3的规定确定，并根据本市建筑抗震设防特点、要求进行了适当调整。

国内外研究及应用成果表明，装配式框架结构的节点拼装技术较为成熟，其结构整体性和抗震性能与现浇结构相近。因此，对装配整体式框架结构及装配整体式框架-现浇抗震墙结构中的框架部分，当其节点及接缝性能不低于现浇结构时，最大适用高度与现浇结构相同。若装配式框架结构所采用的节点及接缝性能低于现浇结构时，其最大适用高度应予以降低。

装配整体式抗震墙结构中，预制墙体之间的接缝数量众多且构造复杂，接缝施工质量对结构整体抗震性能影响较大，另外国内外对装配式抗震墙结构尤其是装配式高层抗震墙结构的研究和应用较少，对其抗震性能认知不足。因此，本标准对装配式抗震墙结构的适用高度相比现浇结构适当降低。

当预制抗震墙数量较多时，即预制抗震墙承担的底部剪力较大时，对其最大适用高度限制更加严格。在计算预制抗震墙构件底部承担的总剪力占该层总剪力比例时，一般取采用预制抗震墙构件的最下一层；如全部采用预制抗震墙结构，则计算底层的剪力比例；如底部 2 层现浇其他层预制，则计算第 3 层的剪力比例。框架-抗震墙结构是目前我国广泛应用的一种结构体系。考虑目前的研究及应用基础，本标准中提出的装配整体式框架-抗震墙结构中，建议抗震墙采用现浇结构，以保证结构整体的抗震性能。装配整体式框架-现浇抗震墙结构中，装配式框架的性能与现浇框架相近，因此其适用高度与现浇的框架-抗震墙结构相同。对于框架与抗震墙部分均采用装配式的框架-抗震墙结构，研究、应用较少，本标准未涉及。

"特别不规则"的定义可参照本标准第 3.4.1 条的条文说明。特别不规则的结构有较明显的抗震薄弱部位，采用装配整体式混凝土结构时降低其适用高度。

7.1.3 装配整体式高层结构适用的最大高宽比参照现行国家标准《装配式混凝土建筑技术标准》GB/T 51231 及现行行业标准《装配式混凝土结构技术规程》JGJ 1、《高层建筑混凝土结构技术规程》JGJ 3 的规定给出。对于装配整体式抗震墙结构，当预制抗震墙数量较多时，即预制抗震墙承担的底部剪力较大时，对其适用的最大高宽比提出了更严格的限值要求。

7.1.4 丙类装配整体式结构的抗震等级参照现行国家标准《建筑抗震设计规范》GB 50011 和现行行业标准《高层建筑混凝土结构技术规程》JGJ 3 中的规定进行制定并适当调整。装配整体式框架结构、装配整体式框架-现浇抗震墙结构、装配整体式框架-

现浇核心筒结构的抗震等级与现浇结构相同。由于装配整体式抗震墙结构及部分框支抗震墙结构在国内外工程实践的数量还不够多，也未经历实际地震的考验，故对其抗震等级的划分高度从严要求，比现浇结构适当降低。乙类装配整体式结构按本地区抗震防烈度提高 1 度后查表 7.1.4 确定其抗震等级。

7.1.5 装配整体式混凝土结构的平面及竖向布置宜规整，以提高构件的标准化程度及工业化生产水平，充分发挥装配化施工的优势。对于特别不规则的结构，受力复杂，有较明显的抗震薄弱部位，对抗震不利，且往往构件种类多，标准化程度低，节点连接构造复杂，不适合于工业化生产及装配化施工，故不适宜采用装配式结构。特别不规则的结构若采用装配式结构，应进行专门分析和论证，采取有针对性的加强措施，且应根据本标准第 7.1.2 条第 3 款的要求降低房屋的适用高度。

7.1.6 高层装配整体式抗震墙结构的底部加强部位建议采用现浇结构，高层装配整体式框架结构首层建议采用现浇混凝土结构，主要因为底部加强区对结构整体的抗震性能很重要，尤其在高烈度区，故建议底部加强区采用现浇结构。并且，结构底部或首层往往由于建筑功能的需要，不太规则，不适合采用预制结构；且底部加强区构件截面大且配筋较多，也不利于预制构件的连接。顶层采用现浇楼盖结构是为了保证结构的整体性。

7.1.7 部分框支抗震墙结构的框支层受力较大且在地震作用下容易破坏，为加强整体性，要求框支层（含转换梁、转换柱）及相邻上层现浇。

7.1.8 为确保装配式结构的整体性，要求其楼盖采用现浇或叠合楼盖，屋面结构应有防水要求，宜采用现浇楼盖。

7.1.9 装配整体式结构中除混凝土、钢筋和钢材等常规结构用材外，还有灌浆套筒、灌浆料、坐浆料等专用连接用材料。各种材料的力学性能指标、耐久性以及各部分（现浇、预制、接缝）之间的材料强度等级关系应符合现行国家标准《混凝土结构设计规范》

GB 50010、《建筑抗震设计规范》GB 50011、《钢结构设计标准》GB 50017、《装配式混凝土建筑技术标准》GB/T 51231 和现行行业标准《装配式混凝土结构技术规程》JGJ 1 等的要求。

7.1.10 节点和拼缝是装配式结构的关键部位，也是其区别传统现浇结构的主要所在。为确保装配式结构的整体性和抗震性能，应按本标准和现行国家标准《装配式混凝土建筑技术标准》GB/T 51231 及现行行业标准《装配式混凝土结构技术规程》JGJ 1 等的规定对预制结构构件及其拼装节点、接缝进行抗震设计和构造，而现浇部分内力乘以调整系数后仍按本标准第 6 章的有关规定进行抗震设计。

7.1.11 节点及接缝是预制装配式混凝土结构的关键部位，不同节点及接缝处理方式对预制结构的刚度及内力分布影响不同。同时预制构件在制作、运输及安装过程中，可能会产生初始应力及变形，而结构分析模型只有在准确反映结构构件的实际受力状况与边界条件的前提下，才能得出正确的分析结果并用于指导结构设计，确保预制结构安全可靠。为保证预制混凝土结构具有规定的抗震性能，其选用节点及接缝的强度、刚度、延性、破坏模式、恢复力特性等抗震性能指标应不低于现浇节点及接缝，确保实现“强柱弱梁、强剪弱弯、强节点弱构件”的抗震设计原则及满足结构“小震不坏、中震可修、大震不倒”的抗震设防目标要求。

在预制构件之间及预制构件与现浇及后浇混凝土的接缝处，当受力钢筋采用安全可靠的连接方式且接缝处新旧混凝土之间采用粗糙面、键槽等构造措施时，结构的整体性能与现浇结构类同，设计中可采用与现浇混凝土结构相同的方法进行结构分析，并根据本标准的相关规定对计算结果进行适当的调整。对于采用预埋件焊接连接、螺栓连接等连接节点的装配式结构，应根据连接节点的类型，确定相应的计算模型，选取适当的方法进行结构分析。

7.2 装配整体式混凝土框架结构

7.2.1,7.2.4 装配整体式混凝土框架结构应达到与现浇混凝土框架结构相同或更好的抗震性能。本条给出了现场浇筑混凝土连接部分的基本要求,其中受力钢筋的焊接要求和后浇部分的延性要求主要参考了欧盟结构抗震设计规范 Eurocode 8 的相关规定。钢筋机械连接方案可参考现行行业标准《钢筋机械连接通用技术规程》JGJ 107 的相关规定。

7.2.2 装配整体式混凝土框架结构的构件和整体结构应遵守钢筋混凝土框架结构的抗震设计规定,并同时满足一些特殊要求,具体包括:采用较高强度等级的混凝土和高强钢筋,以充分发挥预制混凝土构件工业化制作和养护条件好、构件质量易保证的优点;针对预制构件及组合件制作、运输和现场拼装连接各个环节的特殊需要而必须进行的局部加强措施和处理方法。其中,有关预制构件及组合件连接端面进行粗糙化处理的要求主要参考了美国混凝土结构建筑规范 ACI-318R-08 的建议。

7.2.3 装配整体式混凝土框架结构的抗震性能主要取决于其连接节点的力学性能。目前见诸文献报道的装配式混凝土框架体系和节点构造形式很多,并有一定数量的工程应用实例。但有关装配式混凝土框架抗震性能的研究相对较少,传统观点普遍认为该类结构的抗震性能较差。因此,应对在抗震设防地区建造装配式混凝土框架体系持谨慎的态度。故本条约定了节点连接形式可采用钢筋套筒灌浆连接、螺栓、焊接及专用连接件等,并强调所选用的连接方式必须是已经被工程实践证实成功有效或进行过专项试验研究论证的连接方式。这里的被工程实践证实成功有效指的是在本地区的工程实践。

7.2.5 装配整体式框架结构梁柱节点是确保结构体系抗震性能的“核心”问题,“强节点、弱构件”仍是该结构体系梁柱节点设计的基本思路。本条明确了后浇梁柱节点核芯区的抗震验算方法和构造措施应按现浇混凝土框架的要求进行，并参考现行协会标准《钢筋混凝土装配整体式框架节点与连接设计规程》CECS 43 的要求给出了柱端加密区和节点核芯区最小体积配箍率。后浇梁柱节点由于受到现场施工空间的限制，核芯区箍筋设置往往非常困难。同济大学的试验研究结果表明，在节点核芯区采用钢纤维混凝土，可以减少箍筋的用量。因此，本条建议当在现场采用钢纤维混凝土浇筑梁柱节点核芯时，可适当减少其体积配箍率。

7.2.6 装配整体式框架结构梁柱、柱柱和梁梁连接的“强连接”是指节点区因连接构造加强而引起梁柱塑性铰位置改变的连接。此时，在节点设计和结构整体抗震验算时应重视“强连接”对结构承载力及变形的影响，必要时进行结构弹塑性分析及抗倒塌设计。

7.2.7 摩擦抗剪钢筋面积的验算主要是在参考美国混凝土结构规范 ACI-318R-08 相关条文的基础上给出的，如图 10 所示，受剪截面的摩擦剪力为

$$V_f = A_s f_y (\mu \sin\alpha + \cos\alpha) \tag{10}$$

当 $\alpha = 90°$ 时

$$V_f = A_s f_y \mu \tag{11}$$

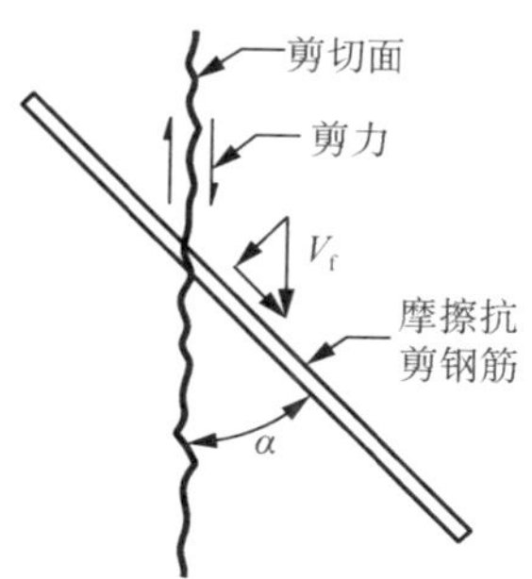

图 10 摩擦抗剪钢筋示意图

7.2.8 预制混凝土框架柱与基础宜固接。

7.2.9 为了增加装配整体式混凝土框架结构的整体性，楼板建议采用现浇钢筋混凝土或叠合式楼屋盖体系。本条给出了形成整体式楼盖或屋盖的具体要求，其中现浇叠合层的最小厚度指标主要参考了欧盟结构抗震设计规范 Eurocode 8 的相关要求。

7.2.10 对装配整体式框架结构提出了比现浇钢筋混凝土框架结构抗震验算更高的要求。

7.2.11 本条参考欧盟结构抗震设计规范 Eurocode 8 的相关条文，给出了装配整体式混凝土框架结构现场安装临时支架的抗震设计和验算要求。

7.3 装配整体式抗震墙结构

（Ⅰ）一般规定

7.3.2 预制抗震墙的接缝对墙抗侧刚度有一定的削弱作用，应考虑对弹性计算的内力分布调整，适当放大现浇墙肢在水平地震作用下的剪力和弯矩；预制抗震墙板的剪力和弯矩不减小，偏于安全。对于边缘构件现浇、其他部位预制的抗震墙按预制抗震墙处理。

7.3.3 本条为对装配整体式抗震墙结构的规则性要求，在建筑方案设计中，应注意结构的规则性。如某些楼层出现扭转不规则及侧向刚度及承载力不规则，宜采用现浇混凝土结构。

7.3.4 预制的短肢抗震墙板的抗震性能较差，在高层建筑预制装配式结构中应避免过多采用。

7.3.5 高层建筑中楼梯间抗震墙及电梯井筒往往承受较大的地震剪力及倾覆力矩，采用现浇结构有利于保证结构的抗震性能。预制楼梯简支可较现浇或端部固结支承减少楼梯间承担的地震剪力及倾覆力矩，降低地震损坏风险。

7.3.6 预制墙板可根据试验研究成果及工程实践经验采用全截面预制或预制叠合方式制作。当采用预制叠合方式时，可采用单侧叠合或双面预制夹心叠合方式。

7.3.7 因对装配整体式高层抗震墙结构整体抗震性能了解不足且未经实际地震检验，为安全起见提出本条规定。

（Ⅱ）预制抗震墙构造

7.3.8 可结合建筑功能和结构平立面布置要求，根据构件的生产、运输和安装能力，确定预制构件的形状和大小。

7.3.9,7.3.10 墙板开洞的规定参照现行行业标准《高层建筑混凝土结构技术规程》JGJ 3 的要求确定。预制墙板的开洞应在工厂完成。

7.3.11 试验研究表明，抗震墙底部竖向钢筋连接区域，裂缝较多且较为集中，故对该区域的水平分布筋应加强，以提高墙板的抗剪能力和变形能力，并使该区域的塑性铰可以充分发展，提高墙板的抗震性能。

7.3.12 对预制墙板边缘配筋适当加强，形成边框，保证墙板在形成整体结构之前的刚度、延性及承载力。

7.3.13 为满足钢筋绑扎、脱模、运输、吊装及施工要求，预制叠合墙板的预制部分应有一定厚度，以满足承载力、刚度及耐久性要求。试验研究及工程实践经验表明，在目前工艺水平下 60 mm 是一个普遍可接受的厚度；当预制墙板尺寸较大时，其厚度应适当增加。

预制抗震墙板端部进行 45°或 30°切角处理有利于浇筑混凝土后切角处被混凝土填充而形成拼缝补强钢筋的保护层，增加预制叠合抗震墙的有效厚度。为防止搬运及安装施工中损坏，切角后的预制抗震墙板端部不能太薄。预制抗震墙板内表面做成凹凸不小于 4 mm 的人工粗糙面能有效增加预制抗震墙板和现浇混凝土骨料之间的咬合，提高预制叠合抗震墙的整体性。

为确保预制叠合抗震墙有效厚度适中并满足现行行业标准《高层建筑混凝土结构技术规程》JGJ 3 对抗震墙 160 mm 的最小截面厚度要求，其现浇部分厚度不宜小于 120 mm，同时现浇部分板厚太小，会降低混凝土浇筑时的充盈度及浇筑质量，且不利于梁柱交接处的钢筋绑扎及锚固处理。

现行国家标准《建筑抗震设计规范》GB 50011 及现行行业标准《高层建筑混凝土结构技术规程》JGJ 3 要求抗震墙应设置边缘构件，开洞抗震墙应在洞口顶部布置连梁，且《高层建筑混凝土结构技术规程》JGJ 3 中的第 7 章规定，抗震墙厚度不宜小于 160 mm。本标准综合上述要求规定：当设置边缘构件及连梁时，预制叠合抗震墙现浇部分不宜小于 160 mm。

为保证预制叠合抗震墙截面的连续性及均匀性，现浇部分混凝土设计强度等级应和预制抗震墙板保持一致，并配置与之厚度相当的分布钢筋。

预制叠合抗震墙分布钢筋由计算及构造要求确定。为保证预制叠合抗震墙延性和耐久性，此处主要参照现浇钢筋混凝土抗震墙要求确定其预制叠合抗震墙构造配筋要求，式(7.3.13)规定了预制叠合抗震墙配筋在现浇和预制部分之间的分配。

(Ⅲ) 连接设计

7.3.14 确定抗震墙竖向接缝位置的主要原则是便于标准化生产、吊装、运输和就位，并尽量避免接缝对结构整体性能产生不良影响。

对于图 11 中的约束边缘构件，位于墙肢端部的通常与墙板一起预制；墙板纵横交接部位一般存在接缝，图中阴影区域宜全部现浇，纵向钢筋主要配置在现浇段内，且在后浇段内应配置封闭箍筋及拉筋，预制墙板的水平钢筋在后浇段内锚固。预制的约束边缘构件的配筋构造要求和现浇结构一致。

墙肢端部的构造边缘构件通常全部预制；当采用 L 形、T 形或者U形墙板时，拐角处的构造边缘构件也可全部在预制抗震墙中。当采用一字形构件时，纵横墙交接处的构造边缘构件可全部后浇；为了满足构件的设计要求或施工方便也可部分后浇部分预制。当构造边缘构件部分后浇部分预制时，需要合理布置预制部分及后浇部分的钢筋，使边缘构件内形成封闭箍筋。非边缘构件区域，抗震墙拼接位置，抗震墙水平钢筋在后浇段内可采用锚环的形式锚固，两侧伸出的锚环宜相互搭接。

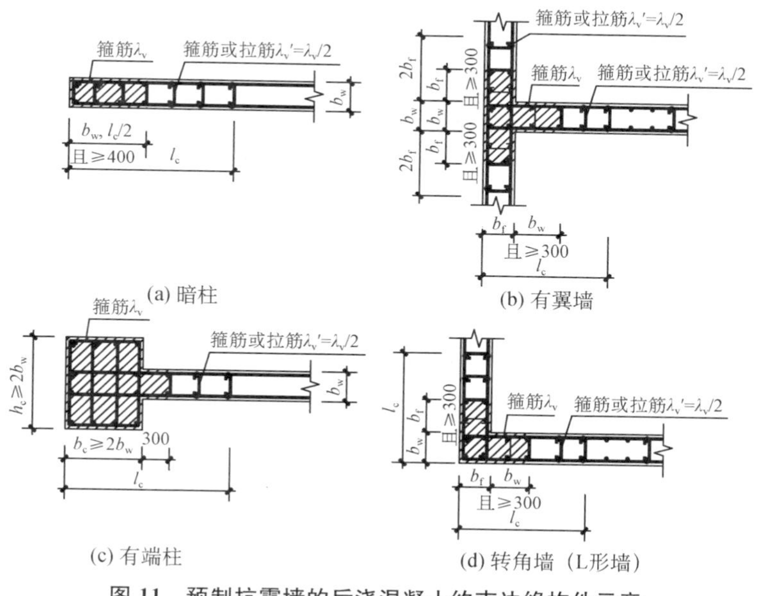

图11　预制抗震墙的后浇混凝土约束边缘构件示意

7.3.15　封闭连续的后浇钢筋混凝土圈梁是保证结构整体性和稳定性、连接楼盖结构与预制抗震墙的关键构件，应在楼层收进及屋面处设置。

7.3.16　在不设置圈梁的楼面处，水平后浇带及在其内设置的纵向钢筋也可起到保证结构整体性和稳定性、连接楼盖结构与预制抗震墙的作用。

7.3.17 预制抗震墙的竖向钢筋一般采用套筒连接或浆锚搭接连接，在灌浆时宜采用灌浆料将墙底水平接缝同时灌满。灌浆料强度较高且流动性好，有利于保证拼缝承载力。灌浆时，预制抗震墙构件下表面与楼面之间的缝隙周围应采用专用封堵料进行封堵和分仓，以保证水平接缝中灌浆料填充饱满。

7.3.18、7.3.19 灌浆套筒连接方式在日本和欧美一些国家已经有长期、大量的实践经验，国内也已有充分的实验研究和相关的标准，可以用于抗震墙竖向钢筋的连接。

浆锚搭接连接方式在国内有一定的研究成果和实践经验，可用于抗震墙水平接缝处竖向分布钢筋等较小直径钢筋的连接。根据现行国家标准《混凝土结构设计规范》GB 50010 对钢筋连接和锚固的要求，为保证结构延性，在对抗震比较重要且钢筋直径较大的抗震墙边缘构件中不宜采用浆锚搭接连接方式。

边缘构件是保证抗震墙抗震性能的重要构件，且钢筋较粗，理论上每根钢筋应各自连接。但由于钢筋连接套筒或锚孔直径一般均在 45 mm 以上，当墙厚较薄时，每根钢筋均连接会造成套筒或锚孔之间净距过小，墙下端混凝土局部不均匀，影响连接效果及施工质量。故在墙厚较厚、条件具备时，边缘构件纵筋宜采用逐根方式连接；而在墙厚较薄时，允许根据实际情况采用等效集中连接，仅对连接钢筋的数量、间距加以限制，并适当加强墙肢端部的连接钢筋。

预制抗震墙分布钢筋直径小且数量多，全部连接会导致施工烦琐且造价较高，连接接头数量太多对抗震墙的抗震性能也有不利影响。根据有关单位的研究成果，可在预制抗震墙中设置部分较粗的分布钢筋并在接缝处仅连接这部分钢筋，被连接钢筋的数量应满足抗震墙的配筋率和受力要求；为满足分布钢筋最大间距要求，在预制抗震墙中再设置一部分小直径的竖向分布钢筋，但其最小直径也应满足有关规范的要求。同样，当墙厚较小时，可采用等效集中的单排连接方式连接抗震墙竖向分布钢筋。

如采用其他连接方式，应有充足的试验依据。

7.3.20 在参考了现行国家标准《混凝土结构设计规范》GB 50010、现行行业标准《高层建筑混凝土结构技术规程》JGJ 3 以及国外一些规范如美国规范 ACI 318-08、欧洲规范 EN 1992-1-1：2004、美国 PCI 手册（第七版）等，并对大量试验数据进行分析的基础上，结合关于斜截面受剪承载力及受冲切承载力计算的有关规定，本标准给出了预制抗震墙水平接缝受剪承载力设计值的计算公式。公式与现行行业标准《高层建筑混凝土结构技术规程》JGJ 3 中一级抗震等级抗震墙水平施工缝的抗剪验算公式相同，主要采用剪摩擦原理，考虑了钢筋和轴力的共同作用。

进行预制抗震墙墙底水平接缝受剪承载力计算时，计算单元的选取分以下 3 种情况：

1 不开洞或者开小洞口整体墙作为一个计算单元。

2 小开口整体墙可作为一个计算单元，各墙肢联合抗剪。

3 开口较大的双肢及多肢墙，各墙肢作为单独的计算单元。

7.3.21 本条对带洞口预制抗震墙的预制连梁与后浇圈梁或水平后浇带组成的叠合连梁的构造进行了说明。当连梁剪跨比较小需要设置斜向钢筋时，一般采用全现浇连梁。

7.3.22 楼面梁与预制抗震墙在面外连接时，宜采用铰接，可采用在抗震墙上设置挑耳的方式。

7.3.23 连梁端部钢筋锚固构造复杂，要尽量避免预制连梁在端部与预制抗震墙连接。

7.3.25 提供两种常用的“刀把墙”的预制连梁与预制墙板的连接方式。也可采用其他连接方式，但应保证接缝的受弯及受剪承载力不低于连梁的受弯及受剪承载力。

7.3.26 当采用后浇连梁时，纵筋可在连梁范围内与预制抗震墙预留的钢筋连接，可采用搭接、机械连接、焊接等方式。

洞口下墙的构造有 3 种做法，具体如下：

1 预制连梁向上伸出竖向钢筋与洞口下墙内的竖向钢筋连

接,洞口下墙、现浇圈梁与预制连梁形成一根叠合连梁。该做法施工比较复杂,而且洞口下墙与下方的后浇圈梁、预制连梁组合在一起形成的叠合构件受力性能没有经过试验验证,受力和变形特征不明确,纵筋和箍筋的配筋也不好确定。不建议采用此做法。

2 预制连梁与上方的后浇混凝土形成叠合连梁;洞口下墙与下方的后浇混凝土之间连接少量的竖向钢筋,以防止接缝开裂并抵抗必要的平面外荷载。洞口下墙内设置纵筋和箍筋,作为单独的连梁进行设计。建议采用此种做法。

3 当洞口下墙采用轻质填充墙时,或采用混凝土墙但与主体采用柔性材料隔离时,在计算中可仅作为荷载,洞口下墙与下方的后浇混凝土及预制连梁之间不连接,墙内设置构造钢筋。当计算不需要窗下墙时可采用此种做法。

当窗下墙需要抵抗平面外的弯矩时,需要将窗下墙内的纵向钢筋与下方的现浇楼板或预制墙内的钢筋有效连接、锚固;或将窗下墙内纵筋锚固在下方的后浇区域内。在实际工程中,窗下墙的高度往往不大,当采用浆锚间接连接时,要确保必要的锚固长度。

7.3.27 预制抗震墙板叠合筋的主要作用是连接预制叠合抗震墙预制部分和现浇部分,增强预制叠合抗震墙的整体性,同时保证预制抗震墙板在制作、吊装、运输及现场施工时有足够的强度和刚度,避免损坏、开裂。日本的研究和应用资料推荐采用3种形式的叠合筋,即O形、M形和K形,其中K形叠合筋由上弦钢筋、下弦钢筋和斜筋三部分组成,其中斜筋和上弦钢筋、下弦钢筋焊接形成三角桁架钢筋笼。因K形叠合筋制作相对简单、质量易保证、稳定性好,且其工作性能在预制叠合抗震墙试验中得到了验证,故此处推荐采用K形叠合筋。

1 叠合筋强度、规格的选用主要考虑以下因素:①在预制抗震墙板脱模、存放、安装及浇筑混凝土时提供必要的强度和刚度,避免预制抗震墙板损坏、开裂;②保证叠合抗震墙中预制抗震墙板和现浇部分具有良好的整体性;③加工、制作方便。表 7. 3. 27-1 中数据的提出主要借鉴了日本的试验研究及应用资料。

2 叠合筋横断面适用高度主要根据预制叠合抗震墙的常用厚度确定。为保证浇筑混凝土时具有良好的充盈度,叠合筋的上弦筋内皮至预制抗震墙板内表面距离不能太小。此外,为保证预制抗震墙板和梁、柱相交处具有良好的整体性,叠合筋高度应能保证和梁、柱平行的上弦筋能锚固在梁、柱内部。叠合筋横断面宽度 b_0 取值 80 mm～100 mm 及斜筋焊接节点间距 b_1 取值 200 mm 能保证叠合筋的高度、叠合筋三角形断面夹角、斜筋和上下弦钢筋的夹角适中,从而获得较好的支撑刚度。

3 借鉴日本的试验研究及应用资料确定,主要目的在于保证预制叠合抗震墙具有良好的整体性,避免出现界面破坏或预制抗震墙板边缘翘起现象。开洞预制抗震墙板制作时,洞口一般带加强翻边,此时叠合筋离洞边距离可从翻边内沿起算。

7. 3. 28 预制抗震墙板安装时拼缝宽度以施工方便、防水处理简单、不影响建筑饰面整体效果为宜,本条推荐采用的拼缝宽度主要根据日本经验确定。

预制叠合抗震墙中预制抗震墙板拼缝处分布钢筋及叠合筋均不连续,为保证剪力的有效传递,应在现浇部分紧贴预制抗震墙板内侧设置短钢筋进行补强,补强筋数量根据等强原则确定,即单位长度配置的拼缝补强筋面积应不小于预制抗震墙板内对应范围内与补强筋平行的分布钢筋的面积,补强筋的位置应尽量靠近预制抗震墙板内侧,以利于截面内力的平稳、有效传递,并获得较大的截面有效高度。

因补强筋在拼缝处的作用相当于预制叠合抗震墙外侧分布钢筋,故其单侧长度应满足现行行业标准《高层建筑混凝土结构技术规程》JGJ 3 中关于抗震墙分布钢筋搭接长度的要求,$30d$ 为日本资料规定长度,此处取大值。

8 砌体房屋和底部框架砌体房屋

8.1 一般规定

8.1.1 对于非空旷的房屋高度不超过 4.2 m 的单层砌体房屋，抗震设防要求可适当降低，可按当地的抗震设防烈度进行抗震计算，按当地的抗震设防烈度降低 1 度（已是 6 度的按 6 度）采取抗震构造措施。

8.1.2 本条参照现行国家标准《建筑抗震设计规范》GB 50011 中的第 7.1.2 条。其中，三角形坡屋面下的阁楼层可按照以下原则进行相应计算：

1 在计算三角形坡屋面下阁楼层的有效计算面积时，坡屋面的板底至阁楼层楼板板顶的结构净高（简称结构净高）不小于 1.5 m 的部分应计入有效计算面积。

2 现浇或装配整体式钢筋混凝土楼板坡屋面下采用轻质吊顶，坡屋面可以作为一层的质点，阁楼层不作为单独一层，房屋高度计算到坡屋面的 1/2 高度处，房屋的总高度、层高、墙体高厚比等应满足规范要求。

3 坡屋面下的阁楼是现浇或装配整体式钢筋混凝土楼板、坡屋面本身是钢或木等轻质坡屋面，阁楼层可不作为一层，轻质坡屋面的质量作为顶板层的荷载计入，但应采取加强措施保证轻质坡屋面和顶板层的连接以及具有足够的抗震能力。

4 坡屋面下的阁楼及坡屋面本身均是现浇或装配整体式钢筋混凝土楼板，坡屋面的最大结构净高不大于 1.5 m，阁楼层可不作为一层，不计入房屋总高度，而将阁楼层和顶层作为同一质点来计算，但从构造上应采取措施加强两部分的连接，以保证能作为一个质点。

5 坡屋面下的阁楼及坡屋面本身均是现浇或装配整体式钢筋混凝土楼板，坡屋面下阁楼层的有效计算面积或重力荷载代表值不大于顶层的 30%，可不作为一层，也不计入房屋总高度，但应按突出屋面的“小房间”作为一个质点计算。在验算局部突出部分时，应按规定放大 3 倍地震作用，但放大的地震作用不传递给下面的楼层。

6 坡屋面下的阁楼及坡屋面本身均是现浇或装配整体式钢筋混凝土楼板，坡屋面下阁楼层的有效计算面积或重力荷载代表值大于顶层的 30%，阁楼层就应按一层计算，并计入房屋的总高度。

本条对横墙较少和横墙很少做了明确的规定，以同一楼层内开间大于 4.2 m 的房间占该层总面积的 40%以上、开间大于 4.2 m 的房间占该层总面积的 80%以上来界定横墙较少和横墙很少，比现行国家标准《建筑抗震设计规范》GB 50011 的相应规定稍严。

表 8.1.2 中对普通砖砌体房屋的层数和高度限值，是参照现行国家标准《砌体结构设计规范》GB 50003 对普通黏土砖砌体房屋的规定制定的。由于上海市禁止使用黏土砖，因此当普通砖砌体的抗剪强度达到《砌体结构设计规范》GB 50003 的普通黏土砖砌体抗剪强度值时，可按表 8.1.2 执行；如果仅达到 70%时，则应按本条第 4 款的规定降低房屋的层数和高度。

8.1.3 本条参照现行国家标准《建筑抗震设计规范》GB 50011 中的第 7.1.3 条。

8.1.4 本条参照现行国家标准《建筑抗震设计规范》GB 50011 中的第 7.1.4 条。

8.1.5 本条参照现行国家标准《建筑抗震设计规范》GB 50011 中的第 7.1.7 条。本次修订，补充了在满足局部尺寸要求的情况下控制墙体的立面开洞率的要求。

8.1.6 本条参照现行国家标准《建筑抗震设计规范》GB 50011 中的第 7.1.8 条。

8.1.7 本条参照现行国家标准《建筑抗震设计规范》GB 50011 中的第 7.1.5 条。木楼、屋盖在上海某些有特殊要求或需要改造、翻新的房屋设计中还有使用，而且以往对上海石库门木楼、屋盖房屋的抗震试验表明，只要设计合理，该类房屋具有良好的抗震和抗倒塌能力。由于底部框架房屋的抗震性能较差，对底部框架以上的砌体房屋应加强整体性，故本条对底部框架的上层砌体房屋楼、屋面做了相对较严的规定。

8.1.8 本条参照现行国家标准《建筑抗震设计规范》GB 50011 中的第 7.1.6 条。

8.1.9 本条参照现行国家标准《建筑抗震设计规范》GB 50011 中的第 7.1.9 条。

8.2 计算要点

本节条文参照现行国家标准《建筑抗震设计规范》GB 50011 中的第 7.2 节。

8.3 多层砖砌体房屋抗震构造措施

本节条文参照现行国家标准《建筑抗震设计规范》GB 50011 中的第 7.3 节。

8.3.1 表 8.3.1 中对多层砖砌体房屋构造柱设置要求是参照现行国家标准《砌体结构设计规范》GB 50003 制定的。当砌体抗剪强度仅达到《砌体结构设计规范》GB 50003 要求的普通黏土砖砌体抗剪强度的 70%时，应按本条第 5 款规定的要求加强构造柱的设置。

8.3.8 钢筋混凝土带在受力性能和保持墙体整体性方面要明显

优于配筋砖带。楼梯间在休息平台处的窗台梁或窗过梁，应采用钢筋混凝土带或钢筋混凝土过梁与楼梯间楼层半高处的墙面直接拉通。

8.4 多层小砌块房屋抗震构造措施

本节条文参照现行国家标准《建筑抗震设计规范》GB 50011 中的第 7.4 节。

8.4.6 由于受砌块材料和块型的限制，一般而言砌块砌体的抗剪强度要低于砖砌体的抗剪强度，但砌块砌体可以通过设置灌孔芯柱的构造措施来提高墙体的抗剪强度。因此，与多层砖砌体房屋一样，当房屋高度和层数接近或达到本标准表 8.1.2 的规定限值时，丙类建筑的多层小砌块砌体房屋应满足本标准第 8.3.2 条第 5 款的相关要求；当横墙较少且高度和层数接近或达到本标准表 8.1.2 的规定限值时，应满足本标准第 8.3.14 条的相关要求，并对这两种情况在墙体中部替代增设构造柱的芯柱孔数和配筋给出了具体的规定。在设计中还应注意，本条的规定只是构造上的要求，墙体具体的灌孔芯柱数量要求还应根据计算确定。

8.5 底部框架-抗震墙砌体房屋抗震构造措施

8.5.4 根据相关的试验研究成果，配筋小砌块砌体抗震墙的受力性能与钢筋混凝土抗震墙相似，其抵抗水平荷载的能力约为混凝土抗震墙的 60%～70%，其抗侧刚度约是 50%，而其变形能力约大 50%～100%，有很好的抗震性能。因此，按照一定的要求加强其抗震措施，是完全可以用作底部框架砌体房屋的底部抗震墙，而且由于配筋小砌块砌体抗震墙的抗侧刚度相对较低，在满足上下层刚度比的要求前提下需要布置更多的抗震墙，这也有利于布置和调整底部抗震墙的设置以及加强房屋的整体性、提高房屋的抗震性能。

本节其他条文参照现行国家标准《建筑抗震设计规范》GB 50011 中的第 7.5 节。

8.6 配筋小砌块砌体抗震墙房屋抗震设计要求

（Ⅰ）一般规定

8.6.1 国内外有关试验研究结果表明，配筋小砌块砌体抗震墙结构具有强度高、延性好的特点，其受力性能和计算方法都与钢筋混凝土抗震墙结构相似，因此理论上其房屋适用高度可参照钢筋混凝土抗震墙房屋，但应适当降低。上海、哈尔滨、大庆等地都曾成功建造过 18 层的配筋小砌块砌体抗震墙住宅房屋，同济大学和湖南大学都曾进行过 7 度～9 度区配筋小砌块砌体抗震墙住宅房屋的静力弹塑性计算分析，计算结果表明，按表 8.6.2-1 规定的适用最大高度是比较合适的。

近年来的工程实践和计算分析表明，配筋小砌块砌体抗震墙结构在 8 层～18 层范围时具有很强的竞争力，相对钢筋混凝土抗震墙结构房屋，土建造价要低 5%～7%，为了鼓励和推动配筋小砖块砌体房屋的推广应用，当经过专门研究和论证，有可靠技术依据，采取必要的加强措施后，可适当突破表 8.6.1-1 的规定，但增加高度一般不宜大于 6 m 及 2 层。

8.6.2 配筋小砌块砌体抗震墙房屋的抗震等级是确定其抗震措施的重要设计参数，依据抗震设防分类、烈度和房屋高度等划分抗震等级。配筋混凝土小型空心砌块抗震墙可以用于高层、小高层房屋，也可以用于多层房屋，对于多层房屋（总高度≤18 m），由于高度相对较低，地震力也相对较小，因此其抗震等级可以予以适当降低。

8.6.3 本条参照现行国家标准《建筑抗震设计规范》GB 50011 中

的第 F.1.3 条。考虑到转角窗的设置将削弱结构的抗扭能力，而配筋小砌块砌体抗震墙较难采取措施（如墙加厚、梁加高），故建议避免转角窗的设置。但配筋小砌块砌体抗震墙结构受力特性类似于钢筋混凝土抗震墙结构，若一定要设置转角窗，则应适当增加边缘构件配筋，并且将楼、屋面板做成现浇板以增强整体性。

8.6.4 已有的试验研究表明，抗震墙的高度对抗震墙出平面偏心受压强度和变形有直接关系，故本条规定配筋小砌块砌体抗震墙的层高主要是为了保证抗震墙出平面的强度、刚度和稳定性。由于小砌块的厚度是确定的（190 mm），因此当房屋的层高为 3.2 m～4.8 m 时，与普通钢筋混凝土抗震墙的要求基本相当。与普通砖砌体房屋相比，配筋小砌块砌体抗震墙的抗震性能明显优于普通砖砌体抗震墙，故其层高要求也应比普通砖砌体抗震墙房屋略有放松。

8.6.5 虽然短肢抗震墙结构有利于建筑布置，能扩大使用空间，减轻结构自重，但是其抗震性能较差，因此抗震墙不能过少、墙肢不宜过短。对于高层配筋小砌块砌体抗震墙房屋，不应设计多数为短肢抗震墙的建筑，而要求设置足够数量的一般抗震墙，形成以一般抗震墙为主、短肢抗震墙与一般抗震墙相结合的共同抵抗水平力的结构，保证房屋的抗震能力。因此，参照有关规定，对短肢抗震墙截面面积与同一层内所有抗震墙截面面积比例作了规定；而对于高度小于 18 m 的多层房屋，考虑到地震作用相对较小，应与高层建筑房屋有所区别，因此对短肢抗震墙截面面积与同一层内所有抗震墙截面面积的比例予以放宽，但仍应满足本标准第 8.6.3 条第 2 款的要求，即宜在房屋外墙四角布置 L 形一般抗震墙。

一字形短肢抗震墙延性及平面外稳定均十分不利，因此规定不宜布置单侧楼面梁与之平面外垂直或斜交，同时要求短肢抗震墙应尽可能设置翼缘，保证短肢抗震墙具有适当的抗震能力。

8.6.6 配筋小砌块砌体抗震墙是一个整体，类似现浇密肋梁柱结构形式，与砌块一起组成整体墙，必须全部灌孔。因此，在配筋小砌块砌体抗震墙结构的房屋中，不灌孔的墙体部分不能按配筋小砌块砌体抗震墙计算，只能算作填充墙并后砌。

灌孔混凝土是指由水泥、砂、石等主要原材料配制的大流动性细石混凝土，石子粒径控制在 5 mm～16 mm，坍落度控制在 230 mm～250 mm。过高的灌孔混凝土强度与混凝土小砌块块材的强度不匹配，由此组成灌孔砌体的性能不能充分发挥，而低强度的灌孔混凝土其和易性较差，施工质量也无法保证。

（Ⅱ）计算要点

8.6.7 配筋小砌块砌体抗震墙存在水平灰缝和垂直灰缝，在地震作用下具有较好的耗能能力，而且灌孔砌体的强度和弹性模量也要低于相对应的混凝土，其变形比普通钢筋混凝土抗震墙大。根据同济大学等有关单位的试验研究结果，综合参考了钢筋混凝土抗震墙弹性层间位移角限值，规定了配筋小砌块砌体抗震墙结构在多遇地震作用下的弹性层间位移角限值为 1/800，底层承受的剪力最大且主要是剪切变形，其弹性层间位移角限值要求相对较高，取 1/1200。根据上海 3 个试点工程的设计计算结果，都能满足本条规定的弹性层间位移角限值要求。

8.6.8 配筋小砌块砌体抗震墙房屋的抗震计算分析，包括内力调整和截面应力计算方法，大多参照钢筋混凝土结构的有关规定，并根据配筋小砌块砌体结构的特点作了修正。

在配筋小砌块砌体抗震墙房屋抗震设计计算中，抗震墙底部的荷载作用效应最大，故应根据计算分析结果，对底部截面的组合剪力设计值采用按不同抗震等级确定剪力放大系数的形式进行调整，以使房屋的最不利截面得到加强。多层配筋小砌块砌体房屋（≤18 m），根据其受力特点一般布置有较多短肢抗震墙，因此在本标准第 8.6.5 条第 3 款中对短肢抗震墙截面面积与同层抗震墙总截面面积的比例予以了调整，考虑到短肢抗震墙抗震性能相对不利，提高了对短肢抗震墙的剪力增大系数的取值，使短肢抗震墙的设计布置更加合理。

8.6.9 在现行国家标准《砌体结构设计规范》GB 50003 中，有关全灌孔小砌块砌体的抗压强度是根据 33%灌孔和 66%灌孔的试验结果外推后得到的，其标准试件是采用 3 皮混凝土小型空心砌块叠加对砌、再灌孔的形式，各竖向孔洞内的灌孔混凝土之间没有拉接，与配筋小砌块砌体抗震墙的实际构造形式有出入。同济大学和上海市建筑科学研究院完成的 100 多个试件是参照了美国 UBC 规范、采用 2 块混凝土小型空心砌块叠加对砌、再灌孔的形式，在砌块的肋之间开有约 80 mm×100 mm 的槽口，各竖向孔洞内的灌孔混凝土通过槽口相互拉接，与配筋小砌块砌体抗震墙的实际构造形式相同，试验结果比现行国家标准《砌体结构设计规范》GB 50003 中的值高约 10%～20%，因此采用《砌体结构设计规范》GB 50003 的抗压强度值是偏于安全的。

本条其余部分参照现行国家标准《建筑抗震设计规范》GB 50011 中的第 F. 2. 3 条。

8.6.10～8.6.13 参照现行国家标准《建筑抗震设计规范》GB 50011 中的第 F. 2. 4～F. 2. 7 条。

（Ⅲ）抗震构造措施

8.6.15 本条参照了现行国家标准《建筑抗震设计规范》GB 50011 中的第 F. 3. 3 条。配筋小砌块砌体抗震墙是主要抗侧力构件，根据不同受力部位、不同抗震等级控制水平分布钢筋和竖向分布钢筋的最小配筋率是为了能充分发挥墙体受力性能、避免脆性少筋破坏。本条是保证结构安全的基本要求。

8.6.16 根据试验研究结果，由于受本身配筋方式的限制，配筋小砌块砌体短肢抗震墙的纵向受力钢筋往往不能充分发挥作用，当配筋率较低时灌孔混凝土和砌块砌体之间的共同工作能力也有所降低，墙体容易发生脆性破坏，因此对于配筋小砌块砌体短肢抗震墙适当增加其配筋率可以有效提高墙体的抗震性能。

8.6.17 配筋小砌块砌体抗震墙在重力荷载代表值作用下的轴压比控制是为了保证配筋小砌块砌体在水平荷载作用下的延性和强度的发挥，同时也是为了防止墙片截面过小、配筋率过高，保证抗震墙结构延性。对多层、高层及一般墙、短肢墙、一字形短肢墙的轴压比限值做了区别对待，由于短肢墙和无翼缘的一字形短肢墙的抗震性能较差，因此对其轴压比限值应该做更为严格的规定。

8.6.18 本条参照现行国家标准《建筑抗震设计规范》GB 50011 中的第 F.3.5 条。

8.6.19 同第 8.6.3 条的说明。

8.6.20～8.6.22 此三条参照现行国家标准《建筑抗震设计规范》GB 50011 中的第 F.3.6～F.3.9 条。

8.6.23 根据配筋小砌块砌体墙的施工特点，竖向受力钢筋的连接方式采用焊接接头不合适，因此目前大部分采用搭接。墙内的钢筋放置无法绑扎搭接，且在同一截面搭接，因此墙内钢筋的搭接长度应比普通混凝土构件的搭接长度要长些。条件许可时，竖向钢筋连接，宜优先采用机械连接接头。

8.6.24 本条参照现行国家标准《建筑抗震设计规范》GB 50011 中的第 F.3.10 条。

8.7 多层错层砖砌体房屋抗震设计要求

本节条文依据上海市《多层错层砖砌体住宅抗震设计补充暂行规定》的有关条款内容编写。

8.7.1 根据震害分析和试验研究结果，多层砌体的错层房屋由于传力路线复杂，整体性较差，对房屋抗震不利，因此规定了多层错层房屋的结构选型和平面、立面布置应遵守的原则。

8.7.2 多层错层砖砌体房屋在水平地震作用下受力复杂，也没有相应的专用设计计算程序。根据理论计算分析，错层房屋可按高、低层楼面面积比来等效成为规整的计算模型，从而使问题简化，也使设计计算可以使用目前通用的结构计算程序。

8.7.3 震害和研究分析表明多层砖砌体错层房屋对抗震不利，因此要求砌体的抗剪强度不应低于现行国家标准《砌体结构设计规范》GB 50003 规定的普通黏土砖砌体的抗剪强度，以及采取更加严格的结构构造措施来保证房屋整体性和安全性是必要的。

9 钢结构房屋

现行国家标准《建筑抗震设计规范》GB 50011 中将钢结构的抗震等级按设防烈度和高度划分的方式不太合理，应按结构的延性需求分类，进而提出不同的结构构造（最主要）和计算要求。在现行上海市工程建设规范《高层建筑钢结构设计规程》DG/TJ 08—32 中就是这样处理的。本标准不采用抗震等级的方式。对于多层钢结构房屋，不分类延性需求，均按高层钢结构的 B 类考虑。

9.1 多层和高层钢结构房屋

（Ⅰ）一般规定

9.1.1 本节包括民用与工业两种用途，不适用于上层为钢结构下层为钢筋混凝土结构的混合型多层结构。用冷弯薄壁型钢作主要承重结构的房屋，构件截面较小，自重较轻，可不执行本节的抗震规定。本次修订参考现行行业标准《高层民用建筑钢结构技术规程》JGJ 99 和现行上海市工程建设规范《高层建筑钢结构设计规程》DG/TJ 08—32，增加了高层钢结构的相关要求。

对于单层民用钢结构房屋，可参照本节规定的原则进行抗震设计。对于房屋高度不超过 6 m 的单层民用钢结构房屋，当各柱子的轴向力设计值与构件全截面面积和钢材抗拉强度设计值乘积的比值均不超过 0.4 时，抗震设防要求可适当降低，可按当地的抗震设防烈度进行抗震计算，按当地的设防烈度降低 1 度（已是 6 度的按 6 度）采取抗震构造措施。

9.1.2 多层钢结构根据工程情况可设置或不设置地下室。当设置地下室时，房屋一般较高，钢框架宜伸至地下一层。

多层钢结构宜优先采用交叉支撑，它可按拉杆设计，较经济。若采用受压支撑，其长细比及板件宽厚比应符合有关规定。

框架-延性钢板墙结构中的延性钢板墙包括无屈曲波纹钢板墙和屈曲约束钢板墙。无屈曲波纹钢板墙通过将钢板折成无屈曲波型来提高钢板墙的稳定承载力，以避免其在屈服消能以后发生屈曲，该波型需经可靠试验验证。同时，无屈曲波纹钢板墙需要设置边缘柱，因此其等效支撑框架模型中的竖向支撑即为边缘柱。为提高延性钢板墙整体的抗侧和消能效率，以及为避免上下层刚度突变，当布置在同一个柱间时，宜上下贯通，且应延伸至计算嵌固端，以便于将较大竖向力传至基础。

9.1.3 设备或料斗（包括下料的主要管道）穿过楼层时，若分层支承，不但各层楼层梁的挠度难以同步，使各层结构传力不明确，同时在地震作用下，由于层间位移会给设备、料斗产生附加效应，严重的会损坏旋转设备，因此同一台设备一般不能采用分层支承的方式。装料后的设备或料斗重心接近楼层的支承点，是力求降低穿过楼层布置的设备或料斗的地震作用对支承结构的附加影响。

9.1.4 本条给出的是目前国内外多层钢结构房屋常用的抗震性能较好的楼板形式和做法，高层钢结构房屋的楼板形式和做法参考了现行上海市工程建设规范《高层建筑钢结构设计规程》DG/TJ 08—32。

9.1.5 楼层水平支撑的作用主要是传递水平地震作用、风荷载，控制柱的计算长度和保证结构构件安装时的稳定。可按表 2 确定楼层水平支撑的设置。

表 2　楼层水平支撑设计要求

项次	楼面结构类型		楼面荷载① ≤10 kN/m^2	楼面荷载>10 kN/m^2 和大的集中荷载
1	钢与混凝土组合楼面，现浇、装配整体式钢筋混凝土楼板与钢梁有连接	仅有小孔的楼板	不须设水平支撑	不须设水平支撑
		有大孔的楼板②	应在开孔周围柱网区格内设水平支撑	应在开孔周围柱网区格内设水平支撑
2	有压型钢板的钢筋混凝土板	与钢梁相连接	可不设水平支撑	宜设水平支撑
		与钢梁不连接	应设水平支撑	应设水平支撑
3	现浇、装配整体式钢筋混凝土板与钢梁无连接		应设水平支撑	应设水平支撑
4	铺金属板		宜设水平支撑	应设水平支撑
5	铺活动格栅板		应设水平支撑	应设水平支撑

注：①　楼面荷载系指除结构自重外的活荷载、管道及电缆等荷载。
　　②　各行业楼层板面开孔不尽相同，可结合工程具体情况确定。

9.1.7　刚接钢框架的抗震性能比铰接或半刚接钢框架的抗震性能好。本条修订参考了现行上海市工程建设规范《高层建筑钢结构设计规程》DG/TJ 08—32 中的第 5.2.4 条。

9.1.8　本次修订参考了现行国家标准《钢结构设计标准》GB 50017 中的第 17.2.9 条，增加了本条。

（Ⅱ）计算要点

9.1.9　对于多层钢结构房屋，考虑隔墙等非结构构件的影响，在多遇地震下，其阻尼比较其他全钢结构阻尼比（为 0.02）稍大。而在罕遇地震下，由于结构及非结构构件进入非线性，其阻尼比将增大，建议采用 0.05。本条修订参考了现行上海市工程建设规范《高层建筑钢结构设计规程》DG/TJ 08—32 中的第 6.3.7 条及现行国家标准《建筑抗震设计规范》GB 50011 中的第 8.2.2 条。

9.1.10　厂房楼层检修、安装荷载代表值行业性强，大的可达

45 kN/m²，但属短期荷载，检修结束后的楼面仅有少量替换下来的零件和操作荷载。这类荷载在地震时遇合的概率较低，按实际情况采用较为合适。

楼层堆积荷载要考虑运输通道等因素。

设备、料斗和保温材料的重力荷载，可不乘动力系数。

9.1.11 试验和理论分析表明，只要有可靠的连接措施，现浇混凝土楼板与钢梁在弹性阶段能够共同工作，因此进行多遇地震反应分析时，可对此加以考虑。采用压型钢板混凝土组合楼板时，需注意因压型钢板搁置方向的影响，两个方向的有效楼板厚度可能不同。

在罕遇地震下，结构一般进入弹塑性状态工作，此时现浇混凝土楼板已开裂，楼板与钢梁的连接发生破坏，楼板与梁的共同工作作用大大减小，因此在罕遇地震下，不应考虑楼板与梁的共同工作。

本条修订参考了现行上海市工程建设规范《高层建筑钢结构设计规程》DG/TJ 08—32 中的第 7.1.3 条。

9.1.12 多层钢结构房屋的梁和柱多采用工字形截面和箱形截面，在地震作用下这两种截面的剪切变形较大，计算结构内力与位移时应加以考虑。多层钢结构的轴向变形很小，可不予考虑。本条修订参考了现行上海市工程建设规范《高层建筑钢结构设计规程》DG/TJ 08—32 中的第 7.1.5 条。考虑目前实际工程中使用计算机程序可较容易地完成计算分析工作，本次修订将多层钢结构与高层钢结构相关内容的表述统一。

9.1.13 若楼梯与主体结构连接较强，在地震中楼梯的梯板具有斜撑一般的受力状态。宜采取滑动支座等构造措施，减少楼梯构件对主体结构刚度的影响。

9.1.14 试验和理论分析表明，梁柱节点域的剪切变形对刚接钢框架结构的内力特别是位移有较大的影响。而对于框架-支撑结构，由于框架部分的刚度相对较小，梁柱节点域的剪切变形对整个结构的影响减弱。

9.1.15 本条是一种近似考虑结构 $P-\Delta$ 效应的方法。

9.1.16 本条规定是为了保证在框架-支撑结构中，框架部分不要太弱。因为钢支撑的延性较差，框架-支撑结构的延性主要由框架部分提供。

9.1.17 本条规定对直接支承有振动设备的结构，应同时考虑地震效应和动力作用效应；对间接受动力作用的构件，抗震计算中可不考虑设备的动力作用。

震害调查表明，设备或料斗的支承结构的破坏，将危及下层的设备和人身安全。因此，直接支承设备和料斗的结构必须考虑地震作用。实测与计算表明，楼层加速度反应比输入的地面加速度大，且在同一座建筑内高部位的反应要大于低部位的反应，所以置于楼层的设备底部水平地震作用相应地要增大，在不进行动力分析时，以 λ 值来反映不同楼层 F_{s} 值变化的规律。

9.1.18 本条是考虑厂房与设备或设备支架共同作用的简化计算方法。

9.1.19 本条规定了中心支撑钢框架中支撑抗震承载力的一些原则要求：

1 当人字形支撑的腹杆在大震下受压屈服后，其承载力将下降，导致横梁在支撑连接处出现向下的不平衡集中力，可能引起横梁破坏和楼板下陷，并在横梁两端出现塑性铰。V 形支撑的情况类似，仅当斜杆失稳时楼板不是下陷而是向上隆起。

2 支撑受压屈曲后承载力要下降。一般支撑长细比越大，其承载力下降越多。本款目的为保障支撑在地震反复拉压荷载作用下的承载力。

3 本款旨在保证人字形支撑或 V 形支撑失效后横梁的承载力。

9.1.20 支撑是一种最为经济的抗侧力构件，它既能提高结构的刚度和承载力，又不影响建筑采光以及内部空间的分割，且施工方便。传统的带支撑框架有中心支撑框架CBF(Concentrically Braced Frame)和偏心支撑框架EBF(Eccentrically Braced Frame)。常遇地震和罕遇地震时,CBF中的支撑会受压屈曲和受拉屈服,而屈曲会使受压承载力降低,从而限制了支撑作为抗侧力构件的耗能能力,因而大多数抗震规范都对中心支撑的抗震承载力进行调低。EBF通过偏心梁段的屈服,限制支撑的屈曲,可使结构具有较好的耗能性能。但是由于偏心梁段屈服,地震后结构修复较为困难,且支撑的刚度得不到完全发挥。

由于支撑屈曲不利于能量耗散,因此相对于传统CBF提出了一种新的可以避免支撑屈曲的体系,称为屈曲约束支撑钢框架BRBF(Buckling Restrained Braced Frame),屈曲约束支撑(Buckling-restrained Brace)由芯材、外套筒以及套筒内无粘结材料组成,如图12所示。

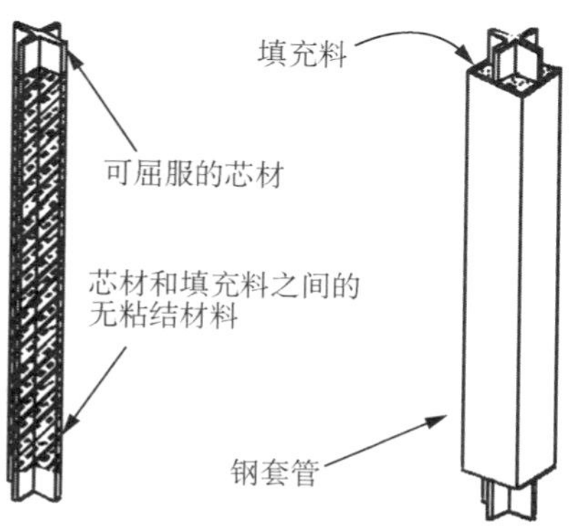

图12　屈曲约束支撑的基本构成图

虽然BRB形式多样,但原理基本相似,利用刚度较大的外套筒抑制中心芯板的屈曲。支撑的中心是芯材,为避免芯材受压时整体屈曲,即在受拉和受压时都能达到屈服,芯材被置于一个钢套管内,然后在套管内灌注填充材料,该填充材料具有一定的强度,又有较好的密实性,且耐久性优越。为减小或消除芯材受轴力时传给填充材料的力，而且由于泊松效应，芯材在受压情况下会膨胀，因此在芯材和砂浆之间设有一层无粘结材料或非常狭小的空气层。屈曲约束支撑在日本应用较多，在美国、加拿大和我国台湾地区也有使用，我国大陆地区也在推广这种支撑体系，并且在北京、上海、西安等在建建筑中已经开始使用。

屈曲约束支撑的发明解决了普通钢支撑的失稳破坏的问题，使钢结构支撑在受拉和受压时候性能一致（图 13），从而大大提高了钢材的利用率。屈曲约束支撑成为了结构的耗能元件，起到结构“保险丝”的作用。屈曲约束支撑结构延性性能好，耗能能力增强，且屈曲约束支撑施工方法与普通钢结构支撑相同，施工进度快，质量可靠。

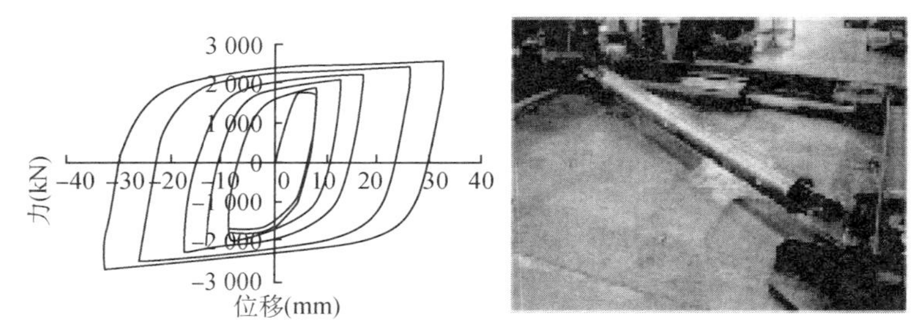

图 13　普通支撑与屈曲约束支撑试验滞回曲线

当结构采用屈曲约束支撑后，建筑物经强烈地震，主体结构将不会破坏，从而保护建筑物内人员安全和财产安全。

屈曲约束支撑应满足三点基本要求：①多遇地震下保持弹性；②在达到设计屈服承载力时能保证支撑屈服；③一次强震下不破坏。

为保证屈曲约束支撑满足上述要求，对采用屈曲约束支撑产品的工程，应进行产品抽样检验，抽样数量不宜少于工程中屈曲约束支撑总数的 2%，且不宜少于 2 根。抽样试验应满足下列要求：试验时依次在 1/300、1/200、1/150、1/100、1/80 支撑长度的拉伸和压缩往复各3次变形，试验得到的滞回曲线应稳定、饱满，具有正的增量刚度，且最后一级变形第3次循环的承载力不低于历经最大承载力的85%，历经最大承载力不高于屈曲约束支撑极限承载力计算值的1.1倍。

9.1.21 偏心支撑框架的设计计算，主要参考AISC于1997年颁布的《钢结构房屋抗震规程》，并根据我国情况作了适当调整。

1 为使偏心支撑框架仅在消能梁段屈服，支撑斜杆、柱和非消能梁段的内力设计值应根据消能梁端屈服时的内力确定。考虑消能梁端有1.5的实际有效超强系数，并根据各构件的抗震调整系数，确定了斜杆、柱和非消能梁段保持弹性所需的承载力。偏心支撑主要用于高烈度区，故仅对8度时的内力调整系数作出规定。

2 大量研究表明，偏心支撑具有弹性阶段刚度接近中心支撑，弹塑性阶段的延性和消能能力接近于延性框架的特点，是一种良好的抗震结构。常用的偏心支撑形式如图14所示。

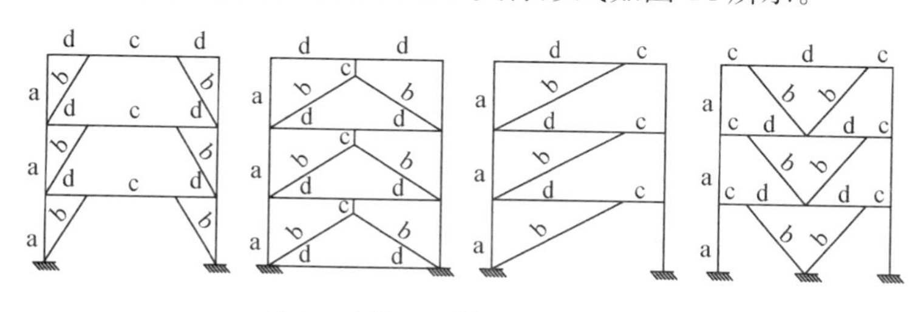

a—柱；b—支撑；c—消能梁段；d—其他梁段

图14 偏心支撑示意图

偏心支撑框架的设计原则是强柱、强支撑和弱消能梁段，即在大震时消能梁段屈服形成塑性铰，具有稳定的滞回性能，即使消能梁段进入应变硬化阶段，支撑斜杆、柱和其余梁段仍保持弹性。因此，每根斜杆只能在一端与消能梁段连接，若两端均与消能梁段相连，则可能一端的消能梁段屈服，另一端消能梁段不屈服，使偏心支撑的承载力和消能能力降低。

当消能梁段的轴力设计值不超过 $0.15Af$ 时，按 AISC 规定，忽略轴力影响，消能梁段的受剪承载力取腹板屈服时的剪力和梁段两端形成塑性铰时的剪力二者的较小值。本标准根据我国钢结构设计标准关于钢材拉、压、弯强度设计值与屈服强度的关系，取承载力抗震调整系数为 0.85，计算结果与 AISC 相当；当轴力设计值超过 $0.15Af$ 时，则降低梁段的受剪承载力，以保证连梁具有稳定的滞回性能。

3 为使支撑斜杆能承受消能梁段的梁端弯矩，支撑与梁端的连接应设计成刚接。

9.1.22 无屈曲波纹钢板墙通过将钢板波折成波纹形状（图 15）来提高钢板墙的稳定承载力，可以避免其在屈服以前发生屈曲，因此其抗剪承载力可以按照钢板抗剪截面屈服承载力计算。

无屈曲波纹钢板墙的波纹形状参数应根据可靠的分析理论确定，并经试验验证。

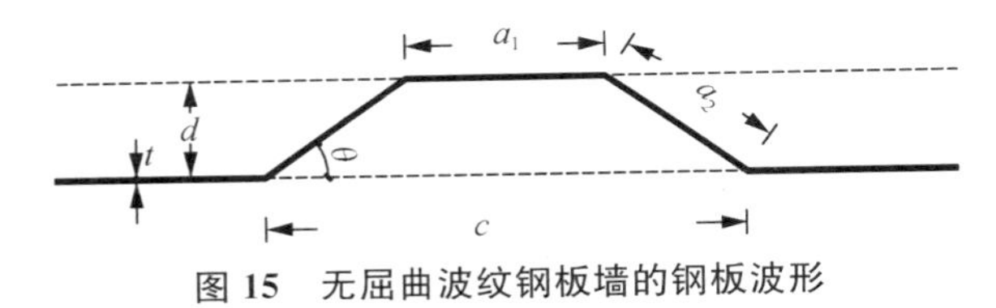

图 15 无屈曲波纹钢板墙的钢板波形

9.1.23 本条规定了钢框架及节点抗震承载力的一些原则要求。

1 强柱弱梁是抗震设计的基本要求，本款目的为满足这一要求。

2 研究表明，节点域既不能太厚，也不能太薄，太厚了使节点域不能发挥其耗能作用，太薄了将使框架的侧向位移太大，标准采用折减系数 ψ 来设计。日本的研究表明，取节点域的屈服承载力为该节点梁的总屈服承载力的 0.7 倍是合适的。本标准为了避免 7 度时普遍加厚节点域，在 7 度时取 0.6；但不满足本条第 3 款的规定时，仍需加厚。

3 按本款规定，节点域可满足强度及局部稳定性要求。

不需验算强柱弱梁的条件，是参考 AISC 的 1992 年和 1997 年抗震设计标准中的有关规定，并考虑我国情况规定的。

9.1.24 强连接弱构件是抗震设计的另一基本要求，即在地震作用下，连接不应先于构件破坏。为满足这一要求，应保证连接的极限承载力大于相应构件的极限承载力。

（Ⅲ）构造措施

9.1.25 柱的长细比关系钢结构的整体稳定，太大时对抗震不利。

9.1.27 在罕遇地震下，结构一般进入弹塑性状态工作。本条的规定是参考我国和国外钢结构设计标准关于塑性设计的规定，结合在上海所做的梁、柱反复加载试验和框架结构振动台试验的结果给出的。

9.1.28 本条规定了梁柱连接的构造要求，主要考虑了美国和日本的有关设计规定。

美国加州 1994 年北岭地震和日本 1995 年阪神地震，钢框架梁柱节点受严重破坏，但两国的节点构造不同，破坏特点和所采取的改进措施也不完全相同。

美国通常采用工字形柱，日本主要采用箱形柱；在梁翼缘对应位置的柱加劲肋厚度，美国按传递设计内力设计，一般为梁翼缘厚度之半，而日本要比梁翼缘厚一个等级；震害表明，梁翼缘对应位置的柱加劲肋规定与梁翼缘等厚是十分必要的。梁端腹板的下翼缘切角，美国采用矩形，高度较小，使下翼缘焊缝在施焊时实际上要中断，并使探伤操作困难，致使梁下翼缘焊缝处出现了较大缺陷，日本梁端下翼缘切角接近三角形，高度稍大，允许施焊时焊条通过，虽然施焊时仍很不方便，但情况要好些。

对于梁腹板与连接板的连接，美国除螺栓外，当梁翼缘的塑性截面模量小于梁全截面塑性截面模量的 70％时，在连接板的角部要用焊缝连接，日本只用螺栓连接，但规定应按保有耐力计算且不少于 3 排。这两种构造所遭受破坏的主要区别是：日本的节点震害仅出现在梁端，柱无损伤，而美国的节点震害是梁柱均遭受破坏。震后，日本仅对梁端构造作了改进，并消除焊接衬板引起的缺口效应；美国除采取措施消除焊接衬板引起的缺口效应外，主要致力于采取措施将塑性角外移，详见《美日钢框架节点设计改进的调研报告》。

我国高层钢结构，初期由日本设计的较多，现行高钢规程的节点构造基本上参考了日本的规定，表现为：普遍采用箱形柱，梁翼缘与柱的加劲肋等厚。因此，节点的改进主要参考日本 1996 年《钢结构工程技术指南——工场制作篇》中的“新技术和新工法”的规定。其中，梁腹板上下端的扇形切角采用了日本的规定。

美日两国都发现梁翼缘焊缝的焊接衬板边缘缺口效应的危害，并采取了对策。根据我国的情况，梁上翼缘有楼板加强，并施焊较好，震害较少，不作处理；仅规定对梁下翼缘的焊接衬板边缘施焊。也可采取割除衬板，然后清根补焊的办法，但国外实践表明，此法费用较高。此外参考美国规定，给出了腹板设双排螺栓的必要条件。

美国倾向于采取梁柱骨形连接，如图 16 所示。该法是在距梁端一定距离处，将翼缘两侧做月牙切削，形成薄弱截面，使强烈地震时梁的塑性铰自柱面外移，从而避免脆性破坏。月牙形切削的起点可位于距梁端约 150 mm，宜对上下翼缘均进行切削。切削后的梁翼缘截面不宜大于原截面面积的 90%，应能承受按弹性设计的多遇地震下的组合内力。其节点延性可得到充分保证，能产生较大转角。建议重要的钢结构建筑采用。

9.1.30 框架柱拼接接头设置于框架梁上方 1.3 m 附近，即方便现场拼接。同时该处柱弯矩较小。为保证柱拼接处的整体性，柱在拼接处附近一定范围内采用全熔透焊缝是必要的。

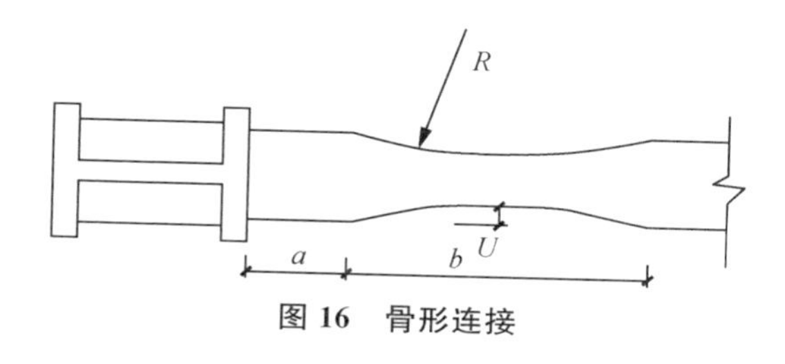

图 16 骨形连接

9.1.31 支撑的长细比越大,抗震性能越差。

9.1.32 多层钢结构支撑的板件宽厚比取介于高层和单层之间的值。

9.1.33 支撑与节点板嵌固点保留一个小距离,可使节点板在大震时产生平面外屈曲,从而减轻对支撑的破坏,这是 AISC-97(补充)的规定,如图 17 所示。

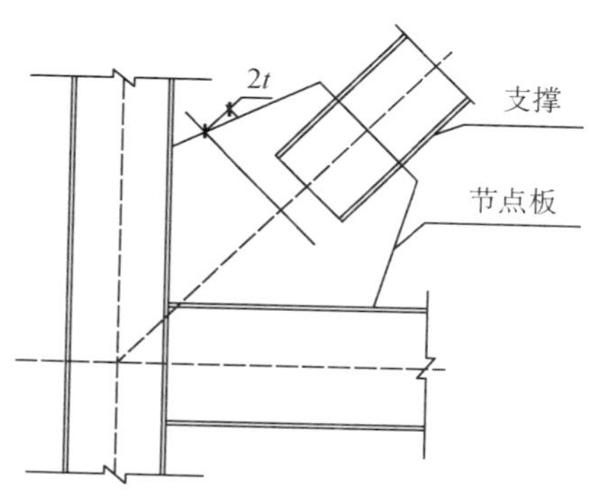

图 17 支撑端部节点板构造示意图

9.1.34 为使消能梁段有良好的延性和消能能力,其钢材应采用 Q235 或 Q355。板件宽厚比,参考 AISC 规定作了适当调整。当梁上翼缘与楼板固定但不能表明其下翼缘侧向固定时,仍需布置侧向支撑。

9.1.35 偏心支撑框架的支撑杆件应不先于消能梁段屈服而屈

曲，故其长细比限值应严于中心支撑杆件。

9.1.36 为使消能梁段在反复荷载下具有良好的滞回性能，需采用合适的构造并加强对腹板的约束：

1 支撑斜杆轴力的水平分量成为消能梁段的轴向力，当此轴向力较大时，除降低此梁段的受剪承载力外，还需减少该梁段的长度，以保证它具有良好的滞回性能。

2 由于腹板上贴焊的补强板不能进入弹塑性变形，因此不能采用补强板；腹板上开洞也会影响其弹塑性变形能力。

3 消能梁段与支撑斜杆的连接处，需设置与腹板等高的加劲肋，以传递梁段的剪力并防止连梁腹板屈曲。

4 消能梁段腹板的中间加劲肋，需按梁段的长度区别对待，较短时为剪切屈服型，加劲肋间距小些；较长时为弯曲屈服型，需在距端部 1.5 倍的翼缘宽度处配置加劲肋；中等长度时需同时满足剪切屈服型和弯曲屈服型的要求。

偏心支撑的斜杆中心线与梁中心线的交点，一般在消能梁段的端部，也允许在消能梁段内（图 18），此时将产生与消能梁段端部弯矩方向相反的附加弯矩，从而减少消能梁段和支撑杆的弯矩，对抗震有利；但交点不应在消能梁段以外，因此时将增大支撑和消能梁段的弯矩，于抗震不利。

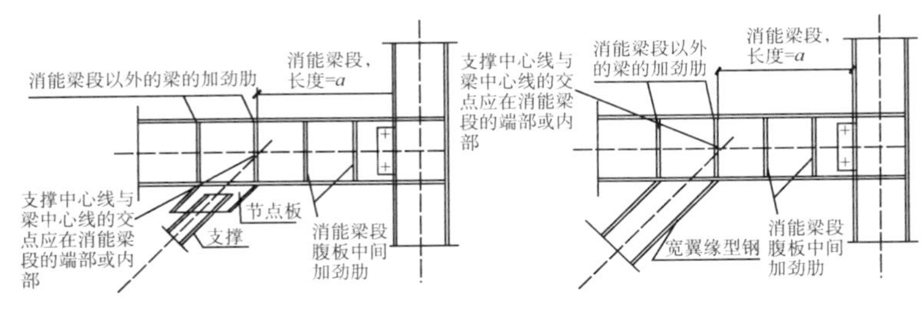

图 18 偏心支撑构造

9.2 单层钢结构厂房

（Ⅰ）一般规定

9.2.1 钢结构的抗震性能通常比其他结构好，未设防的钢结构厂房，在地震中一般破坏较轻，但也有震害。因此，单层钢结构厂房在设计中进行抗震设防是必要的。本标准不包括轻型钢结构厂房的抗震设计。

9.2.2 单层钢结构厂房的平面、竖向布置的抗震设计要求，应使结构的质量和刚度分布均匀，厂房受力合理，变形协调。总体布置要求基本同钢筋混凝土柱厂房。

钢结构厂房的侧向刚度小于混凝土柱厂房，其防震缝宽度要大于混凝土柱厂房。当厂房较高或位于较软弱场地土或有明显扭转效应时，尚需适当加大防震缝宽度。

9.2.3 厂房的横向抗侧力体系，可采用屋盖横梁与柱顶刚接的框架结构或屋盖与柱顶铰接的框排架或排架结构、悬臂柱结构或其他结构体系。多跨厂房的横向刚度较大，不要求各跨屋架均与柱刚接。采用设有摇摆柱的门式刚架结构体系、悬臂柱结构体系等在实际工程中也不少见。常用的轻型屋盖的门形钢框架或钢框排架结构又称之为轻型门式刚架结构，不包含在本标准适用范围内，其抗震设计应符合专门规定。对厂房纵向的布置要求，本条规定与单层厂房的实际情况是一致的。

板件厚度较大无法进行螺栓连接的构件，应采用对接焊缝等强连接，并遵守厚板的焊接工艺，确保焊接质量。

当横梁为实腹梁时，则应符合抗震连接的一般要求。

9.2.4 本条是抗震构造措施。柱间支撑杆件应采用整根材料。超过材料最大长度规格时可采用对接焊缝等强连接，避免构件在最大应力区内产生塑性铰，拼接材料和连接件都要能传递断开截面的最大承载能力，且不致因连接变形降低构件的整体刚度造成容易屈曲的弱点。

构件连接节点的设计，按照“强连接、弱构件”的原则，构件达到屈服时连接应不受破坏，因此连接设计要留有余地。节点连接强度除应通过抗震验算确定外，其最大承载力不应小于支撑构件塑性承载力的 1.2 倍。

9.2.5 震害调查表明，采用大型墙板作为围护结构的厂房，其抗震性能明显优于采用砌体围护墙结构的厂房。若采用轻质墙板作为厂房的围护结构，则其抗震效果更好。因此，在抗震设防区厂房的围护结构，应优先采用轻型板材和轻型型钢。

大型墙板与厂房柱刚性连接，对厂房的纵向抗震不利，而且对厂房的纵向温度变形、厂房柱基础的不均匀沉降以及各种振动，均有不利影响。因此，推荐采用柔性连接。

嵌砌砖墙对厂房(特别是多跨厂房)的纵向抗震非常不利，故不应采用。

厂房围护墙属建筑非结构构件，其抗震设计应满足本标准第 12.3 节对于建筑非结构构件的抗震要求。

(Ⅱ)抗震验算

9.2.6 根据单层厂房的实际情况，对抗震计算模型分别作了规定。

通常，单层钢结构厂房的阻尼比与混凝土柱厂房相同，考虑轻型围护的单层钢结构厂房在弹性状态工作的阻尼比较小，建议按屋盖和围护墙的类型区别对待。单层钢结构厂房抗震计算的阻尼比，可根据屋盖和围护墙的类型取 0.045～0.050。

9.2.7 厂房计算地震作用时，应考虑不同的围护墙体的自重与刚度取值，以及考虑墙体的类型和墙体与厂房柱的连接，使计算更为接近实际情况，较为合理。对于与柱贴砌的普通砌体墙围护厂房，除需考虑墙体的侧移刚度外，尚应考虑墙体开裂而对其侧移刚度退化的影响，当为外贴式砌体纵墙7度和8度时的折算系数分别可取0.6和0.4.

9.2.8,9.2.9 单层钢结构厂房的地震作用计算，应根据厂房的竖向布置(等高不等高)、吊车设置、屋盖类别、围护墙的类型并考虑围护墙与厂房柱的连接情况等情况，采用能反映厂房地震反应特点的单质点、两质点或多质点的计算模型。总体上，单元的划分、质量集中等，可参照钢筋混凝土柱厂房执行。但对于不等高单层钢结构厂房，不能采用底部剪力法计算，而应采用多质点模型振型分解反应谱法计算。

按底部剪力法计算纵向柱列的水平地震作用时，所得的中间柱列纵向基本周期偏长，建议对其近似乘以0.8予以修正。

采用砌体围护墙的厂房，可参照单层钢筋混凝土柱厂房的有关规定计算。

采用轻型围护单层钢结构厂房，按中震组合进行计算分析，柱间支撑处于不屈服状态的，可不进行支撑屈服后状态的厂房柱验算。

9.2.10 按常规设计的做法，补充规定了地震作用计算时吊车荷载的取法。

9.2.11 屋盖的竖向支承桁架可包括支承天窗架的竖向桁架、竖向支撑桁架等。屋盖竖向支撑承受的作用力包括屋盖自重产生的地震力，还要将其传给主框架，杆件截面需由计算确定。

本条对屋盖支撑的设计作了规定。主要是连接承载力的要求和腹杆设计的要求。对于按长细比决定截面的支撑构件，可不要求等强连接，只要不小于构件的承载力即可；屋架上、下弦水平支撑交叉斜杆，在水平地震作用下，考虑受压斜杆失稳，故按拉杆设计。为了保证直压杆的稳定，采用与斜拉杆等强度设计。

对于厂房屋面设置荷重较大的设备等情况，不论厂房跨度大小，都应对屋盖横梁进行竖向地震作用验算。

9.2.12 在考虑支撑框架的拉压杆共同作用时，压杆取屈曲后状态，并按本标准第5章地震作用和结构抗震验算的规定进行验算。

9.2.13 较高厂房柱有时需在上柱拼接接长，条文给出的拼接承载力要求是最小要求，有条件时可采用等强度拼接接长。梁柱刚性连接、拼接的极限承载力验算及相应的构造措施（如潜在塑性铰位置的侧向支承），应针对单层刚架厂房的受力特征和遭遇强震时可能形成的极限机构进行。一般情况下，单跨横向刚架的最大应力区在梁底上柱截面，多跨横向刚架在中间柱列处也可出现在梁端截面。柱顶和柱底出现塑性铰是单层刚架厂房的极限承载力状态之一。故可放弃"强柱弱梁"的抗震概念。

刚架梁端的最大应力区，可按距梁端1/10梁净跨和1.5倍梁高的较大值确定。实际工程中，梁的现场拼接往往在梁端附近，即最大应力区，此时，其极限承载力验算应与梁柱刚性连接的相同。

实践表明，屋架上弦杆与柱连接处出现塑性铰的传统做法，往往引起过大变形，导致房屋出现功能障碍，故规定了此处连接板不应出现塑性铰。

（Ⅲ）构造措施

9.2.14 屋盖支撑系统（包括系杆）的布置和构造应保证屋盖的整体性（主要指屋盖各构件之间不错位）以及屋盖横梁平面外的稳定性，保证屋盖和山墙水平地震作用传递路线合理、简捷且不中断。

一般情况下，屋盖横向支撑应对应于上柱柱间支撑布置，故其间距取决于柱间支撑间距。表9.2.14屋盖横向支撑间距限值可按本标准第9.2.15条的柱间支撑间距限值执行。

无檩屋盖（重型屋盖）是指通用的1.5 m×6.0 m预制大型屋面板。大型屋面板与屋架的连接需保证三个点牢固焊接，才能起到上弦水平支撑的作用。

有檩屋盖（轻型屋盖）主要是指压型钢板、硬质金属面夹心板等轻型板材和高频焊接薄壁型钢檩条组成的屋盖。有檩屋盖中，高频焊接薄壁型钢等型钢檩条一般都可兼作上弦系杆，故表中未列入。

有檩屋盖的主要横向支撑宜设置在上弦平面，水平地震作用通过上弦平面传递。相应地，屋架亦应采用端斜杆上承式，设置横向支撑开间的柱顶刚性系杆或竖向支撑、屋面檩条应加强，以可靠传递水平地震作用。当采用下沉式横向天窗时，应在屋架下弦平面设置封闭的屋盖水平支撑。

檩条隅撑系统布置时，需考虑合理的传力路径，檩条及其梁端连接应足以承受隅撑传来的作用力。

屋盖纵向水平支撑的布置比较灵活，设计时应根据具体情况综合分析，以达到合理布置的目的。

9.2.15 单层钢结构厂房的柱间支撑，其作用和受力情况，与单层钢筋混凝土厂房的柱间支撑相同。因此，柱间支撑的布置和构造，二者也基本相同。柱间支撑抗震验算应符合现行国家标准《建筑抗震设计规范》GB 50011 的要求。

采用焊接型钢时，应采用整根型钢制作支撑构件；但当采用热轧型钢时，采用拼接板加强才能达到等强接长。

9.2.16 单层钢结构厂房的最大柱顶位移限值、吊车梁顶面标高处位移限值，一般已可控制不出现长细比过大的柔韧厂房。参考部分国外钢结构规范和抗震规范，结合我国钢结构设计标准，按轴压比大小对厂房框架柱的长细比限值作出调整。

9.2.17 对重屋盖和轻屋盖的板件宽厚比区别对待。重屋盖参照低于 50 m、抗震等级为四级的多层钢结构要求，较原规范要求有所放松。轻屋盖厂房如采用基于性能的抗震设计方法，可以分别按“高延性、低弹性承载力”或“低延性、高弹性承载力”的抗震设计思路来确定柱、梁的板件宽厚比，即通过厂房框架承受的地震内力与其具有的弹性抗力进行比较来选择板件宽厚比。当构件的强度和稳定的承载力均满足规定的承载力时，可按现行国家标准《建筑抗震设计规范》GB 50011 执行。

9.2.18 埋入式、插入式柱脚应确保钢柱的埋入深度和钢柱埋入部分的周边混凝土厚度。外包式柱脚的外包短柱的钢筋应加强并确保外包混凝土的厚度。当采用外露式柱脚时，与柱间支撑连接的柱脚必须设置剪力键，以可靠抵抗水平地震作用。本次修订明确了外露式柱脚的极限承载力验算要求。

10 单层钢筋混凝土柱厂房

本章参照现行国家标准《建筑抗震设计规范》GB 50011 中的第 9.1 节，并作如下改动：

1 根据本市抗震设防标准，取消了 9 度时的规定。

2 根据本市的场地类别绝大部分为Ⅲ、Ⅳ类的情况，本章中的各条款只考虑Ⅲ、Ⅳ类场地，对于非Ⅲ、Ⅳ类场地上的建筑物抗震设计，按现行国家标准《建筑抗震设计规范》GB 50011 执行。

其余各条款的修改如下所述。

10.1 一般规定

10.1.1 本条参照现行国家标准《建筑抗震设计规范》GB 50011 中的第 9.1.1 条。

10.1.2 本条参照现行国家标准《建筑抗震设计规范》GB 50011 中的第 9.1.2 条，结合本市的具体情况改写。

10.1.3 本条参照现行国家标准《建筑抗震设计规范》GB 50011 中的第 9.1.3 条，结合本市的具体情况改写。

10.2 计算要点

10.2.7 本条参照现行国家标准《建筑抗震设计规范》GB 50011 中的第 9.1.13 条。

10.2.8 本条参照现行国家标准《建筑抗震设计规范》GB 50011 中的第 9.1.14 条。

10.3 抗震构造措施

10.3.1 本条参照现行国家标准《建筑抗震设计规范》GB 50011 中的第 9.1.15 条改写。

10.3.2 本条参照现行国家标准《建筑抗震设计规范》GB 50011 中的第 9.1.16 条改写，第 4 款中将非标准屋面板改为无预埋件焊连条件的屋面板。

10.3.6 本条中的表 10.3.6(柱加密区箍筋最大肢距和最小箍筋直径)参照现行国家标准《建筑抗震设计规范》GB 50011 中的第 9.1.20 条的表 9.1.20，根据本市抗震设防标准和场地类别作了修改，表中取消了场地类别，第 1 款增加了纵向墙梁与柱连接节点部位箍筋加密的要求。

10.3.7 本条参照现行国家标准《建筑抗震设计规范》GB 50011 中的第 9.1.21 条改写。

10.3.9 本条中的表 10.3.9(交叉支撑斜杆的最大长细比)参照现行国家标准《建筑抗震设计规范》GB 50011 第 9.1.23 条的表 9.1.23，根据本市具体情况，取消了场地类别的规定。

11　空旷房屋和大跨屋盖建筑

11.1　单层空旷房屋

本节参照现行国家标准《建筑抗震设计规范》GB 50011 中的第 10.1 节，并作如下改动：

1　根据本市的场地类别绝大部分为Ⅲ、Ⅳ类，本节中的各条款只考虑Ⅲ、Ⅳ类场地，对于非Ⅲ、Ⅳ类场地上的建筑物抗震设计，按现行国家标准《建筑抗震设计规范》GB 50011 执行。

2　根据本市抗震设防标准，取消了 9 度时的规定。

11.1.2　根据震害调查分析，大厅与两侧附属房屋处留缝，震害较重。因此，本条规定了大厅与两侧附属房屋之间可不设防震缝，但根据本标准第 3 章的要求，布置要对称，避免扭转，并按本章采取措施，使空旷房屋形成相互支持和有良好联系的空间结构体系。

11.1.3　本条参照现行国家标准《建筑抗震设计规范》GB 50011 中的第 10.1.3 条改写。

11.1.4　本条参照现行国家标准《建筑抗震设计规范》GB 50011 中的第 10.1.4 条改写。明确了部分屋架支点下不得采用无筋砖壁柱，而应采用钢筋混凝土柱或钢筋混凝土-砖组合壁柱。

11.1.12　本条参照现行国家标准《建筑抗震设计规范》GB 50011 中的第 10.1.12 条改写。单层空旷房屋中，高大山墙的壁柱要进行出平面的抗震验算，鉴于本市的实际情况，取消了其抗震验算仅对 8 度时的规定。

11.1.14　本条参照现行国家标准《建筑抗震设计规范》GB 50011 中的第 10.1.14 条改写。

11.1.15 舞台口大梁受力复杂，在地震作用下破坏较多，为此要加强该处的整体性和稳定性，采用钢筋混凝土柱加轻质填充墙。

11.2 大跨屋盖建筑

本节参照现行国家标准《建筑抗震设计规范》GB 50011 中的第 10.2 节。

（Ⅰ）一般规定

11.2.1 本条参照现行国家标准《建筑抗震设计规范》GB 50011 中的第 10.2.1 条。明确弦支和张拉索结构为存在拉索的预张拉屋盖结构的基本形式，张弦梁和弦支穹顶结构是弦支和张拉索结构的典型类型。

对于索膜结构，由于其自重轻、风荷载起控制作用，一般无需进行地震效应计算。

11.2.3 本条参照现行国家标准《建筑抗震设计规范》GB 50011 中的第 10.2.3 条改写。

1 对于单向传力结构体系，明确主结构必须设置平面外稳定支撑体系，建议了防止平面外侧倾的有效抗震措施。

2 对于空间传力结构体系，建议有效地提高薄弱部位刚度，提高结构整体性和地震作用有效传递和分配的构造措施。单层网壳结构属于刚接杆件体系，节点的设计和构造应达到刚性节点的要求，计算时杆件必须采用梁单元。

（Ⅱ）计算要点

11.2.6 本条参照现行国家标准《建筑抗震设计规范》GB 50011 中的第 10.2.6 条改写。规定了大跨屋盖结构进行抗震验算的基本原则。

1 研究表明，单向平面桁架和单向立体桁架是否受沿桁架方向的水平地震效应控制主要取决于矢跨比的大小。对于矢跨比小于 1/5 的该类结构，水平地震效应小，7 度时可不进行沿桁架的水平向和竖向的地震作用计算。但是由于垂直桁架方向的水平地震作用主要由屋盖支撑承担，本节并没有对支撑的布置进行详细规定，因此对于 7 度及 7 度以上的该类体系，均应进行垂直于桁架方向的水平地震作用计算并对支撑构件进行验算。

2 网架结构属于平板网格结构体系。由大量网架结构计算机分析结果表明，当支承结构刚度较大时，网架结构将以竖向振动为主。因此，在设防烈度为 8 度的地震区，用于屋盖的网架结构应进行竖向和水平地震验算，但对于周边支承的中小跨度网架结构，可不进行水平抗震验算，可仅进行竖向抗震验算。在设防烈度为 7 度时，网架结构可不进行抗震验算。

3 网壳结构属于曲面网格结构体系。与网架结构相比，由于壳面的拱起，使得结构竖向刚度增加，水平刚度有所降低，因而使网壳结构水平振动将与竖向振动属同一数量级，尤其是矢跨比较大的网壳结构，将以水平振动为主。对大量网壳结构计算机分析结果表明，在设防烈度为 7 度时，当网壳结构矢跨比不小于 1/5 时，竖向地震作用对网壳结构的影响不大，而水平地震作用影响不可忽略，因此本条规定在设防烈度为 7 度时，矢跨比不小于 1/5 的网壳结构可不进行竖向抗震验算，但必须进行水平抗震验算。

11.2.8 本条参照现行国家标准《建筑抗震设计规范》GB 50011 中的第 10.2.8 条。阻尼比取值应根据结构实测与试验结果经统计分析而得来。

1 多高层钢结构阻尼比取值

有关结构阻尼比值有多种建议，早期以 20 世纪 60 年代 Newmark 及 20 世纪 70 年代武藤清给出的实测值资料较为系统。日本建筑学会阻尼评定委员会于 2003 年发布了 205 栋多高层建筑阻尼比实测结果，其中钢结构 137 栋，钢-混凝土混合结构

43栋，混凝土结构25栋。由大量实测结果分析统计得出阻尼比变化规律及第一阶阻尼比的简化计算公式，并给出绝大部分钢结构均小于0.02的结论。

影响阻尼比值的因素甚为复杂，现仍属于正在研究的课题。在没有其他充分科学依据之前，多高层钢结构阻尼比取0.02是可行的。

2 大跨屋盖结构阻尼比取值

大跨屋盖结构的阻尼比值最好是由大跨屋盖结构实测和试验统计分析得出，但至今这方面的资料甚少。研究表明，结构类型与材料是影响结构阻尼比值的重要因素，所以在缺少实测资料的情况下，可参考多高层钢结构，对于落地支承或下部支承为钢结构的大跨屋盖结构，阻尼比可取0.02。

对设有混凝土结构支承体系的大跨屋盖结构，阻尼比值可采用振型阻尼比法按下式计算：

$$\zeta=\frac{\sum_{s=1}^{n}\zeta_{s}W_{s}}{\sum_{s=1}^{n}W_{s}} \tag{12}$$

式中：ζ ——考虑支承体系与大跨屋盖结构共同工作时，整体结构的阻尼比；

ζ_{s} ——第 s 个单元的阻尼比；对钢构件取0.02，对混凝土构件取0.05；

n ——整体结构的单元数；

W_{s} ——第 s 个单元的位能。

梁元的位能为

$$W_{s}=\frac{L_{s}}{6(EI)_{s}}(M_{as}^{2}+M_{bs}^{2}-M_{as}M_{bs}) \tag{13}$$

杆元的位能为

$$W_s=\frac{N_s^2 L_s}{2(EA)_s} \tag{14}$$

式中：L_s，$(EI)_s$，$(EA)_s$ ——分别为第 s 杆的计算长度、抗弯刚度和抗拉刚度；

M_{as}，M_{bs}，N_s ——分别取第 s 杆两端在重力荷载代表值作用下的静弯矩和静轴力。

上述阻尼比值计算公式是考虑不同材料构件对结构阻尼比的影响，将大跨屋盖结构与混凝土结构支承体系视为整体结构，引用等效结构法的思路，用位能加权平均法推导得出的。

为简化计算，对于设有混凝土结构支承的大跨屋盖结构，当将大跨屋盖结构与混凝土结构支承体系按整体结构分析或采用弹性支座简化模型计算时，本条给出阻尼比可取 0.025～0.035 的建议值。这是经过大量计算机实例计算及收集的实测结果经统计分析得来。

11.2.10 本条参照现行国家标准《建筑抗震设计规范》GB 50011 中的第 10.2.10 条，规定了屋盖结构地震作用计算的方法。建议大跨屋盖结构计算振型个数一般可取振型参与质量达到总质量 90%所需的振型数。

11.2.11 为便于设计人员应用，本条明确了基于空间质点系振型分解反应谱法的水平地震作用标准值和振型参与系数。

12 非结构构件

12.1 一般规定

12.1.1 本条参照现行国家标准《建筑抗震设计规范》GB 50011 中的第 13.1.1 条。

本章根据不同类别非结构构件的特点，提出地震作用分析的方法及需采取的抗震措施，主要适用于对非结构构件与建筑结构的连接的设计。

建筑非结构构件指建筑中除承重骨架体系以外的固定构件和部件，主要包括非承重墙体、附着于楼面和屋面结构的构件、装饰构件和部件、固定于楼面的大型储物架等。

建筑附属机电设备指为现代建筑使用功能服务的附属机械、电气构件、部件和系统，主要包括电梯、照明和应急电源、通信设备、管道系统、采暖和空气调节系统、烟火检测和消防系统、公用天线等，不包括工业建筑中的生产设备和相关设施。对于附属机电设备自身的抗震设计，需根据其功能特征按相应的行业管理规定和专业标准规范进行抗震分析或者检验评定。

12.1.2 本条参照现行国家标准《建筑抗震设计规范》GB 50011 中的第 13.1.2 条。非结构构件的抗震设防目标列于本标准第 3.7 节。与主体结构三水准设防目标相协调，允许非结构构件的损坏程度略大于主体结构，但不得危及生命。

建筑非结构构件和建筑附属机电设备支架的抗震设防分类，各国的抗震规范、标准有不同的规定，本标准大致分为高、中、低三个层次。

高要求时，外观可能损坏而不影响使用功能和防火能力，安全玻璃可能开裂,可经受相连结构构件出现1.4倍以上设计挠度的变形,即功能系数取≥1.4。

中等要求时,使用功能基本正常或可很快恢复,耐火时间减少1/4,强化玻璃破碎,其他玻璃无下坠,可经受相连结构构件出现设计挠度的变形,功能系数取1.0。

一般要求时,多数构件基本处于原位,但系统可能损坏,需修理才能恢复功能,耐火时间明显降低,容许玻璃破碎下坠,只能经受相连构件出现0.6倍设计挠度的变形,功能系数取0.6。

需要进行抗震验算的非结构构件大致如下:

1 7、8度时,基本上为脆性材料制作的幕墙及各类幕墙的连接。

2 8度时,悬挂重物的支座及其连接、出屋面广告牌和类似构件的锚固。

3 高层建筑上重型商标、标志、信号等的支架。

4 8度时,乙类建筑的文物陈列柜的支座及其连接。

5 7、8度时,电梯提升设备的锚固件、高层建筑上的电梯构件及锚固。

6 7、8度时,建筑附属设备自重超过1.8 kN或其体系自振周期大于0.1 s的设备支架、基座及其锚固。

12.1.3 本条参照现行国家标准《建筑抗震设计规范》GB 50011中的第13.1.3条。当抗震设防要求不同的非结构构件连接在一起时,要求低的构件也需要按较高的要求设计,以确保较高设防要求的构件能满足规定。

12.2 基本计算要求

12.2.1 本条参照现行国家标准《建筑抗震设计规范》GB 50011中的第13.2.1条。条文明确了结构专业所需要考虑的非结构构件的影响。结构构件设计时,仅计入支承非结构部位的集中作用并验算连接件的锚固。

12.2.2 本条参照现行国家标准《建筑抗震设计规范》GB 50011 中的第 13.2.2 条。非结构构件的地震作用，除了自身质量产生的惯性力外，还有支座间相对位移产生的附加作用，二者需同时组合计算。

非结构构件的地震作用，除了本标准第 5 章规定的长悬臂构件外，只考虑水平方向。一般情况下，可采用简化方法，即等效侧力法计算；同时计入支座间相对位移产生的附加内力。

12.2.3 本条参照现行国家标准《建筑抗震设计规范》GB 50011 中的第 13.2.3 条。非结构构件的抗震计算采用静力法。等效侧力法由设计加速度、功能(或重要)系数、构件类别系数、动力放大系数和构件重力六个因素所决定。

设计加速度一般取相当于设防烈度的地面运动加速度，与本标准各章协调，仍取多遇地震对应的加速度。

功能系数按设防类别和使用要求确定，一般分为三档：≥1.4、1.0 和 0.6。构件类别系数一般分 0.6、0.9、1.0 和 1.2 四档。部分非结构构件的功能系数和类别系数参见本标准附录 K 第 K.2 节。

位置系数，一般沿高度为线形分布，对多层和一般的高层建筑，顶部的加速度约为底层的 2 倍；当结构有明显的扭转效应或高宽比较大时，房屋顶部和底部的加速度比例大于 2.0。因此，凡采用时程分析法补充计算的建筑结构，此比值应依据时程分析法相应调整。

状态系数，取决于非结构体系的自振周期。本标准不要求计算体系的周期，简化为刚性和柔性两种极端情况。

12.2.4 本条参照现行国家标准《建筑抗震设计规范》GB 50011 中的第 13.2.4 条。非结构构件支座间相对位移的取值，凡需验算层间位移者，除有关标准的规定外，一般按本标准规定的位移限值采用。

对建筑非结构构件，其变形能力相差较大。砌体材料构成的非结构构件变形能力较差；金属幕墙和高级装饰材料具有较大的变形能力；玻璃幕墙则在现行国家标准《建筑幕墙》GB/T 21086 中已规定其平面内变形分为五个等级，最大 1/100，最小 1/400。

对设备支架，支座间相对位移的取值与使用要求有直接联系。例如，要求在设防烈度地震下保持使用功能（如管道不破碎等），取设防烈度下的变形，即功能系数可取 2～3，相应的变形限值取多遇地震的 3 倍～4 倍；要求在罕遇地震下不造成次生灾害，则取罕遇地震下的变形限值。

12.2.5 本条参照现行国家标准《建筑抗震设计规范》GB 50011 中的第 13.2.5 条。

12.3 建筑非结构构件的基本抗震措施

12.3.1 本条参照现行国家标准《建筑抗震设计规范》GB 50011 中的第 13.3.1 条。

12.3.2 本条参照现行国家标准《建筑抗震设计规范》GB 50011 中的第 13.3.2 条。根据本市抗震设防的标准，取消了 9 度时的规定。

12.3.3 本条参照现行国家标准《建筑抗震设计规范》GB 50011 中的第 13.3.3 条。根据本市抗震设防的标准，取消了 9 度时的规定。

12.3.4 参照现行国家标准《建筑抗震设计规范》GB 50011 中的第 13.3.4 条。补充了钢筋混凝土构造柱的最大间距要求。

12.3.5，12.3.6 增加了对砌体围护墙与柱拉结的拉结钢筋构造要求。

12.3.7～12.3.9 此三条参照现行国家标准《建筑抗震设计规范》GB 50011 中的第 13.3.7～13.3.9 条。

此外，玻璃幕墙已有专门的标准，预制墙板、顶棚及女儿墙、雨篷等附属构件的规定，也有专门的非结构抗震设计标准加以规定。

12.4 建筑附属机电设备支架的基本抗震措施

12.4.1～12.4.7 此几条参照现行国家标准《建筑抗震设计规范》GB 50011 中的第 13.4.1～13.4.7 条。

13 地下建筑

13.1 一般规定

13.1.1 本章主要规定地下建筑不同于地面建筑的抗震设计要求。

随着城市地下空间的大规模开发利用，地下停车场、地下商店、地下变电站、地下空间综合体等地下建筑得以大量兴建。长期以来，人们普遍认为地下结构的数量较少，地下结构的抗震性能又优于地面建筑，因此，地震对于地下结构所造成的危害较地面建筑要小。但近年来，地下结构震害频繁发生，尤其是汶川特大地震，给地下工程设施造成损害，地下结构抗震问题日益受到世界各国地震工作者的高度重视。

相对于地上结构，地下结构具有使其动力特性明显不同的一些结构特点，主要概括为：①地下结构完全埋置于土层或者岩石中；②地下结构具有显著的空间尺度。为此，地下结构的抗震设计将会与地面结构的抗震设计有显著的差异。本章的适用范围为本市地下建筑，且不包括地下铁道和公路隧道，因为地下铁道和公路隧道在交通运输建筑中一般均划为重点设防类，其抗震设计方法和要求有别于其他地下建筑。其中，对于本市软土地下铁道建筑结构的抗震设计应按照现行上海市工程建设规范《地下铁道建筑结构抗震设计规范》DG/TJ 08—2064 执行。

随着城市建设的快速发展，地下建筑的规模正在增大，类型正在增多，其抗震能力和抗震设防要求也有差异，需要在工程设计中进一步研究，逐步解决。

13.1.2 本条与本标准第 6.1.4 条一致。根据该条规定，对于无上部结构的部分，抗震等级可采用三级，甲、乙类结构按提高 1 度确定其抗震等级。

13.1.3 建设场地的地形、地质条件对地下建筑的抗震性能均有直接或间接的影响。一般说来，本市市区地基土层的展布较平坦，构造较均一，且浅部多为淤泥质黏土，地形也较平坦，因而抗震稳定性较好。不利地段主要是浅部满布易于液化的砂质粉土的局部地区，场地易于发生侧向变形的顺延河道走向的地区，大面积暗浜区域，及新近沉积的（欠固结）填土区域，尤其是二者兼而有之的地区。对本市区，选择地下建筑的场地时宜避开这些地区。危险地段常指发生地陷、地裂、滑坡、泥石流及由断裂产生地表错动等的地段。这些地质现象常与区域地震活动有关，上海迄今并无可能出现这些现象，也无先兆，但因市区范围和工程活动规模都在扩大，因而仍将这一规定列上，以引起注意。

13.1.4 结构抗震体系应通过综合分析确定。本条列出了应予考虑的因素，然而由于地下建筑结构通常受到地层的约束，进行分析时尤应考虑场地和地基条件特征的影响。

结构体系受力明确、传力路线合理且不间断，对提高结构的抗震性能十分有利，因而是结构选型和布置抗侧力体系时需要首先考虑的因素。地下建筑结构抗震设计中，由于地下建筑结构常为包含楼板和立柱的框架结构，各组成构件的地震反应常有差异，由此导致抗震性能的安全度各组成构件互不相同，进行抗震设计时应注意使各结构构件的刚度互相匹配，以免经受地震时因某个构件失效导致结构整体破坏。

13.1.5 本条对地下建筑结构规则性的含义作了进一步叙述，将其归纳为结构布置规则、对称、平顺及整体性强。其中“平顺”主要是指形状和构造不沿纵轴线经常变化。研究表明，水平地震作用下，地下结构地震反应的规律与结构布置的规则性关系密切，形状不规则常可导致个别构件的动内力剧烈增加，从而成为结构体系抗震承载能力的薄弱环节。因此，地下建筑结构的布置，在纵向和横剖面上均应同时注意形状变化的平顺性，避免刚度和承载力突然变化。

13.2 计算要点

13.2.1 抗震设计计算中，地下建筑结构承受的"地震力"实际上是由地震地层运动引起的动态作用，包括地震加速度、地震动速度和位移的作用等。按照现行国家标准《建筑结构设计术语和符号标准》GB/T 50083 的规定，这类作用应属间接作用，故不可称为"荷载"，而应称为"地震作用"。

本条主要按地震作用的方向规定软土地下建筑结构地震作用的分析要求。

地下结构的地震作用方向与地面建筑的区别。对于长条形地下结构，作用方向与其纵轴方向斜交的水平地震作用，可分解为横断面上和沿纵轴方向作用的水平地震作用。当地下结构符合平面应变假定时，一般可仅考虑沿结构横向的水平地震作用；对地下空间综合体等体型复杂的地下建筑结构，宜同时计算结构横向和纵向的水平地震作用。

13.2.2 本条规定地下建筑抗震计算的模型和相应的计算方法。

1 地下建筑结构抗震计算模型的最大特点是，除了结构自身受力、传力途径的模拟外，还需要正确模拟周围土层的影响。

1）体型规则的长条形地下结构按横截面的平面应变问题进行抗震计算的方法一般适用于离端部的距离达1.5倍结构横向尺度以上的地下建筑结构。端部的结构受力变形情况较复杂，进行抗震计算时原则上应按空间结构模型进行分析。

2）结构型式、土层和荷载分布的规则性对结构的地震反应都有影响。差异较大时，地下结构的地震反应也将有明显的空间效应的影响。此时，即使是外形相仿的长条形结构，也宜按空间结构模型进行抗震计算和分析。

2 对地下建筑结构，反应位移法、等效水平地震加速度法或等效侧力法，作为简便方法，仅适用于平面应变问题的地震反应分析；其余情况，需要采用具有普遍适用性的土层-结构时程分析法。

1）反应位移法

反应位移法认为地下结构在地震时的反应主要取决于周围土层的变形，而惯性力的影响相对较小。进行反应位移法计算时，在计算模型中引入地基弹簧来反映结构周围土层对结构的约束作用，同时可以定量表示二者间的相互影响。将土层在地震作用下产生的变形通过地基弹簧以静荷载的形式作用在结构上，同时考虑结构周围剪力以及结构自身的惯性力，采用静力方法计算结构的地震反应。

计算模型中，结构周围土体采用地基弹簧表示，包括压缩弹簧和剪切弹簧；结构一般采用梁单元进行建模，根据需要也可以采用其他单元类型。土层动力反应位移的最大值可依据一维地层地震反应分析方法计算或通过经验方法确定。

以体型规则的长条形地下结构为例，其横截面的等效侧向荷载由两侧土层变形形成的侧向力 $p(z)$、结构自重产生的惯性力及结构与周围土层间的剪切力 τ 三者组成（图 19）。

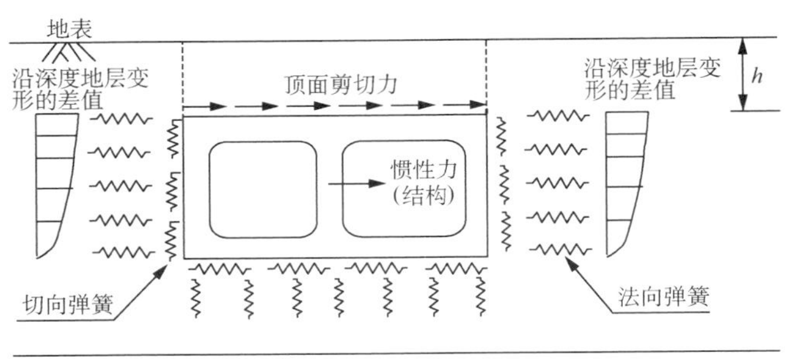

图 19　反应位移法的等效荷载

结构自身的惯性力可将结构物的质量乘以最大加速度来计算，作为集中力可以作用在结构形心上，也可以按照各部位的最大加速度计算结构的水平惯性力并施加在相应的结构部位上。$p(z)$和τ可按下列公式计算：

$$\tau = \frac{G}{\pi H} S_v T_s \tag{15}$$

$$p(z) = k_h [u(z) - u(z_b)] \tag{16}$$

式中：τ——地下结构周边与土层接触处的剪切力；

G——土层的动剪变模量，其值约为初始值的70%～80%；

H——顶板以上土层的厚度；

S_v——顶板以上土层上的速度反应谱，可由地面加速度反应谱得到；

T_s——顶板以上土层的固有周期；

$p(z)$——土层变形形成的侧向力；

$u(z)$——距地表深度z处的地震土层变形；

z_b——地下结构底面距地表面的深度；

k_h——地震时单位面积的水平向土层弹簧系数，可采用不包含地下结构的土层有限元网格，在地下结构处施加单位水平力然后求出对应的水平变形得到。

2）等效水平地震加速度法

此法将地下结构的地震反应简化为沿垂直向线性分布的等效水平地震加速度的作用效应，计算采用的数值方法常为有限元法。需得出等效水平地震加速度荷载系数等的取值，普遍适用性较差。

3）时程分析法

其基本原理为：将地震运动视为一个随时间而变化的过程，并将地下结构物和周围岩土介质视为共同受力变形的整体，通过直接输入地震加速度记录，在满足地层-结构接触关系的前提下分别计算结构物和岩土介质在各时刻的位移、速度、加速度，以及应变和内力，并进而进行场地的稳定性和进行结构截面验算。

根据软土地区的研究成果，平面应变问题时程分析法网格划分时，由于直接输入地震波作用，因此应限制土层单元尺寸，通常竖向单元尺寸不大于 1 m 即可满足要求。采用有限元法等数值方法求解土-结构动力相互作用问题时一般需要从无限介质中取出有限尺寸的计算区域，地基无限性的模拟是通过在区域的边界上引入虚拟的人工边界加以实现的。模型边界一般采用黏性人工边界或黏弹性人工边界等合理的人工边界条件，且侧向人工边界应避免采用固定或自由等不合理的边界条件。土层的选取范围，一般顶面取地表面，底面取设计地震作用基准面，水平向自结构侧壁至边界的距离宜至少取结构水平有效宽度的 3 倍，并应避免采用完全固定或完全自由等不合理边界条件；当地下结构埋深较深，结构与基岩的距离小于 3 倍地下结构竖向有效高度时，计算模型底面边界取至基岩面即可；当地下结构埋深嵌入基岩，此时计算模型底面边界需取至基岩面以下。以体型规则的长条形地下结构为例，计算区域和边界条件可按图 20 确定。

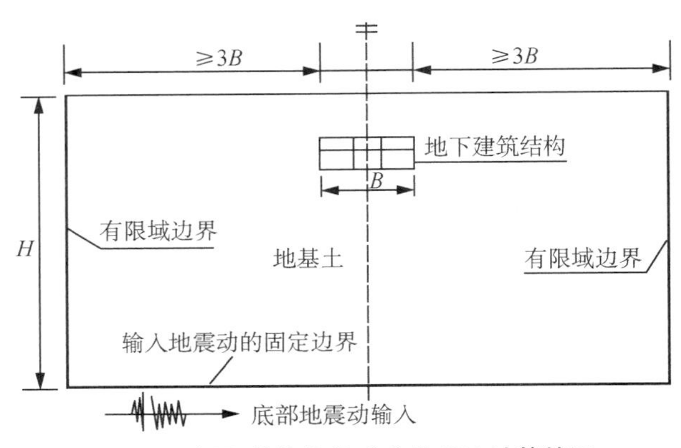

图 20　地层-结构整体动力分析法计算简图

时程分析法也可以采用多模态等效法建立场地的等效模型。该模型为一由 N 个集中质点、弹簧和阻尼单元组成的等效多自由度体系，如图 21 所示，可反映实际场地响应的多阶模态。

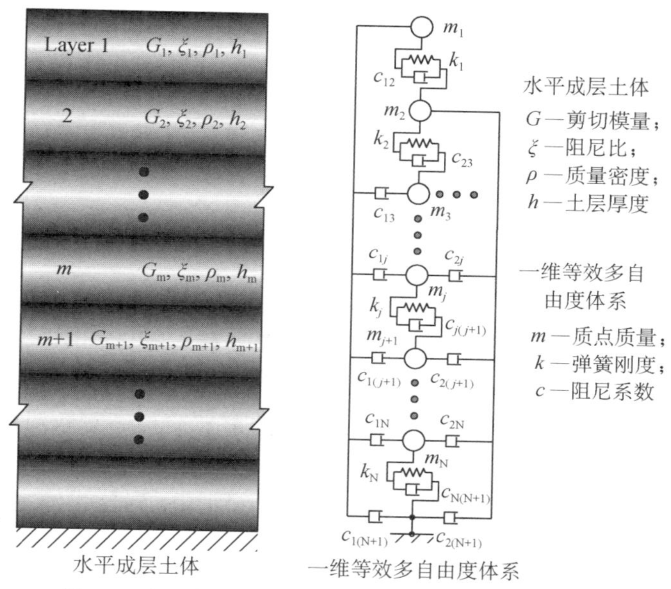

图 21　水平成层土体及其一维等效多自由度体系示意

该等效模型的质量和刚度系数可按下列公式计算：

$$m_j = \frac{\Theta_{j-1}^2}{\Psi_{j-1}\Psi_j} \tag{17}$$

$$k_j = \frac{\Theta_{j-1}\Theta_j}{\Psi_j^2} \tag{18}$$

式中：

$$\Theta_j = \sum_{l=1}^{C_N^{N-j}} \left(\prod_{n \in \mathbb{S}_l \binom{N-j}{N}}^{N-j} M_n^e \omega_n^2 \right) \left[\prod_{m<n \in \mathbb{S}_l \binom{N-j}{N}}^{C_{N-j}^2} (\omega_m^2 - \omega_n^2)^2 \right] \tag{19}$$

$$\Psi_j = \sum_{l=1}^{C_N^{N-j}} \left(\prod_{n \in \mathbb{S}_l \binom{N-j}{N}}^{N-j} M_n^e \omega_n^4 \right) \left[\prod_{m<n \in \mathbb{S}_l \binom{N-j}{N}}^{C_{N-j}^2} (\omega_m^2 - \omega_n^2)^2 \right] \tag{20}$$

其中，ω_n 和 M_n^e 分别为实际场地土层自由振动的第 n 阶固有频率和模态有效质量；$\mathbb{S}_l\binom{N-j}{N}$ 表示从由 1 到 N 的整数集中任意选取 $N-j$ 个数形成的第 l 个数集；$l=1, 2, \cdots, C_N^{N-j}$；$j=1, 2, \cdots, N$；$\Theta_N=\Psi_N=1$。

第 j 个质点在基底以上的高度 h_j 可由下式确定：

$$h_j=\sum_{n=1}^{N}\varphi_{jn}\Gamma_n h_n^e \tag{21}$$

式中：φ_{jn} ——等效体系第 j 个质点的第 n 阶振型；

Γ_n——等效体系的第 n 阶振型参与系数；

h_n^e ——实际场地土层自由振动的第 n 阶模态有效质量。

任意两个质点 m_j 和 m_k 之间的阻尼系数 c_{jk}，以及任意一个质点 m_j 与基底之间的阻尼系数 $c_{j(N+1)}$ 分别按下列公式确定：

$$c_{jk}=-m_j m_k\sum_{n=1}^{N}\frac{2\xi_n\omega_n\Gamma_n^2}{M_n^e}\varphi_{jn}\varphi_{kn} \tag{22}$$

$$c_{j(N+1)}=\sum_{k=1}^{N}\left[m_j m_k\sum_{n=1}^{N}\frac{2\xi_n\omega_n\Gamma_n^2}{M_n^e}\varphi_{jn}\varphi_{kn}\right] \tag{23}$$

式中：ξ_n——实际场地土层的第 n 阶模态阻尼比。对于分层场地，可采用加权模态阻尼的方法来确定，即

$$\xi_n=\frac{\int_0^H\xi(z)G(z)\gamma_n^2(z)\mathrm{d}z}{\int_0^H G(z)\gamma_n^2(z)\mathrm{d}z} \tag{24}$$

式中：H——基岩以上土层高度；

$\xi(z)$，$G(z)$，$\gamma_n(z)$——分别为沿土层高度分布的土体阻尼比、剪切模量和第 n 阶模态剪应变。

13.2.3 本条规定地下结构抗震计算的主要设计参数：

1 地面以下地震作用的大小。地面下设计基本地震加速度值一般在基岩面取地表的 1/2。现行国家标准《水工建筑物抗震

设计标准》GB 51247 第 10.1.2 条规定，地表为基岩面时，基岩面下 50 m 及其以下部位的设计地震加速度代表值可取为地表规定值的 1/2，不足 50 m 处可按深度由线性插值确定。对于进行地震安全性评价的场地，则可根据具体情况按一维或多维的模型进行分析后确定其减小的规律。

2 土层的计算参数。本市软土的动力特性采用 Davidenkov 模型表述时，动剪变模量 G、阻尼比 λ 与动剪应变 γ_d 之间满足关系式：

$$\frac{G}{G_{max}}=1-\left[\frac{(\gamma_d/\gamma_0)^{2B}}{1+(\gamma_d/\gamma_0)^{2B}}\right]^A \tag{25}$$

$$\frac{\lambda}{\lambda_{max}}=\left[1-\frac{G}{G_{max}}\right]^\beta \tag{26}$$

式中：G_{max}——最大动剪变模量；

γ_0——参考应变；

λ_{max}——最大阻尼比；

A,B,β——拟合参数。

表 3 列出了土动力特性参数的估算式，系根据本市地铁临平北路站和德平路站的钻孔取样，按粉质黏土、黏土、粉土和砂土四类土质属性共 40 组试样进行 C. K. C 循环三轴仪和 V. P. Drnevich 共振柱仪试验后，由试验结果得出的统计规律，可供缺乏试验资料时参考。其中，粉质黏土、黏土、粉土和砂土的 G_{max} 值的相关系数分别为 0.96、0.86、0.99 和 0.95，λ_{max} 值的相关系数分别为 0.92、0.97、0.95 和 0.89。

表 3 中 e_0 为土的初始孔隙比，σ_v' 为有效上覆压力（kPa），按下式计算：

$$\sigma_v'=\sum_{i=1}^{n}\gamma_i'h_i \tag{27}$$

式中：γ_i'——第 i 层土的有效重度；

h_i——第 i 层土的厚度。

表 3　土动力特性参数估算式表

土类＼参数	G_{max}(MPa)	λ_{max}	A	B	γ_0 (×10^{-4})	β
粉质黏土	$2.036\times\frac{(2.97-e_0)^2}{1+e_0}\times(\sigma_v')^{\frac{1}{2}}$	$0.3199-0.00642(\sigma_v')^{\frac{1}{2}}$	1.2046	0.4527	7.1	1.3185
黏土	$2.881\times\frac{(2.97-e_0)^2}{1+e_0}\times(\sigma_v')^{\frac{1}{2}}$	$0.4481-0.01446(\sigma_v')^{\frac{1}{2}}$	0.5773	0.6487	20.4	1.3690
粉土	$2.381\times\frac{(2.97-e_0)^2}{1+e_0}\times(\sigma_v')^{\frac{1}{2}}$	$0.4254-0.01081(\sigma_v')^{\frac{1}{2}}$	0.6909	0.5530	15.5	1.2468
砂土	$3.026\times\frac{(2.97-e_0)^2}{1+e_0}\times(\sigma_v')^{\frac{1}{2}}$	$0.3326-0.00596(\sigma_v')^{\frac{1}{2}}$	0.8094	0.5421	13.5	1.0735

13.2.4 地下建筑不同于地面建筑的抗震验算内容如下：

1 一般应进行多遇地震下承载力和变形的验算。

2 考虑地下建筑修复的难度较大，将罕遇地震作用下混凝土结构弹塑性层间位移角的限值取为$[\theta_p]=1/250$。

3 在有可能液化的地基中建造地下建筑结构时，应注意检验其抗浮稳定性，并在必要时采取措施加固地基，以防地震时结构周围的场地液化。

13.3 抗震构造措施和抗液化措施

13.3.1 地下钢筋混凝土框架结构构件的尺寸常大于同类地面结构的构件，但因使用功能不同的框架结构要求不一致，因而本条仅提构件最小尺寸应至少符合同类地面建筑结构构件的规定，而未规定具体尺寸。

地下钢筋混凝土结构按抗震等级提出的构造要求，第3款为根据“强柱弱梁”的设计概念适当加强框架柱的措施。加强周边墙体与楼板的连接构造的措施。本次修订，明确了中柱的纵筋最小总配筋率要求。

13.3.2 本条规定比地上板、柱结构有所加强，旨在便于协调安全受力和方便施工的需要。为加快施工进度，减少基坑暴露时间，地下建筑结构的底板、顶板和楼板常采用无梁肋结构，由此使底板、顶板和楼板等的受力体系不再是板梁体系，故在必要时宜通过在柱上板带中设置暗梁对其加强。

为加强楼盖结构的整体性，提出加强周边墙体与楼板的连接构造的措施。

水平地震作用下，地下建筑侧墙、顶板和楼板开孔都将影响结构体系的抗震承载能力，故有必要适当限制开孔面积，并辅以必要的措施加强孔口周围的构件。

本次修订，明确了暗梁的设置范围。

13.3.3 本条第1款对位于液化土层中的地下建筑，提出了可采用地层注浆、换土和设置抗浮桩等措施处理地基。对液化土层未采取措施时，抗浮验算时尚应按本标准第4.3.8条考虑浮托力增加值，必要时采取抗浮措施。

地基中包含薄的液化土夹层时，以加强地下结构而不是加固地基为好。

地下结构在液化土体中经常遇到的一个问题是上浮。未经处理的可液化土层不能作为地下结构的持力层。Schmidt 和 Hashash(1999)研究分析了液化地层中隧道的上浮机制，即随着隧道的上升，液化土体向产生位移的隧道下方运动，进一步提升隧道。防止重量相对较轻地下结构上浮的一种方法是通过运用防渗墙和隔离原理。防渗墙可采用板桩墙也可采用旋喷柱或石柱来改善土体。带有排水功能的板桩(SPDC)还能减小地震产生的超孔隙水压力。Tanaka 等人所作振动台试验表明，SPDC 可以有效地防止采用普通板桩遭受损坏的结构的上浮。

防渗墙可以抑制地下结构底部和地基中的超孔隙水压力上升。较长防渗墙的上浮要小于较短防渗墙，这表明防渗墙可有效地减小地下结构模型的上浮速度和累积竖向位移。

减轻液化引起的侧向运动在技术上唯一可行的方法是加固地基。除非危害发生的位置被确定或侧向运动较小，否则无法断定地下结构的设计思想，即抵抗该运动或是适应该运动。

防止支承隧道地基土液化的措施有：①基底土换填；②采用注浆、旋喷或深层搅拌等方法进行基底土加固，处理深度应达到可液化土层的下界。

地层液化后仍使隧道保持稳定的措施有：①在隧道两侧设置防渗墙；②在隧道底部设置摩擦桩；③将围护结构嵌入非液化土层。

附录A　地震地面加速度时程曲线

本次修订根据修改后的设计反应谱对本附录中的地震地面加速度时程进行了全面修改。该附录中的14组地震波数据主要来自美国太平洋地震中心(PEER)的强震数据库及日本防灾科学技术研究所KiK-net数字强震记录系统。按照目标反应谱并考虑本市场地条件筛选得到。编号为SHW1～SHW7的7组地震时程用于特征周期为0.9 s的多遇地震和设防地震的时程分析，其中SHW1～SHW2为人工时程，SHW3～SHW7为实际地震记录；SHW8～SHW14的7组地震时程用于特征周期为1.1 s的罕遇地震的时程分析，其中SHW8～SHW9为人工时程，SHW10～SHW14为实际地震记录。输入地震时程的卓越周期应尽可能与拟建场地的特征周期一致，且在一定的周期段内与标准反应谱尽量接近。对于天然地震记录而言，2个方向地震波同时与标准反应谱很接近的条件是很难满足的，但应保证一个水平向地震波反应谱与标准反应谱基本吻合。

在进行时程分析时，若采用两向输入，两个方向的加速度峰值通常按照1(水平主方向)：0.85(水平次方向)的比例进行调整。输入水平主方向的地震波加速度峰值应与设防烈度要求的多遇地震、设防地震或罕遇地震对应的加速度峰值相当。

利用这14组地震波对多个实际结构进行了时程分析，并与采用设计反应谱的计算结果进行了对比。对于各个结构，绝大部分地震波的时程计算得到的底部剪力与反应谱方法得到的底部剪力之比在65％与135％之间，只有个别地震波略小于65％或略大于135％，基本满足要求。在实际工程应用过程中可以采取调整输入峰值加速度方法给予适当调整。此外，统计其弹性层间位移角和弹性层间剪力计算结果，发现变异系数基本小于0.3。

附录F 钢支撑-混凝土框架和钢框架-钢筋混凝土核心筒结构房屋抗震设计要求

F.1 钢支撑-钢筋混凝土框架

F.1.1 钢支撑-混凝土框架结构,钢支撑可承受较大的水平力,但不及抗震墙,因此钢支撑-混凝土框架结构的最大适用高度低于框剪结构。

F.1.2 钢支撑框架部分要分担钢支撑传来的力,特别是轴力要大于无支撑框架部分,因此提高钢支撑框架部分的抗震等级。

F.1.3 钢支撑在框架中的作用与抗震墙类似,因此本条规定主要参照混凝土框架-抗震墙结构的设计要求。对于设置少量钢支撑(屈曲约束支撑)的框架结构,允许底层钢支撑按刚度分配的地震倾覆力矩的比值不大于50%,但计算时应采用框架和钢支撑-钢筋混凝土框架两种模型包络设计。

F.1.4 混合结构的阻尼比小于混凝土结构,但大于钢结构,其值取决于混凝土结构和钢结构在总变形能中所占比例的大小。

当钢支撑采用普通支撑时,由于普通支撑在地震作用下会受压屈曲,丧失支撑作用,故普通支撑-混凝土框架结构,应按框架结构和支撑框架结构两种模型计算,并宜取二者的较大内力值进行抗震设计;而钢支撑采用屈曲约束支撑时,支撑不会受压屈曲丧失支撑作用,故应按支撑框架结构模型计算,进行抗震设计。

F.2 钢框架-钢筋混凝土核心筒结构

F.2.1 我国的钢框架-钢筋混凝土核心筒，由钢筋混凝土墙体、筒体承担主要水平力，其适用高度应低于高层钢结构而高于钢筋混凝土结构，参考现行行业标准《高层建筑混凝土结构技术规程》JGJ 3 第 11 章的规定，其最大适用高度不大于二者的平均值。本附录的"钢框架"包括由钢梁与钢柱或钢管混凝土柱、型钢混凝土柱组成的框架。

F.2.2 钢框架-钢筋混凝土核心筒抗震等级的确定应参照现行上海市工程建设规范《高层建筑钢-混凝土混合结构设计规程》DG/TJ 08—015 的第 5.4.4 条的规定。

F.2.3 本条规定了钢框架-钢筋混凝土核心筒结构体系设计中不同于混凝土结构、钢结构的一些基本要求：

1 近年来的试验和计算分析，对钢框架部分应承担的最小地震作用有些新的认识：框架部分承担一定比例的地震作用是非常重要的，如果钢框架部分按计算分配的地震剪力过少，则混凝土墙体、筒体的受力状态和地震下的表现与普通钢筋混凝土结构几乎没有差别，甚至混凝土墙体更容易破坏。

清华大学土木系选择了一幢国内的钢框架-混凝土核心筒结构建筑，变换其钢框架部分和混凝土核心筒的截面尺寸，并将它们进行不同组合，分析了共 20 个截面尺寸互不相同的结构方案，进行了在地震作用下的受力性能研究和比较，提出了钢框架部分剪力分担率的设计建议。

考虑钢框架-钢筋混凝土核心筒的总高度大于普通的钢筋混凝土框架-核心筒房屋，为给混凝土墙体楼有一定的安全储备，规定钢框架按刚度分配的最小地震作用。当小于规定时，混凝土筒承担的地震作用和抗震构造均应适当提高。

2 钢框架柱的应力一般较高，而混凝土墙体大多由位移控制，墙的应力较低，而且两种材料弹性模量不等，此外，混凝土存在徐变和收缩，因此会使钢框架和混凝土筒体间存在较大变形。为了其差异变形不致使结构产生过大的附加内力，国外这类结构的楼盖梁大多两端都做成铰接。我国的习惯做法，是楼盖梁与周边框架刚接，但与钢筋混凝土墙体做成铰接，当墙体内设置连接用的构造型钢时，也可采用刚接。

3 试验表明，混凝土墙体与钢梁连接处存在局部弯矩及轴向力，但墙体平面外刚度较小，很容易出现裂缝；设置构造型钢有助于提高墙体的局部性能，也便于钢结构的安装。

4 底部或下部楼层用型钢混凝土柱，上部楼层用钢柱，可提高结构刚度和节约钢材，是常见的做法。阪神地震表明，此时应避免刚度突变引起的破坏，设置过渡层使结构刚度逐渐变化，可以减缓此种效应。

5 要使钢框架与混凝土核心筒能协同工作，其楼板的刚度和大震作用下的整体性是十分重要的，本条要求其楼板应采用现浇实心板。

F.2.4 本条规定了抗震计算中，不同于钢筋混凝土结构的要求：

1 混合结构的阻尼比，取决于混凝土结构和钢结构在总变形能中所占比例的大小。采用振型分解反应谱法时，不同振型的阻尼比可能不同。必要时，可参照第 11 章关于大跨空间钢结构与混凝土支座综合阻尼比的换算方法确定，当简化估算时，可取 0.045。

2 根据多道抗震防线的要求，钢框架部分应按其刚度承担一定比例的楼层地震力。按美国 IBC2006 规定，凡在设计时考虑提供所需要的抵抗地震力的结构部件所组成的体系均为抗震结构体系。其中，由剪力墙和框架组成的结构有以下三类：①双重体系是“抗弯框架（moment frame）具有至少提供抵抗 25%设计力（design forces）的能力，而总地震抗力由抗弯框架和剪力墙按其相对刚度的比例共同提供”；由中等抗弯框架和普通剪力墙组成的双重体系，其折减系数 $R=5.5$，不允许用于加速度大于 $0.20g$ 的地区。②在剪力墙-框架协同体系中，“每个楼层的地震力均由墙体和框架按其相对刚度的比例并考虑协同工作共同承担”；其折减系数也是 $R=5.5$，但不许用于加速度大于 $0.13g$ 的地区。③当设计中不考虑框架部分承受地震力时，称为房屋框架(building frame)体系；对于普通剪力墙和建筑框架的体系，其折减系数 $R=5$，不允许用于加速度大于 $0.20g$ 的地区。

关于双重体系中钢框架部分的剪力分担率要求，美国 UBC 85 已经明确为“不少于所需侧向力的 25%”，在 UBC 97 是“应能独立承受至少 25%的设计基底剪力”。我国在 2001 抗震规范修订时，第 8 章多高层钢结构房屋的设计规定是“不小于钢框架部分最大楼层地震剪力的 1.8 倍和 25%结构总地震剪力二者的较小值”。考虑到混凝土核心筒的刚度远大于支撑钢框架或钢筒体，参考混凝土核心筒结构的相关要求，本条规定调整后钢框架承担的剪力至少达到底部总剪力的 15%。

附录 G　多层工业厂房抗震设计要求

G.1　钢筋混凝土框排架结构厂房

G.1.1　多层钢筋混凝土厂房结构特点：柱网为 6 m～12 m、跨度大，层高为 4 m～8 m，楼层荷载大，为 10 kN/m^2～20 kN/m^2，可能会有错层，有设备振动扰力、吊车荷载，隔墙少，竖向质量、刚度不均匀，平面扭转。框排架结构是多、高层工业厂房的一种特殊结构，其特点是平面、竖向布置不规则、不对称，纵向、横向和竖向的质量分布很不均匀，结构的薄弱环节较多；地震反应特征和震害要比框架结构和排架结构复杂，表现出更显著的空间作用效应，抗震设计有特殊要求。

G.1.2　为减少与现行国家标准《构筑物抗震设计规范》GB 50191 重复，本附录主要针对上下排列的框排架的特点予以规定。

针对框排架厂房的特点，其抗震措施要求更高。震害表明，同等高度设有贮仓的比不设贮仓的框架在地震中破坏的严重。钢筋混凝土贮仓竖壁与纵横向框架柱相连，以竖壁的跨高比来确定贮仓的影响，当竖壁的跨高比大于 2.5 时，竖壁为浅梁，可按不设贮仓的框架考虑。

G.1.3　对于框排架结构厂房，如在排架跨采用有檩或其他轻屋盖体系，与结构的整体刚度不协调，会产生过大的位移和扭转，为了提高抗扭刚度，保证变形尽量趋于协调，使排架柱列与框架柱列能较好地共同工作，本条规定目的是保证排架跨屋盖的水平刚度；山墙承重属结构单元内有不同的结构形式，造成刚度、荷载、材料强度不均衡，本条规定借鉴单层厂房的规定和震害调查制定。

G.1.5 在地震时，成品或原料堆积楼面荷载、设备和料斗及管道内的物料等可变荷载的遇合概率较大，应根据行业特点和使用条件，取用不同的组合值系数；厂房除外墙外，一般内隔墙较少，结构自振周期调整系数建议取 0.8～0.9；框排架结构的排架柱，是厂房的薄弱部位或薄弱层，应进行弹塑性变形验算；高大设备、料斗、贮仓的地震作用对结构构件和连接的影响不容忽视，其重力荷载除参与结构整体分析外，还应考虑水平地震作用下产生的附加弯矩。式(G.1.5)为设备水平地震作用的简化计算公式。

G.1.6 支承贮仓竖壁的框架柱的上端截面，在地震作用下如果过早屈服，将影响整体结构的变形能力。对于上述部位的组合弯矩设计值，在第 6 章规定的基础上再增大 1.1 倍。

与排架柱相连的顶层框架节点处，框架梁端、柱端组合的弯矩设计值乘以增大系数，是为了提高节点承载力。排架纵向地震作用将通过纵向柱间支撑传至下部框架柱，本条参照框支柱要求调整构件内力。

竖向框排架结构的排架柱，是厂房的薄弱部位，需进行弹塑性变形验算。

G.1.7 框架柱的剪跨比不大于 1.5 时，为超短柱，抗震设计应尽量避免采用超短柱，但由于工艺使用要求，有时不可避免(如有错层等情况)，应采取特殊构造措施。在短柱内配置斜钢筋，可以改善其延性，控制斜裂缝发展。

G.2 多层钢结构厂房

本节条文参照现行国家标准《建筑抗震设计规范》GB 50011 中的附录 H.2 节，取消了与钢结构抗震等级有关的规定。

附录 K 实施基于性能的抗震设计的参考方法

K.1 结构构件基于性能的抗震设计方法

K.1.1 本条提出了根据建筑结构在地震后可继续使用功能的受影响程度及结构构件的损坏状况将建筑结构的抗震性能水准划分为五级，由于不同的结构构件对结构安全性及建筑结构功能的保护影响大小不同，因此，对于各性能水准，本条规定了各类结构构件允许的损伤程度。结构构件的损伤等级分为完好、基本完好、轻微损坏、中等损坏、严重损坏、倒塌 6 个等级。以受弯为主的延性破坏钢筋混凝土梁和柱构件为例，其损伤等级划分示意见图 22 所示。完好为：构件基本保持弹性，产生细微裂缝，钢筋未屈服，残余裂缝宽度小于 0.2 mm，不需要修复，基本完好为：构件发生屈服，混凝土保护层没有被压碎，残余裂缝宽度小于 1.0 mm，在正常环境下可不采取补救措施，对于极端环境的构件可适当修复以保证耐久性要求，轻微损坏为：混凝土保护层压碎，但未剥落，残余裂缝宽度小于 2.0 mm，采用简单的修复即可恢复功能，中等损坏为：混凝土保护层剥落，花费合理的费用可以修复，严重损坏为：混凝土剥落严重，但是未发生纵筋压曲或断裂现象，核芯区混凝土未压碎，没有倒塌危险，倒塌为：纵筋压屈或断裂，或箍筋断裂，或核芯区混凝土压碎，结构有发生倒塌的风险。可以通过限制混凝土和钢筋的应变获得构件对应于各损伤等级的变形限值。

K.1.2 本条提出了 4 个类别的抗震性能目标，通过 5 个抗震性能水准与 3 个地震地面运动水准的组合定义。Ⅳ类性能目标要求最低，但仍比常规抗震设计的本标准第 1.0.3 条规定的基本抗

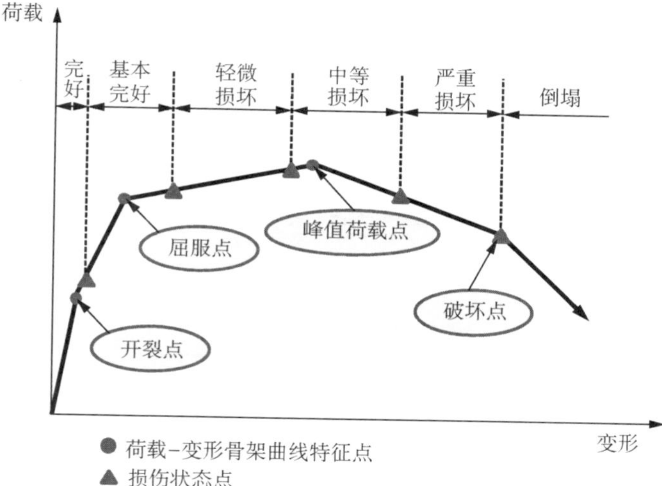

图 22 延性破坏钢筋混凝土构件的损伤等级划分示意图

震设防目标要高。在设计时，应根据本标准第 3.9.1 条选择抗震性能目标，一般需征求业主和有关专家的意见。实际应用时，可以采用表 K.1.2 中菜单式的性能目标，也可以根据需要对不同水准地震作用下的各类构件提出不同的损伤等级要求，自行灵活组合形成性能目标。

K.1.3 本条提出了基于性能的抗震设计方法的基本步骤，与传统设计方法类似，先进行多遇地震作用下的弹性设计，再进行在中震和大震作用下的承载力和变形验算，验算的目的是检验性能目标。

K.1.4 目前实际工程中常用的方法是通过提高构件的承载力来减小构件的地震损伤，实现抗震性能目标。本标准提出另一种设计方法，通过提高构件的变形能力来减小构件的地震损伤，实现预定的性能目标，此时可采用表格括号内验算构件变形的方法对构件的损伤等级（性能水准）进行检验，这是一种比较经济的方法，即通过结构在地震作用下的弹塑性分析获得构件的变形反应，通过与构件各损伤等级的变形限值的比较检验构件所处的损伤等级。对于构件的变形指标，可采用构件端部的塑性转角、总弦转角等指标。目前对于对应于各类构件各损伤等级的变形指标限值取值，研究还不充分，在无可靠依据时，可参考美国规范ASCE41-17中的限值，基本完好可采用IO对应的限值，严重破坏可采用LS对应的限值，轻微破坏、中等破坏对应的限值可采用基本完好和严重破坏之间的三分点。一般而言，对于受弯剪作用的构件，剪切破坏的延性更差。因此，对于同一根构件，对抗剪的性能要求可以比对正截面的受弯性能要求更高。

K.1.5～K.1.9 这些条文给出了各个抗震性能水准对各类结构构件抗震承载力的验算要求。对于多遇地震作用下各类构件的弹性设计，采用传统的设计方法，可参照本标准各相关章节的要求。对于设防烈度地震或罕遇地震作用下各类构件的弹性设计，验算与多遇地震略有不同，不考虑抗震等级的地震效应调整系数，不计入风荷载效应组合。对于设防烈度地震或罕遇地震作用下各类构件的不屈服设计，采用不计风荷载效应的地震作用标准组合和材料强度的标准值验算。进行设防烈度地震或罕遇地震作用下各类构件的极限承载力设计时，采用不计风荷载效应的地震作用标准组合和材料最小极限强度值验算。当结构总体的非线性反应不大时，为便于应用，可以采用适当增加阻尼比和对刚度进行折减的等效线性化的简化计算方法获得构件的内力。

K.1.10 本条提出了对结构在多遇地震和罕遇地震作用下的楼层最大层间位移角进行验算的要求，在罕遇地震作用下的验算应考虑重力二阶效应。部分结构类型的结构嵌固端上一层的层间位移角还应满足本标准表5.5.1的要求。

K.2 建筑构件和建筑附属设备支座基于性能的抗震设计方法

本节条文参照现行国家标准《建筑抗震设计规范》GB 50011中

的附录 M.2 节，并进一步明确了各性能水准的名称，与建筑结构的性能水准名称一致。

K.3 建筑构件和建筑附属设备抗震计算的楼面谱方法

本节条文参照现行国家标准《建筑抗震设计规范》GB 50011 中的附录 M.3 节。

附录L 多层混凝土模卡砌块房屋抗震设计要求

L.0.1，L.0.2 模卡砌块与小砌块相类似，属砌体结构。不同之处在于：模卡砌块四周设有卡口，砌筑时采用对口“干砌”，卡口咬合，省去砂浆砌筑工艺。在砌块孔洞灌筑灌孔浆料，并充盈卡口内，连成整体，具有强度高，抗剪能力强，整体性好等特点。模卡砌块砌体结构偏于安全考虑，设定房屋总高度和层数的限值同小砌块砌体房屋。模卡砌块根据使用功能的不同分为：用于外墙具有保温性能的保温模卡砌块和用于内墙的普通模卡砌块。

L.0.3 模卡砌块砌体的受力特点与小砌块砌体相近，受剪性能优于小砌块砌体，偏安全地采用小砌块砌体的计算方法。

L.0.4，L.0.5 模卡砌块砌体结构中构造柱对抗震作用的改善也很明显，它能够改善砌体结构的薄弱环节，提高结构延性，构造柱在模卡砌块砌体中设置要求同其他砌体结构。但考虑到保温模卡砌块在外墙转角和内外纵横墙交接处，需要砌块交错砌筑，但保温模卡砌块由于本身的块型特点，对孔困难，所以在这些部位采用构造柱连接墙体更为妥当。模卡砌块砌体房屋中构造柱截面尺寸及墙的拉结，需要符合模卡砌块砌体墙的特点。普通模卡砌块砌体可在孔洞中适当设置混凝土芯柱代替构造柱加强。

L.0.6，L.0.7 多层模卡砌块砌体房屋圈梁的设置和构造，有助于提高砌体房屋的整体性、抗震能力。模卡砌块灌浆面应留在模卡砌块上口下 40 mm 处，在圈梁位置与砌块交接处，浇捣圈梁嵌入模卡砌块凹口内 40 mm，将圈梁的混凝土与模卡砌块水平槽整体振捣，有效地避免了裂缝的产生，房屋整体性更好。